ライブラリ
経済学コア・テキスト
&最先端

別巻
1

コア・テキスト
統計学

第3版

大屋　幸輔　著

新世社

編者のことば

少子高齢化社会を目前としながら，日本経済は，未曾有のデフレ不況から抜け出せずに苦しんでいる。その一因として，日本では政策決定の過程で，経済学が十分に活用されていないことが挙げられる。個々の政策が何をもたらすかを論理的に考察するためには，経済学ほど役に立つ学問はない。経済学の目的の一つとは，インセンティブ（やる気）を導くルールの研究であり，そして，それが効率的資源配分をもたらすことを重要視している。やる気を導くとは，市場なら競争を促す，わかり易いルールであり，人材なら透明な評価が行われることである。効率的資源配分とは，無駄のない資源の活用であり，人材で言えば，適材適所である。日本はこれまで，中央集権的な制度の下で，市場には規制，人材には不透明な評価を導入して，やる気を削ってきた。行政は，２年毎に担当を変えて，不適な人材でも要職につけるという，無駄だらけのシステムであった。

ボーダレス・エコノミーの時代に，他の国々が経済理論に基づいて政策運営をしているときに，日本だけが経済学を無視した政策をとるわけにはいかない。今こそ，広く正確な経済学の素養が求められているといって言い過ぎではない。

経済は，金融，財の需給，雇用，教育，福祉などを含み，それが相互に関連しながら，複雑に変化する系である。その経済の動きを理解するには，経済学入門に始まり，ミクロ経済学で，一人一人の国民あるいは個々の企業の立場から積み上げてゆき，マクロ経済学で，国の経済を全体として捉える，日本経済学と国際経済学と国際金融論で世界の中での日本経済をみる，そして環境経済学で，経済が環境に与える影響も考慮するなど，様々な切り口で理解する必要がある。今後，経済学を身につけた人達の専門性が，嫌でも認められてゆく時代になるであろう。

経済を統一的な観点から見つつ，全体が編集され，そして上記のように，個々の問題について執筆されている教科書を刊行することは必須といえる。しかも，時代と共に変化する経済を捉えるためにも，常に新しい経済のテキストが求められているのだ。

この度，新世社から出版されるライブラリ経済学コア・テキスト＆最先端は，気鋭の経済学者によって書かれた初学者向けのテキスト・シリーズである。各分野での最適な若手執筆者を擁し，誰もが理解でき，興味をもてるように書かれている。教科書として，自習書として広く活用して頂くことを切に望む次第である。

西村　和雄

まえがき

ものごとを数量的にとらえ，対象がどのようになっているのかを自分の頭で考え，さらに他の人に正しくその考えを伝えるということは何も特別なことではありません。ものごとには数量的に表現するとわかりやすいという側面があります。もちろん世の中には数字でとらえきれないものもありますが，数量的に表現されたものにもとづいた判断，将来計画などを行う局面は多くあります。統計学はその手助けのためにある知識です。統計学と聞いてたくさんの数式や図表を思い浮かべ，その敷居の高さにやる気をくじかれた人もいるかもしれません。しかし，統計学の知識は使うことに価値があるのです。使えるようになってはじめてその真価を発揮します。そのために本書では，例題として，単なる計算問題だけでなく，学んだ知識を使って，問題となっている状況にどのように対処するかを考えることができる文章題をも掲載しています。また本書の限られた紙面ではカバーしきれないものについては，本書に対応する形で演習書が用意されています。例題や練習問題の量が不十分と感じる場合は，ぜひ取り組んでみてください。

自分の考えを相手に伝えるとき，何を根拠にそのように考えるのか，そしてその考えが客観的であることを主張するにはどうすればよいか。統計学で身につけた考え方が役に立つ場面はたくさんあります。本書が統計学をじっくりと学ぶ端緒となることを期待しています。

本書の構成

第 1 章と第 2 章では，世の中で統計がどのように役に立っているかを解説するとともに，分布，母集団，標本に対する理解を深めることが目的になっています。第 3 章から第 5 章では，確率の基礎知識と確率変数，そして関連する具体的な確率分布などについて説明しています。期待値や分散の正確な定義はそこであたえられています。これら第1章から第5章までで統計学で登場する確率などに関する基礎知識は出揃います。大事なことは，そこで登場する様々な定義や考え方などを丸暗記するのではなく，その意味を理解することです。

続く第6章以降では第5章までで説明された基礎知識を使って，「統計的推測」について説明が行われます。第6章では標本調査を例にあげ，確率や統計がどのようにかかわってくるのかを説明しています。第7章から第9章では，統計学の中心的な柱である推定と仮説検定について説明します。特に第8章と第9章では実際の応用を念頭において，典型的な例をあげています。第10章では回帰分析，第11章では最尤推定法と統計モデルを扱います。ここでモデルという考え方が登場してきます。この統計モデルを使うことができるようになると応用の対象はさらに広がります。

本書の初版を世に出してから時間が経ち，統計学は以前にも増して，その役割が期待されるようになっています。今回の第3版の改訂では，科学的根拠に基づく政策評価などで利用される因果推論の基礎的な考え方を理解するために，差の差の分析を説明する節を第8章に新たに加えています。さらに有意性や p 値などの実際に仮説検定を行う上で重要な事項の解説を POINT として与えています。またそれにともない量的に増えた仮説検定に関する章を第8章と第9章に分けています。改訂にあたり，新世社の御園生晴彦氏，谷口雅彦氏には大変お世話になりました。またご協力いただいた多くの方々にここに感謝いたします。

2020年1月

大屋　幸輔

目　次

Excel (Microsoft Excel) は，米国 Microsoft 社の登録商標です。
MATLAB は MathWorks 社の登録商標です。
本書では，®と ™ は明記していません。

第 1 章

データの整理

「統計学」で学ぶこと，それは沢山あります。その中でもまずはじめに「データを整理する」ことからはじめます。また「分布」というものを理解することをこの章のもう一つの大きな目標とします。

◦ *KEY WORDS* ◦

分布，代表値，母集団，標本

1.1 分　布

私たちは数多くのデータにかこまれて暮らしています。実際，多種多様なデータが新聞やニュースなどをとおして飛び込んできます。ここではそのような数多くのデータを「整理する」ことからはじめます。

表 1.1 は 2011 年 2 月 1 日に過去 1 カ月間の円ドルレートの値を参考にして，1 週間後に 1 ドル何円になっているかを 100 人の大学生に予想してもらった結果です。しかし，表にあるデータの羅列を眺めただけでは，1 ドル 80 円台を予想している人が多数であるということくらいしかわかりません。たとえば 100 人中どのくらいの人が 80 円台前半を予想しているのか，あるいは自分の予想は他の人の予想とかけ離れていないか，などといった疑問には答えることはできません。統計学ではここであげた疑問のように，何かを知りたい，調べたい，などと何らかの目的をもって，データを要約していくことが重要なテーマとなります。

そこで上に述べた疑問に答えるために，データを要約するもっとも代表的な手段である度数分布表について説明します。

度数分布表

度数分布表は，表 1.2 にあるように，データがちらばっている範囲をいくつかの階級にわけ，その階級に入っているデータの個数（度数とよびます）をもとめて表にしたもので，左の列から，階級，度数，相対度数，累積相対度数となっています。相対度数は，全体の中でその階級に入った度数が占める割合をあらわし，それを累積したものが累積相対度数です。表 1.1 と比べると，データの特徴が要約できていることは一目瞭然です。もっとも多く人たちの予想が「83 円以上，84 円未満」の階級に入っています。階級を 1 つ

表 1.1　1 週間後の為替レートの予想（大学生 100 人）

82.3	82.5	85.0	84.7	82.6	81.4	84.5	85.4	85.6	84.3
84.4	84.3	85.1	84.6	83.3	81.5	81.6	88.5	85.2	83.8
82.5	91.3	87.0	86.0	82.9	83.2	85.1	84.3	81.6	82.1
85.0	83.1	92.3	82.0	87.8	86.8	86.7	82.5	85.2	84.1
82.6	83.5	86.2	84.5	84.2	83.6	83.5	85.0	84.1	83.2
82.6	83.1	93.2	83.5	84.5	83.0	83.2	83.0	83.0	82.0
83.2	88.2	87.2	84.1	83.5	83.2	81.8	83.0	83.9	85.3
83.0	80.0	84.5	90.2	82.5	83.5	85.4	83.7	83.5	86.1
81.7	83.5	83.6	84.5	80.0	82.0	84.5	83.6	82.5	85.5
83.6	80.0	85.1	82.1	81.1	83.2	84.3	84.5	86.0	89.7

表 1.2　度数分布表

階級（単位　円）	度数	相対度数	累積相対度数
80 以上 81 未満	3	0.03	0.03
81 以上 82 未満	7	0.07	0.10
82 以上 83 未満	15	0.15	0.25
83 以上 84 未満	28	0.28	0.53
84 以上 85 未満	18	0.18	0.71
85 以上 86 未満	13	0.13	0.84
86 以上 87 未満	6	0.06	0.90
87 以上 88 未満	3	0.03	0.93
88 以上 89 未満	2	0.02	0.95
89 以上 90 未満	1	0.01	0.96
90 以上	4	0.04	1.00

の値で代表するときは，階級の真中の値である階級値を使います。この例だと「1 週間後の為替レートは 1 ドル 83.5 円になると予想している人がもっとも多い」と答えることができます。また自分の予想値が 90 円を超えている

ならば，相対度数から，そのような値を予想している人は全体の4%であることがわかります。

この表 1.2 は度数分布表という名前の通り，データがどのように分布しているかを示しています。ここで「データの分布がどのようになっているか？」という表現がでてきましたが，この表現は簡単にいえば「データがどのようにちらばっているか？」ということです。「データの分布がどうなっているか」という問いに対しては，データ全体の傾向・特徴を答えればよいのです。この「分布」という用語は，統計学や統計分析を行う際に頻繁にでてきますが，ここで簡単に説明したように，その意味を直感的に理解しておくことは大事です。現段階ではこの分布のことを次のように定義しておきます。

定義 1.1　分布とは？

- データがどのようにちらばっているかをあらわすもの
- データ全体の傾向・特徴をあらわすもの

度数分布表はデータの分布をあらわす手段として便利なものですが，たとえば，表 1.3 のように各階級が同じ幅になっていない場合，次節で説明するようにヒストグラムを作成する際に注意が必要となります。

はじめから表 1.2 や表 1.3 のように集計された（まとめられた）ものが与えられているのではなく，表 1.1 のように個別のデータが利用できる場合，次のことを念頭において度数分布表を作成してください。

(1) 階級の個数は，全体のデータ数やデータの最小，最大の値を考慮し，階級の上下の値が区切りのよい値になるように決めます。階級値には各階級の中間の値を使います。

(2) 各階級は同じ幅にします。

(3) はじめの階級や最後の階級は，ある値未満とか以上となる場合があります。これをオープン・エンドの階級とよびます。このオープン・エンドの階級値には通常その階級に含まれるデータの平均の値を使います（平均についてはあとで定義をあたえます）。

ヒストグラム

表 1.2 から得られる情報を視覚的にとらえるために利用されるのがヒストグラムです。ヒストグラムとは階級を横軸に，度数を縦軸にとったグラフのことです。表 1.3 は表 1.2 の階級数を少なくし，さらに最終列に階級幅を付け加えたものです。すべての階級が同じ階級幅になっていない点に注意が必要です。この例では多くの階級幅が 1.0 となっていますので，この 1.0 を標準の幅（標準階級幅）とします。また最後の階級は予想値の一番大きな値が 93.2 であることから，90 以上 94 未満としています。この表 1.3 をもとに作成されたヒストグラムが図 1.1 ですが，階級幅のちがいを考慮にいれていないので，誤った印象をあたえる良くないものになっています。

ヒストグラムは視覚的にデータの分布の状況を各階級での高さ（度数）によってあらわすものです。したがって，高さを見比べる際に誤った印象を与えないようにヒストグラムを作成しなければなりません。図 1.1 では，90 円

表 1.3 度数分布表

階級（単位　円）	度数	階級幅
80 以上 81 未満	3	1.0
81 以上 82 未満	7	1.0
82 以上 83 未満	15	1.0
83 以上 84 未満	28	1.0
84 以上 85 未満	18	1.0
85 以上 86 未満	13	1.0
86 以上 88 未満	9	2.0
88 以上 90 未満	3	2.0
90 以上 94 未満	4	4.0

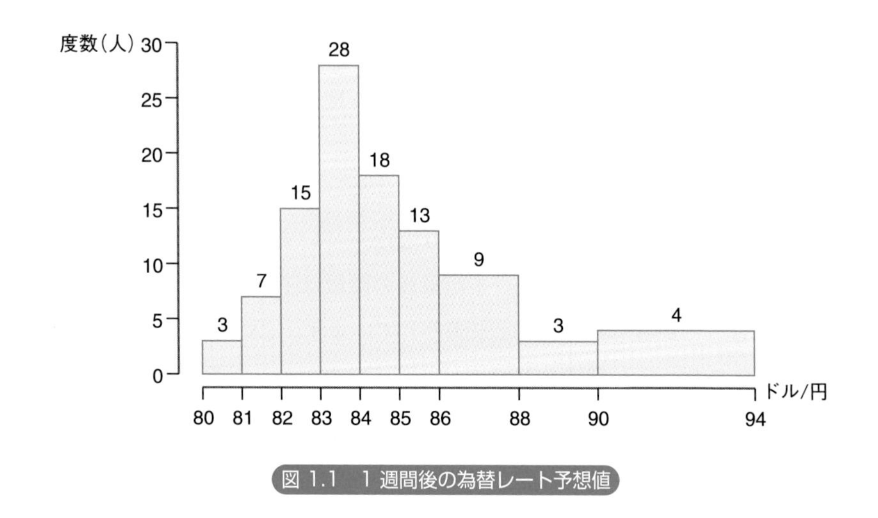

図 1.1　1 週間後の為替レート予想値

以上 94 円未満の階級の高さが 88 円以上 90 円未満の階級の高さよりも高いですが，階級幅が異なっているので単純に比較はできません。階級幅を広く取ればそれだけ多くのデータがその階級に含まれ，度数が大きくなる可能性があります。そこで，異なった階級幅の階級間の比較を容易にするために，ヒストグラムの高さを調整します。たとえばある階級幅が標準階級幅の 2 倍なら，もとの高さを 1/2 にすればよいのです。ここでは標準階級幅は 1.0 なので，階級幅が 2.0 になっている階級では高さを 1/2 倍します。最後の階級は，幅が 4 なので高さを 1/4 倍すれば調整できます(→**練習問題** 1.1)。

次の図 1.2 は総務省「家計調査（貯蓄・負債編）」から 2018 年の 2 人以上の勤労者世帯の貯蓄額の分布を階級幅を考慮して作成したヒストグラムで，勤労者世帯の貯蓄残高がどのように分布しているかをあらわしています（図中には次節で説明する代表値もあわせて示してあります)。たとえば，貯蓄残高が 200 万円未満の世帯の割合がもっとも大きく 19.5%で，平均値以下の

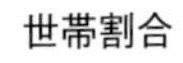

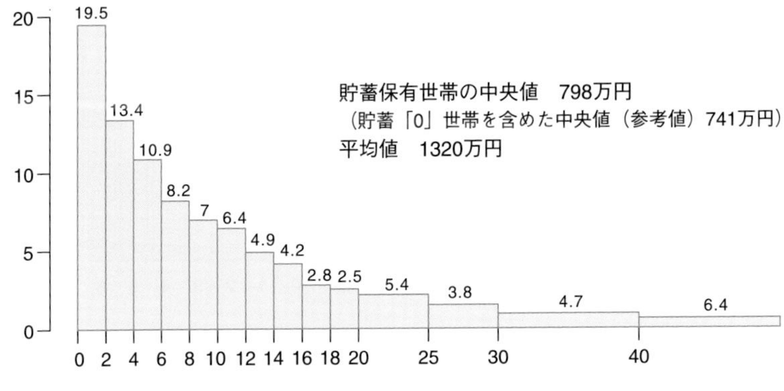

（出典）総務省「家計調査年報（貯蓄・負債編）2018年」第11表より作成

図 1.2　2人以上の世帯のうち勤労者世帯の貯蓄残高

貯蓄残高の世帯は全体の約 2/3 近くとなっていることがわかります。紙面の都合上，標準階級幅は 200 万円で作成していますが，標準階級幅が 100 万円のヒストグラムを総務省の「家計調査」で実際にみてみるとよいでしょう。

ここで次のような例題を考えてみましょう。

●例題 1.1　店のサービス評価

外食チェーンの A 店と B 店のサービス評価を各店舗で 100 人の顧客に対して満足度を 10 点満点でつけてもらいました。顧客は A 店，B 店ともにサービスに満足していると考えられるでしょうか。またどちらの店の方がサービスの満足度は高そうですか。

サービスに対する満足度は次のような基準で数値化されています。

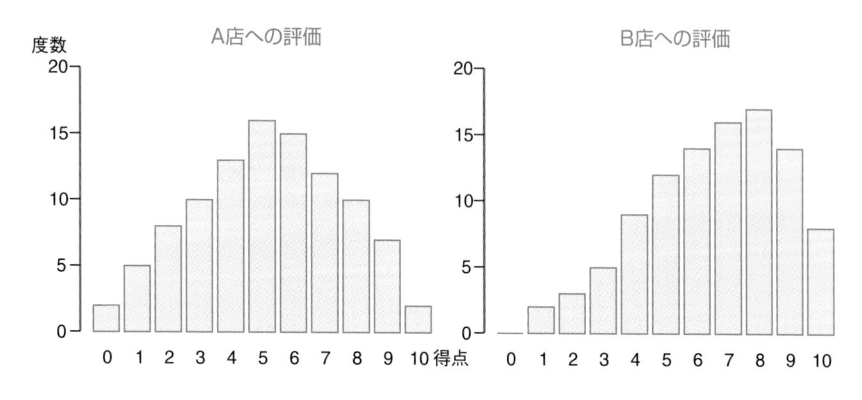

図 1.3　A 店と B 店のサービス評価

不満		普通		満足
0	↔	5	↔	10

その 100 人分のデータから作成したヒストグラムが図 1.3 です。

解答：A 店のサービス評価の得点の分布は左側のヒストグラムからわかります。5 点の階級がこのヒストグラムの中央の山になっており，分布はこの 5 点を中心に得点の高い方にも低い方にもほぼ対称にちらばっています。したがって，この店のサービスの評価についてとくに満足している，あるいはとくに不満と答えた人は多くなく，普通と感じた人が多かったことがわかります。B 店のサービス評価の得点の分布は一番高い山の部分を中心に左右対称にはなっていません。全体的に高得点の方に度数が集まっています。この 2 つの得点の分布の形状や位置を見比べると B 店のサービスの方が評価が高かったと判断できます。

得点の分布の形状をみることでその店のサービスの状態を知ることができました。また 2 つの店のサービス評価を比べるには，2 つの分布を比較すれば良いこともわかりました。しかし分布の形や位置を比べるには分布の形状をながめるだけではっきりとわからない場合もあります。そこでそのような比較をより容易にするために，以下では分布の代表値について説明します。

1.2 代表値

前節でみたように度数分布表やヒストグラムは私たちの分布に対する直感的な理解を助けてくれますが，それだけでは十分ではありません。ここではさらに代表値について説明します。

表 1.4 は主な産業での大卒初任給のデータです。これらのデータは時間順に並べられています。このようなデータは時系列データとよばれています。この時系列データからは2014年から2018年にわたっての各産業での大卒初任給の推移がわかります。年ごとに比較することもできますが，平均値（算術平均）を使って，この5年間のデータを代表させ，各産業の比較を行うこともできます。データがn個あったときに，（それらを$x_1, x_2, \cdots, x_n$とすると）平均値$\bar{x}$（エックスバー）は次のように定義されます。

表 1.4　主な産業での大卒初任給

（単位　千円）

年	建設業	製造業	情報通信業	卸売業・小売業	金融業・保険業	医療・福祉
2014	201.5	198.9	209.0	202.2	196.1	195.8
2015	209.7	202.0	209.0	201.6	201.2	199.0
2016	210.2	202.0	212.0	203.8	202.7	196.7
2017	208.7	203.2	215.0	207.2	205.4	204.9
2018	214.6	205.2	215.8	205.5	204.6	201.5
平均	208.9	202.3	212.2	204.1	202.0	199.6

（出典）厚生労働省「賃金構造基本統計調査」

定義 1.2　平均値（算術平均）

$$平均値\ \bar{x} = \frac{1}{n}\sum_{i=1}^{n} x_i = \frac{1}{n}(x_1 + x_2 + \cdots + x_n) \qquad (1.1)$$

＊ Σ（シグマ）の使い方については HELP1.1（30 ページ）参照。

表 1.4 の最終行は産業別の平均値をもとめたものです。情報通信業がもっとも高いことがわかります。ただ平均値だけでは年ごとに初任給がどれくらい変動しているか，またその変動の大きさが産業別にどのようになっているかはわかりません。変動の大きさを求めるには後に説明する分散を使います。

○ 位置に関する代表値

分布を図であらわしたグラフ（たとえばヒストグラム）はデータのちらばりの形状を視覚的に伝えてくれます。

例題 1.1 での店のサービス評価の得点分布もヒストグラムによって視覚的にとらえられたものでした。例題 1.1 での A 店，B 店についてのヒストグラムが図 1.4 のようになっていた場合，B 店の評価の方が全般的に A 店に対するものより高いことがわかります。この 2 つの分布は中心がそれぞれ 5 点と 7 点と異なるだけで左右対称で同じ形のヒストグラムになっています。

図 1.4 ほど明確に差があらわれていない場合でも，「データはどのあたりに分布しているか」あるいは「分布がどのあたりにあるか」ということを数値であらわす位置に関する代表値があれば，A 店と B 店のサービス比較を容易に行うことができます。先にあげた平均値はもっとも利用される位置に関する代表値なのです。

この位置に関する代表値には他にも最頻値（モード）や中央値（メディアン）があります。それぞれの定義は次のとおりです。

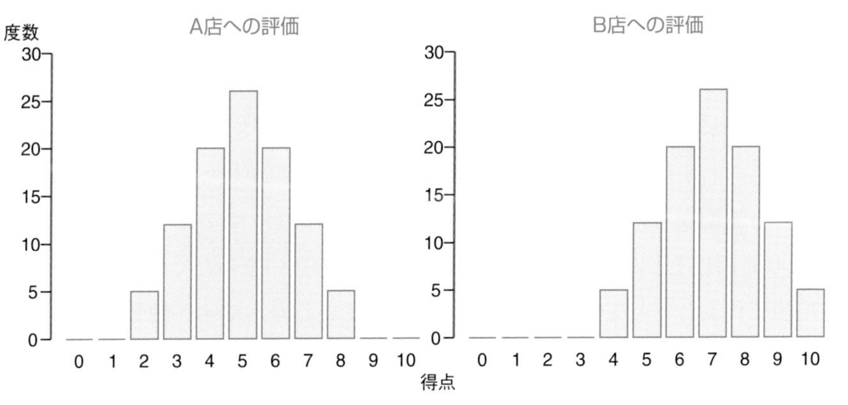

図 1.4　A 店と B 店のサービス評価

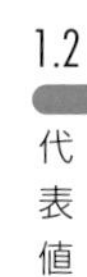

定義 1.3　最頻値（モード）

もっとも多くのデータが集中している値。度数分布の場合は度数がもっとも大きい階級値のこと。言い換えると，もっとも頻繁にあらわれる値。

定義 1.4　中央値（メディアン）

n 個のデータ $x_1, x_2, \cdots, x_n$ を大きさの順にならべたとき，ちょうど中央に位置するものを中央値とよびます。データ数 n が奇数の場合は，$(n+1)/2$ 番目のデータを，n が偶数の場合は $n/2$ 番目のデータと $(n+2)/2$ 番目のデータの算術平均を中央値とします。

図 1.4 の場合では（個別のデータは明示していませんが），平均値は A 店については 5 点，B 店については 7 点，また中央値（メディアン）も最頻値（モード）も A 店と B 店でそれぞれ同じ 5 点，7 点になっています。実は分布が中心に関して左右対称になっている場合は，平均値と中央値は一致します。さらに分布の山が 1 つの場合は最頻値も同じになります。したがって，

分布の代表値としてはどれをとっても同じです。しかし分布が非対称な場合は話がかわります。

図 1.2 では貯蓄残高の分布の他に平均値，中央値が示されてます。最頻値は明らかに 200 万円未満の階級に入っています。平均値は確かに分布の位置をあらわす代表値ですが，貯蓄残高のように分布が対称でない場合は，必ずしも適切なものではありません。「今年のサラリーマンの平均貯蓄残高は 1000 万円以上」という新聞記事に釈然としない思いをいだくのは，何でも平均値で代表してしまうことに慣れてしまっているからです。勤労者世帯の貯蓄残高の代表値として，もっとも多くの世帯が保有している貯蓄残高である最頻値（モード）をみれば，図 1.2 からはその階級は 200 万円以下，総務省「家計調査」のデータからは 100 万円以下ということがわかります。

❖ まとめ 1.1　データの位置に関する代表値

- 平均値
- 中央値（メディアン）
- 最頻値（モード）

山が 1 つで左右対称な分布の場合，平均値，中央値，最頻値は同じになります。

ちらばりの程度に関する代表値

位置に関する情報以外には，データのちらばりの程度をあらわす分散，標準偏差といった代表値があります。はじめに定義をあたえておきます。

分散の定義をみると基本的にはどちらの定義でも，データの一つひとつ x_i がその平均値 $\bar{x}$ からどの程度離れているか（平均からの偏差）の 2 乗の合計 $\sum_{i=1}^{n}(x_i - \bar{x})^2$（偏差平方和とよびます）を n あるいは $n-1$ で割ったものになっており，分散は，データが平均からどの程度ちらばっているかを示す尺度になっていることがわかります。また分散の正の平方根である標準偏差も同様にデータのちらばりの程度をあらわす代表値として利用されます。

定義 1.5 分　散

n 個のデータ $x_1, x_2, \cdots, x_n$ に対して，以下の定義であたえられる v と s^2 を分散とよびます。

$$v = \frac{1}{n}\left\{(x_1 - \bar{x})^2 + \cdots + (x_n - \bar{x})^2\right\}$$

$$= \frac{1}{n}\sum_{i=1}^{n}(x_i - \bar{x})^2 \qquad (1.2)$$

$$s^2 = \frac{1}{n-1}\sum_{i=1}^{n}(x_i - \bar{x})^2 \qquad (1.3)$$

ただし $\bar{x} = \frac{1}{n}\sum_{i=1}^{n} x_i$ とします。

定義 1.6 標準偏差

上の定義であたえられた分散 v，あるいは s^2 の正の平方根

$$\text{標準偏差} = \sqrt{v} \text{ または } \sqrt{s^2} = s \qquad (1.4)$$

図 1.5 の 2 つのヒストグラムは，左側が最初の例にあげた 1 週間後の為替レートの 100 人の予想値に関するもので，右側が 2 週間後の為替レートの予想値に関するものです。2 週間後の予想値のデータは掲載していませんが，100 人分のデータから計算された，平均と (1.2) による分散もあわせて表示しています。1 週間後と 2 週間後の予想に関しては，分布の位置に関する代表値である平均値はそれぞれ 84.2 と 83.6 で若干，2 週間後の予想値の方が値が小さめ（円高）になっています。特徴的なのはデータのちらばりの程度をあらわす分散で，それぞれ 5.46 と 9.23 となっています。1 週間後より 2 週間後の方が遠い将来ですから，予想がよりばらついていると考えることができそうです。ただし，それはデータ収集に協力してくれた大学生 100 人の予想についていえることで，日本中の大学生全員がそのように予想していると考えるには無理があります。

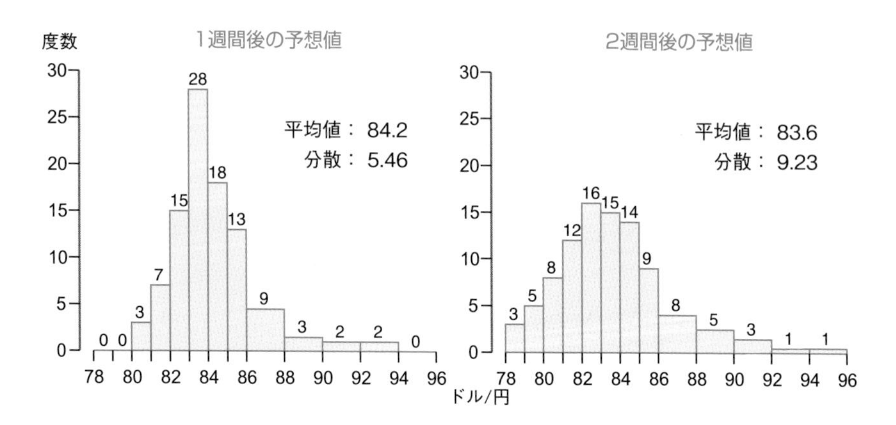

図 1.5　分布の位置とちらばり

■POINT1.1　$n-1$ で割っているのはなぜ？■

分散には2通りの定義をあたえていますが，そのちがいは n で割るか，$n-1$ で割るかにあります。後者の s^2 は不偏分散ともよばれ，本書の後半で頻繁に登場することになります。分散の定義が2つある背景には重要な考え方が隠れていますが，それについては「不偏」という用語とともに後の章で解説します。

▢ 度数分布表からの平均・分散

自分でデータを集めるのではなく，政府機関や調査機関などが公表したものを利用する際には，表 1.1 のように個々のデータではなく，既に度数分布表の形にまとめられたもの，すなわち集計されたデータしか利用できないことが多くあります。ここではそのように集計されたデータの扱い方に関して説明を行います。

表 1.3 は表 1.1 を集約した度数分布表なので，情報がある程度失われています。たとえば 80 円以上 81 円未満の階級の度数は 3 です。このことは 80 円以上 81 円未満の予想値が 3 つあるということを意味しています。表 1.1 からはそれらは 3 つとも 80.0 だったことがわかりますが，度数分布表からはそれら 3 つの予想値が具体的にどんな値だったのかという情報は，データが要約された代償として失われてしまっています。まとめられる前の個別のデータが利用できるときは，定義に従えば平均や分散といった代表値は簡単に計算できますが，度数分布表にいったんまとめられたものしか利用できない場合は以下の工夫が必要になります。

工夫のポイントは個別のデータの値はわからないので，階級値を使うという点だけです。各階級の階級値はその階級の真ん中の値をとることにします。たとえば最初の階級の階級値は 80.5 で，度数が 3 なので，80.5 というデータが 3 つあると考えます。他の階級でも同様に考えて実際に表 1.3 を使って，平均と分散を計算してみます。

$$
\begin{aligned}
\bar{x} = \frac{1}{100}\big(&80.5 \times 3 + 81.5 \times 7 + 82.5 \times 15 + 83.5 \times 28 + 84.5 \times 18 \\
&+ 85.5 \times 13 + 87 \times 9 + 89 \times 3 + 92 \times 4\big) = 84.4 \\
v = \frac{1}{100}\big(&(80.5 - \bar{x})^2 \times 3 + (81.5 - \bar{x})^2 \times 7 + (82.5 - \bar{x})^2 \times 15 \\
&+ (83.5 - \bar{x})^2 \times 28 + (84.5 - \bar{x})^2 \times 18 + (85.5 - \bar{x})^2 \times 13 \\
&+ (87 - \bar{x})^2 \times 9 + (89 - \bar{x})^2 \times 3 + (92 - \bar{x})^2 \times 4\big) = 5.53
\end{aligned}
$$

表 1.1 にある個別のデータを使っていないので正確ではありませんが，図 1.5 にあたえられている 1 週間後の予想値の平均 84.2，分散 5.46 と比べると，近似として利用するには十分なものであることがわかります。

□ その他の代表値

データの大きさとの関連で次の例題を考えてみましょう。

●例題 1.2　ちらばりを比べる

先月の銘柄 A の平均株価は 1 万円で標準偏差が 10 円，銘柄 B の平均株価は 100 円で標準偏差が 10 円でした。このとき，A，B のどちらの銘柄がちらばり（変動）が大きかったといえるでしょうか。

ちらばりの程度をあらわす代表値の標準偏差はどちらも 10 です。このことから，2 つの銘柄は同じ程度のちらばりと考えてよいのでしょうか。標準偏差が平均値からどの程度ちらばっているか，ということをあらわしていることを思い出せば，1 万円から 10 円程度ちらばっている銘柄と 100 円から 10 円程度ちらばっている銘柄では，後者の方がよりちらばっていると考える方が自然です。このことをうまくあらわすように定義されたものが次の変動係数です。

定義 1.7　変動係数

n 個のデータ $x_1, x_2, \cdots, x_n$ に対して，先の定義にある標準偏差，平均を使って変動係数は次のようにあたえられます。

$$\text{変動係数} = \frac{\text{標準偏差}}{\text{平均}} \tag{1.5}$$

この変動係数を使うと例題 1.2 の解答は次のようになります。

解答(例題 1.2)： 定義どおりに計算すると銘柄 A，B に対する変動係数はそれぞれ，0.001（銘柄 A），0.1（銘柄 B）となります。したがって銘柄 B の方が変動が大きかったことがわかります。

■POINT1.2　ちらばりの程度を比べるには■

比較の際にそれぞれのデータの単位や大きさが異なっている場合はその影響を考慮した変動係数の利用が望ましいのです。

他の代表値を以下にまとめておきます。

定義 1.8　データのちらばりに関する代表値

- 範囲：データの最大値と最小値の差
- 四分位数：大きさの順にならべて四等分した値のこと。下から第 1 四分位点（25%点），第 2 四分位点（50%点，中央値），第 3 四分位点（75%点）
- 四分位範囲：第 3 四分位点（75%点）− 第 1 四分位点（25%点）

最後に，成長率などの比率の平均に関して説明します。

●例題 1.3　比 率 の 平 均

5 年間で 20%成長したベンチャー企業の 1 年間での平均成長率はいくらになるでしょうか。

ここで成長率という用語の使い方を明確にする必要があります。ある飲食店の今月の売上が先月に比べて 120%だった，すなわち 20%売上が増加した状況を想定します。このとき成長率は，120%なのか，20%なのかはその言葉を使う人によってその解釈が違うことがあります。本書では混乱を避けるために，この場合は 20%の成長率とよぶことにします。

理解を深めるためにもう一つの例を考えます。100 万円を 3 年間，金融機関に預金しました。1 年目の金利は 5.5%，2 年目は 7.0%，3 年目は 8.0%でした。3 年経過後，預金は

$$100 \times (1.00 + 0.055) \times (1.00 + 0.07) \times (1.00 + 0.08) = 100 \times 1.219158$$

で計算され，121 万 9158 円となっています。3 年間での成長率は 0.219158 $(= (121.9158 - 100)/100)$ です。各年の成長率（金利）は，0.055, 0.07, 0.08 ですが，3 年間の成長率（金利）の平均は，算術平均 $(0.055 + 0.07 + 0.08)/3 = 0.06833$ ではありません。これは

$$(1.00 + 0.06833) \times (1.00 + 0.06833) \times (1.00 + 0.06833) \neq 1.219158$$

となることからもわかります。

定義 1.9 幾何平均

n 個のデータ $x_1, x_2, \cdots, x_n$ に対して

$$\text{幾何平均} = (x_1 \times x_2 \times \cdots \times x_n)^{\frac{1}{n}} \tag{1.6}$$

ここでの金利の例では，もとめる平均を r とすると

$$(1.00 + r) \times (1.00 + r) \times (1.00 + r) = (1.00 + r)^3 = 1.219158$$

を解いて $r = 0.0682839$ となります。

解答(ベンチャー企業の成長率)：5 年間で 20%の成長をとげた企業の 1 年あたりの成長率を幾何平均を使って計算する。

$$(1.00 + r)^5 = 1.20$$

を r について解けば $r = 0.037$ となり，年平均成長率は 3.7%となります。

この例が示すようにこの幾何平均を計算するには普通は関数電卓や表計算ソフトに頼らなければなりません。したがって，算術平均との差が結果に影響をあたえない場合は，幾何平均ではなく，算術平均で代用することも多いのです。ただし金利の例のように差が 0.00005 しかなくても運用するお金が数十億円である場合，その影響が大きくなることを忘れてはいけません。

■POINT1.3　成長率の平均には■

成長率の平均をもとめるにはここでの例のように幾何平均を使うのが自然です。

○ データの標準化

複数のグループのデータを比べる例を考えましょう。2 回のテストを受けたとします。第 1 回目は 50 点満点で結果が 30 点，第 2 回目は 100 点満点で

70 点でした。これらの 2 つのテストの結果を比較するにはどうすればよいでしょうか。どちらのテストに関しても，その成績分布の中で自分の成績がどこに位置しているかがポイントになります。たとえば平均点より上なのかどうかを考えます。テストの平均点が第 1 回目は 25 点，第 2 回目は 65 点だった場合，どちらの回でも 5 点上回っていますが，それで同じような成績だったと結論してよいでしょうか。50 点満点と 100 点満点のテストの結果の比較ですし，難易度のちがいも考慮しないといけません。実は以下で説明する標準化したものを比べることでこのような問題に対処できます。そしてその標準化から偏差値をもとめることができるのです。

定義 1.10　標準化（基準化）

n 個のデータ $x_1, x_2, \cdots, x_n$ に対して，平均を $\bar{x}$，標準偏差を s としたとき（$\sqrt{v}$ でもよい），もとのデータ $x_1, x_2, \cdots, x_n$ を標準化するとは

$$z_i = \frac{x_i - \bar{x}}{s}, \qquad i = 1, 2, \cdots, n \tag{1.7}$$

というように平均 $\bar{x}$ を引き，標準偏差 s で割ることです。

標準化を行った後のデータ $z_1, z_2, \cdots, z_n$ の平均はゼロ，分散（標準偏差）は 1 になっています。すなわち，標準化とは標準化されたデータの平均をゼロ，分散を 1 にする変換のことなのです。さらに x_i を標準化した z_i を以下のように変換すると偏差値になります。これは平均が 50 で標準偏差を 10 にする変換のことなのです。

$$\text{偏差値} = 50 + 10z_i, \quad i = 1, 2, \cdots, n$$

ここでの例では，どちらも平均点を 5 点上回る成績でしたが，第 1 回目は 50 点満点，第 2 回目は 100 点満点のテストなので，標準化し，さらに偏差値に変換して比較を行ってみます。そのためには標準偏差が必要となりますので，ここでは仮に

(a) 標準偏差が第 1 回目も第 2 回目も同じ 5 であったとき

(b) 標準偏差が第 1 回目は 5, 第 2 回目は 10 であったとき

の 2 つのケースで考えてみましょう。変換の結果は以下のとおりです。

(a) 第 1 回目：標準化された得点 1, 偏差値 = 60, 第 2 回目：標準化された得点 1, 偏差値 = 60

(b) 第 1 回目：標準化された得点 1, 偏差値 = 60, 第 2 回目：標準化された得点 0.5, 偏差値 = 55

50 点満点のテストと 100 点満点のテストでの（ちらばりの程度を表す代表値である）標準偏差が同じという設定 (a) では標準化された得点は同じですから，偏差値も同じになります。一方 (b) では標準偏差が第 2 回目の方が 2 倍の大きさになっています。このとき，平均点より 5 点上回る結果でもそれぞれの標準化された得点，偏差値は第 1 回目に比べて，第 2 回目の方が小さくなっていることがわかります。

データの分布の形状についての代表値

データの分布の形状は，ヒストグラムをみれば視覚的にその特徴をつかむことができます。分布の形状の特徴が数値として表現できると複数の分布を比較する際により便利になります。分布の位置やちらばりの程度に関する代表値はすでに説明しましたが，ここではさらに分布の形状を数値であらわす，分布の歪み（ゆがみ）と尖り（とがり）という代表値を説明します。

分布の歪み

分布は，右に歪んでいる，対称，左に歪んでいる，と大別できます。図 1.6 はそれぞれの状態をあらわしたものです。分布の山の頂上が分布全体で左側にあるとき右に歪んでいるとよばれています。頂上が右側にあるときは左に歪んでいます。分布がこの 3 つのどの状態になっているかは，歪度（わいど）(skewness) とよばれているもので知ることができます。

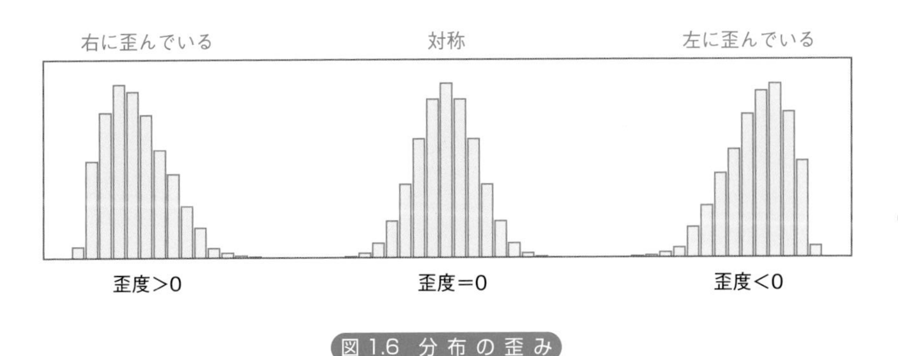

図 1.6 分布の歪み

定義 1.11 歪度 (skewness)

n 個のデータ $x_1, x_2, \cdots, x_n$ に対して

$$\text{歪度} = \frac{1}{n}\sum_{i=1}^{n}\left(\frac{x_i - \bar{x}}{s}\right)^3 = \frac{1}{n}\sum_{i=1}^{n} z_i^3 \tag{1.8}$$

ただし，$\bar{x}$ は平均，s は標準偏差とします（$\sqrt{v}$ でもよい）。

歪度の性質は以下のようにまとめることができます。

- 歪度がゼロに近いほど分布は対称に近い（歪度がゼロでも対称でない場合もありますが，そのような例外はヒストグラムをみれば判断できます）。
- 歪度がプラスだと右（プラス）の方向に分布の裾が長くなっている（右に歪んでいるといいます）。
- 歪度がマイナスだと分布は左（マイナス）の方向に歪んでいるという。

分布の尖り

一方の分布の尖りをあらわす尖度（kurtosis）とは，平均の近辺での分布の

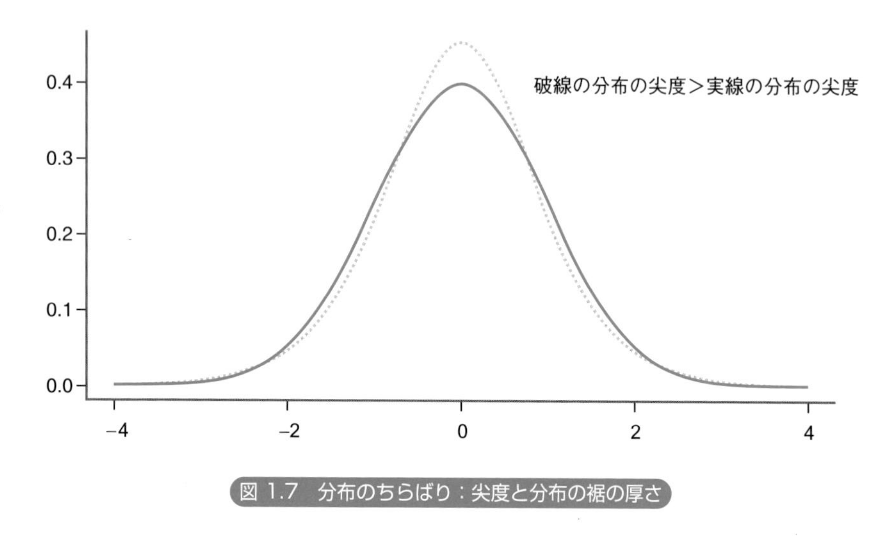

図 1.7　分布のちらばり：尖度と分布の裾の厚さ

尖り具合をあらわしています。一般に尖度が大きいと平均まわりでの分布の尖りも大きいですが，同時に分布の裾の部分が厚くなっています。図 1.7 をみると平均の近く（ゼロの近辺）では破線の分布の方が実線のものより尖っています。そして（差が小さいので見にくいですが），分布の裾の部分（分布の平均から離れたところ，図 1.7 でいえば −2 より小さいところや，2 より大きいところ）をみると破線の方が実線の上にあります。このような状況を分布の裾が厚いといい，破線の方の分布が実線の分布よりもちらばりが大きいことをあらわしています。

定義 1.12　尖度（kurtosis）

n 個のデータ $x_1, x_2, \cdots, x_n$ に対して

$$\text{尖度} = \frac{1}{n}\sum_{i=1}^{n}\left(\frac{x_i - \bar{x}}{s}\right)^4 = \frac{1}{n}\sum_{i=1}^{n} z_i^4 \tag{1.9}$$

ただし $\bar{x}$，s，z_i については歪度の定義中にあるものと同じ。

しかし尖度はその名前の由来である分布の尖りに関しては必ずしもその意味する状況をあらわさないこともあり，通常は分布の裾の厚さをあらわす代表値として利用されることが多いのです。

1.3 母集団と標本

この章のはじめにあった表 1.1 を思い出しましょう。それは 1 週間後の為替レートの予想値を 100 人の大学生に聞いた結果でした。そして調査対象だった 100 人に関しては，彼らの予想値の分布，その代表値をデータから調べることができました。だからといって彼らの予想値の平均値 84.2 を日本中の大学生全員の予想値の平均と考えてもよいでしょうか。テレビの視聴率調査の例で考えてみましょう。調査は本来の調査対象である日本中の全世帯に対して行われてはいません。実際にはその一部を調査しているだけなのです。そしてその一部の世帯の結果を，あたかも全世帯での結果のように解釈しているのです。

ここでいう本来の調査対象のことを統計学では母集団とよび，そしてその一部であるデータを標本またはサンプルとよんでいます。母集団のすべてを調べる場合，その調査を全数調査あるいはセンサスとよびます。国勢調査が代表的な全数調査です。全数調査は時間も費用もかかりますが，いくら時間と費用をかけても全数調査をすることができない場合もあります。

例題 1.1 での店のサービス評価の得点分布では店に来る客があらかじめ何人か想定できません。たまたまやって来た客のアンケートの回答は得られても，まだ来店していない潜在的な客の回答は得られるはずもありません。そこで全数調査にかえて標本調査を行うのです。この標本調査とは「一部をみて，全体の特徴を調べる」ということなのです。

▢ 標本抽出の方法

標本調査を行うということは，母集団から選ばれた標本によって本来の調査対象である母集団の特徴を正しくつかむということです。そのためには何が必要となるのでしょうか。もっとも大事なことは，標本が母集団の姿，すなわち母集団の分布を反映するように選び出されていなければならないということです。標本を選び出すことはサンプリングあるいは抽出とよばれています。また標本として選び出されたデータの数を標本サイズ，あるいは標本の大きさとよびます。

サンプリングには大きく分けて有意抽出法とランダム・サンプリングの2つがあります。後者のランダム・サンプリングは無作為抽出ともよばれます。

母集団の分布を反映するような標本を調査者が意図的，恣意的に選び出す方法が有意抽出法です。このような恣意的な方法では得られた結果に客観性が保証されませんが，時間的にも費用的にもコストのかかるランダム・サンプリングによる1回限りの調査よりも，特定の対象を継続的に調査することで分析の目的が達成できる場合には有効な方法です。

それに対し，母集団を構成するメンバーあるいは要素が標本として選び出される可能性がどれも同じになるような方法がランダム・サンプリングです。この「標本に選び出される可能性」とは「標本に選び出される確率」のことです。確率に関しては第3章で詳しい説明をしますが，ここでは皆さんの確率に対する常識的な理解で十分です。もちろん確率に関して何も知らない場合は先に第3章を読んでください。本題に戻ると，実際に同じ確率で標本を選び出すにはサイコロを投げたり，くじを引いたり，乱数表を使ったりします。標本が選び出される可能性を偶然に任せるわけです。

ランダム・サンプリング（無作為抽出）

ランダム・サンプリングには以下で説明するいくつかの種類がありますが，基本的にはランダム・サンプリングにより標本として選ばれたものどうしは関連がありません。確率の用語を使えばそれらは互いに独立になっています。

- **単純ランダム・サンプリング**　たとえば1000人の調査対象から10人を選び出すには調査対象に1番から1000番まで番号をつけます。それを表にしたものを抽出台帳とよびます。そして乱数表や正二十面体のサイコロを使って10人を選び出します。実際の詳しい乱数表や正二十面体のサイコロの使い方は「社会調査」などの調査を対象にした専門書を参照してください。
- **系統的サンプリング**　単純ランダム・サンプリングでは必要な標本サイズだけランダム・サンプリングの手続きが必要です。サイコロを使う場合は必要な回数だけサイコロを投げる必要があります。しかし標本のサイズが大きくなるとこれは手間のかかる作業です。そこで，はじめに選び出されるデータは単純ランダム・サンプリングの手続きによって選び出し，2番目以降は一定の間隔で抽出台帳から選び出すことにします。これが系統的サンプリングです。
- **多段抽出法**　抽出台帳には調査対象者に一連の番号がつけられていますが，調査対象が全国にわたり，対象者の数も非常に多い場合，上に述べた2つの抽出法でも限界があります。そこで調査対象のエリアをまずランダムに選び出します。たとえば都道府県を選びます。次にその都道府県の中から市町村をランダムに選び出します。そのようにして段階的に選ばれた地域から対象者をランダムに抽出する方法を多段抽出法とよびます。
- **層化抽出法**　ある企業の営業職300人の男女比率が2：1（男性200人，女性100人）とわかっています。彼らのその会社への帰属意識を30人の標本から調べることを考えます。この場合，男女比を考慮したうえでランダム・サンプリングを行った方がより母集団を反映できるという考えにもとづいた方法が層化抽出法です。この例では男性20人，女性10人をランダム・サンプリングによって抽出することになります。

実際の調査では調査目的や実施規模に応じて適切なサンプリングの方法が

選ばれることになります。繰り返しになりますがもっとも大事なことは標本は母集団の姿，すなわち母集団の分布を正しく反映するように選び出されなければならないということです。

▢ 母集団と標本の関係

分析対象である母集団はその名前に「母」がついていることからもわかるように，データあるいは標本を生み出す源泉と考えられています。その関係は図 1.8 に示してあります。

母集団（本来の調査対象）全体のデータがあれば，その分布や平均値などの代表値をもとめることができます。しかし，すべてのデータを得ることができない場合，母集団の分布や平均値，分散などの代表値を調べるためには，まず母集団から標本を抽出します。次にその標本についてヒストグラムを描いたり，代表値をもとめたりして標本の特性を明らかにします。そしてその標本の特性を母集団の特性と考えるのです。たとえば母集団の平均を知りたければ，標本の平均をもとめて，それを母集団の平均の代理とします。この場合，母集団の平均は未知な値で，標本を使ってそれを推測しているのです。このような手続きを統計的推測あるいは統計的推論といいます。一般にこの母集団と標本の関係は図 1.9 に示してあります。実際，平均については (1.1)，分散については (1.2) と (1.3) と 2 つの定義がありましたが，母集団のすべてのデータが利用できる場合には，(1.1)，(1.2) でもとめたものをそれぞれ母集団の平均，分散の値とします。標本から推測する場合は母集団のすべてのデータがわからないので，平均の値も分散の値もわかりません。そこで平均については (1.1) でもとめたもの，分散については (1.3) でもとめたものをそれぞれ平均と分散の推定値とします。このような使い分けについては第 6 章，第 7 章で学んでいきます。

1 週間後の為替レートの予想値を 100 人の大学生に調査した例の場合，標本である 100 人分のデータが母集団（大学生全体）を反映しているものなら，

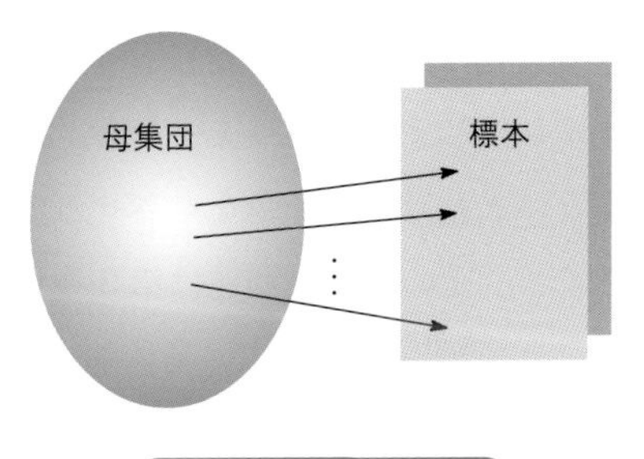

図 1.8 サンプリング

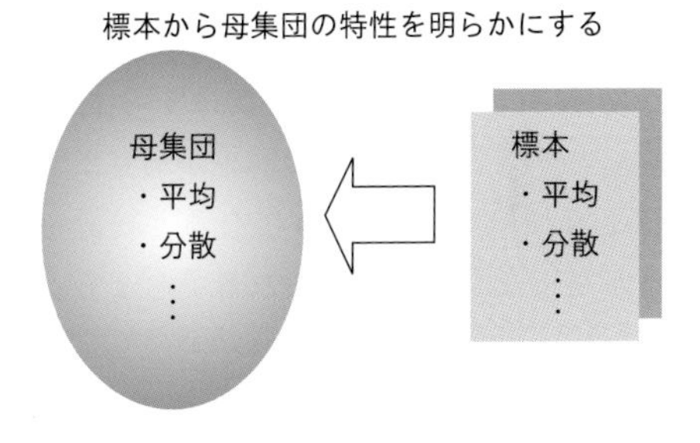

図 1.9 母集団の代表値を推測する

標本（100 人分のデータ）の平均を母集団の平均，標本の分散を母集団の分散に，そして標本を使って作成されたヒストグラムで描かれた標本の分布を母集団の分布と考えることができます。例題 1.1 ではＡ店，Ｂ店それぞれの客全体が母集団であり，各店でとられたアンケートに答えた客が標本になります。標本に偏りがなく，標本が母集団を正しく反映していれば，アンケート調査の結果をその店のサービスに関する実態と考えてもよいでしょう。

しかしこの母集団から抽出された標本を使って，母集団の特性を明らかにしていく方法には疑問が生じます。大学生 100 人の調査に対する答えが大学生全体のものとみなせるとしても，もう一度，100 人選んで調査をすると調査結果が変わる可能性があります。大学生全体の中で標本として抽出される人が代われば結果も変わるということです。すなわち標本が代われば結果も変わるのです。そのような調査は不正確なのでしょうか。全体を調べていないのですから多少の不正確さはしょうがありませんが，その不正確さはどの程度なのか，またどのようにすればそれを少なくさせることができるのか，ということも問題になります。そのような問題は第3章以降の確率や確率変数という概念を理解することで解決されます。具体的には第6章の標本調査・標本分布で説明を行います。

TRY1.1 表計算ソフトを使ってみましょう

Rという名前の統計分析をする無料のソフトウェアが開発，提供されています。またRでの分析作業を手助けするRstudioというソフトもあります。ネット上に数多くの解説がありますので，それらを参考にRやRstudioを使えるようになると統計を使ってデータ分析をすることが身近なものに感じられるでしょう。

練習問題

1.1　表1.3の度数分布表の各階級の階級値をもとめなさい。さらに階級の高さを調整したヒストグラムを作成しなさい。

1.2　政府統計の総合窓口（e-Stat）のホームページ（https://www.e-stat.go.jp）あるいは総務省統計局のホームページの「統計データ」にある「分野別一覧」から，「家計調査」内の貯蓄・負債編の「貯蓄及び負債の1世帯当たり現在高」より年間収入階級別の2人以上の世帯・勤労者世帯のデータをダウンロードし，勤労者世帯の年間収入に関する階級別世帯分布を作成しなさい。

1.3　新聞やインターネットから過去1カ月分の為替レート（円/ドル）の値を収集し，平均値，分散，標準偏差を求めなさい。また1カ月分の為替レートとその平均値をグラフにプロットし，為替レートがその平均のまわりでどの程度変動しているかを確認しなさい。

1.4　定義 1.10 での $x_1, \ldots, x_n$ の平均を $\overline{x}$，標準偏差を s_x とする。ここで x_i を 2 倍したものを y_i（すなわち $y_i = 2x_i$）とする。このとき $y_1, \ldots, y_n$ の平均 $\overline{y}$ を $\overline{x}$ を使ってあらわしなさい。さらに $y_1, \ldots, y_n$ の標準偏差 s_y を s_x を使ってあらわしなさい。

1.5　自分でテーマを決め，表 1.1 のようなデータを収集し，度数分布表，ヒストグラムを作成し，収集されたデータの分布に関する特徴を述べなさい。

1.6　次の標本に対する母集団はどんなものか答えなさい。

(1)　A 大学の学生が住む賃貸アパートの家賃のデータ 50 人分
(2)　家電量販店の B 電気での 7 月第 1 週のエアコンの売上台数
(3)　C 銀行の D 支店での行員の残業時間のデータ

1.7　国勢調査について調べなさい。

1.8　次のサンプリングがランダム・サンプリングかどうかを答え，その理由も述べなさい。

(1)　授業評価を行うために，教室の最前列に座っていた学生 10 人を選んだ。
(2)　ボランティアに関する調査で，コンピュータでランダムに電話番号を作り出し，昼間に電話をかけ，アンケートに答えてくれた 10 人。
(3)　化粧品メーカーの A 社はこれまで低価格帯での商品で知られている企業でした。この A 社が高級化粧品路線へ社の方針を変更するかどうかの判断をするにあたり A 社の顧客からランダムに 1000 人分の意見を集めた。

参考書

データの整理，分布の代表値

● 久保川達也，国友直人『統計学』東京大学出版会，2016 年

社会調査，標本抽出などについて

● 盛川和夫『社会調査法入門』有斐閣ブックス，2004 年

HELP1.1 総和記号 $\sum$（シグマ）の使い方

定義 1.2 にあるように総和記号 $\sum$（シグマ）を使うと和の表記が簡潔になります。添え字のついた変数 $x_1, x_2, \cdots, x_n$ を合計するという表記は $x_1 + x_2 + \cdots + x_n$ ですが，総和記号 $\sum$（シグマ）を使うと

$$\sum_{i=1}^{n} x_i = x_1 + x_2 + \cdots + x_n$$

と表すことができます。この総和記号 $\sum$ には次のルールがあります。

(1) 添え字 i に関係ない定数 a は $\sum$ の前に出せる。

$$\sum_{i=1}^{n} a x_i = a \sum_{i=1}^{n} x_i = a x_1 + a x_2 + \cdots + a x_n$$

(2) 2 つの添え字のある変数 x_i と y_i に対して

$$\sum_{i=1}^{n} (x_i + y_i) = \sum_{i=1}^{n} x_i + \sum_{i=1}^{n} y_i$$

(3) 添え字のない定数 a に対して

$$\sum_{i=1}^{n} a = \overbrace{a + a + \cdots + a}^{n\text{ 個}} = a \sum_{i=1}^{n} 1 = na$$

第2章

測　る

私たちは意識的にであれ，無意識であれ，何かを測り，また測られたものにもとづいて行動することがあります。この章では**測る**ということを実際に利用されている例でみていきます。そして「何かを測る」ためのものさしである**尺度**がどのようにつくられているかを説明します。

◦ *KEY WORDS* ◦

不平等度，物価指数，株価指数，
景気指標，相関係数

体温が高いか低いかをみるには体温計があるように，実際に「何かを測る」ためには，そのための「ものさし」が必要となります。体温計が，気温を測るためには使われないように，そのような「ものさし」は目的に応じてつくられています。

本章であげる不平等，物価，景気といった例は社会や経済の状況を判断するうえでよく利用されているものです。また複数の要因の関連を測る相関係数は経済や経営の分野での分析において欠くことのできない道具なのです。

2.1　不平等度を測る

不平等の度合いはどのようにすれば測れるのでしょう。このことを次の例で考えます。仲間 A，B，C，D の 4 人だけでたちあげたベンチャー企業があります。給与の分配に関しては，年間給与支払い可能総額 4000 万円を全社員数 4 で割り 1000 万円を平等に分配していました（この状況を平等と考えます）。ところがリーダーの A が給与の分配の割合を変更しようとしていることが発覚しました。発見された資料には表 2.1 のような変更プランが記載されています。

現行は均等に分配をしているので，不平等度はゼロと考えられますが，変更プラン 1 や他のプランはどの程度の不平等度なのでしょうか。その不平等度を測る方法を以下でみていきます。

▢ ローレンツ曲線

はじめにローレンツ曲線について説明します。このローレンツ曲線は不平等度を視覚化したものなのです。表 2.2 の相対順位と累積相対給与をそれぞれグラフの横軸と縦軸にプロットしたものがローレンツ曲線です（図 2.1）。

表 2.1 給与分配プラン

	A	B	C	D
現 行	1000	1000	1000	1000
プラン 1	1400	1200	800	600
プラン 2	2600	800	400	200
プラン 3	4000	0	0	0

表 2.2 相対順位と累積相対給与

現 行

順位	相対順位	年間給与	相対給与	累積相対給与
1	0.25	1000	0.25	0.25
2	0.50	1000	0.25	0.50
3	0.75	1000	0.25	0.75
4	1.00	1000	0.25	1.00

プラン 1

順位	相対順位	年間給与	相対給与	累積相対給与
1	0.25	600	0.15	0.15
2	0.50	800	0.20	0.35
3	0.75	1200	0.30	0.65
4	1.00	1400	0.35	1.00

ローレンツ曲線を描く手順

(1) 給与の少ない方から多い方へ並べる

(2) 相対順位をもとめる（各順位を総人数で割る）

(3) 相対給与をもとめる（各給与を総給与で割る）

(4) 累積相対給与をもとめる（相対給与を累積する）

(5) 横軸を相対順位，縦軸を累積相対給与にしたグラフを描く

45 度線が不平等がない状態をあらわしています。ローレンツ曲線では不平等の度合いが高まるにつれて，グラフの曲線がこの 45 度線から離れて右下のコーナーへ近づくようになっています。すなわち 45 度線から離れるほど不平等の度合いが高いことになります。現行からプラン 1，プラン 2 へと不平等の度合いが高くなっていることが視覚的にわかります(→**練習問題** 2.1)。

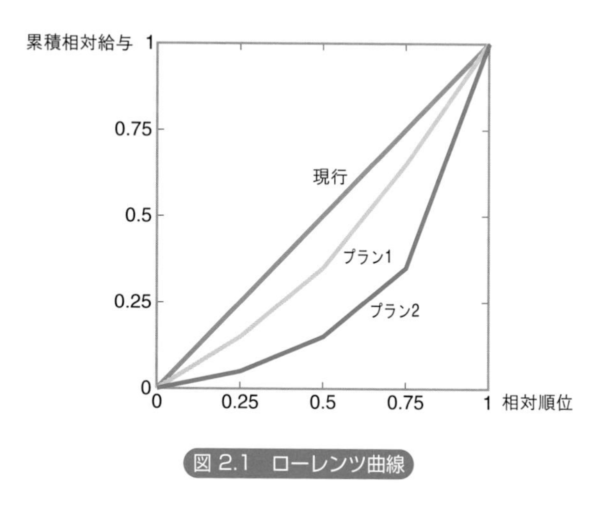

図 2.1　ローレンツ曲線

ジニ係数

ローレンツ曲線は視覚的に不平等度をとらえるものでしたが，このジニ係数は不平等度を数値であらわしたものです。ジニ係数はローレンツ曲線と 45 度線で囲まれた部分の面積の 2 倍として定義されています（図 2.2）。

2 倍する理由は不平等度が最大になったときのジニ係数の値，すなわちジニ係数の最大値を 1 にするためです。完全に平等な場合は面積はゼロで，完全不平等の場合は面積が 1 になっています。そしてジニ係数の値が大きいほど不平等度が高くなるように定義されています（例にあげたように 4 人の間での分配の場合など，分配する人数や階級数が有限で離散の値のときには完全不平等の場合でも厳密にはジニ係数の値は 1 にはなりません。数学的には連続，無限，といった考え方を利用して理論的にジニ係数は定義されますが，実際の利用はここでの説明のように 45 度線とローレンツ曲線で囲まれている部分の面積の 2 倍という理解で十分です）。

表 2.3 は「平成 29 年所得再分配調査報告書」（厚生労働省）に掲載され

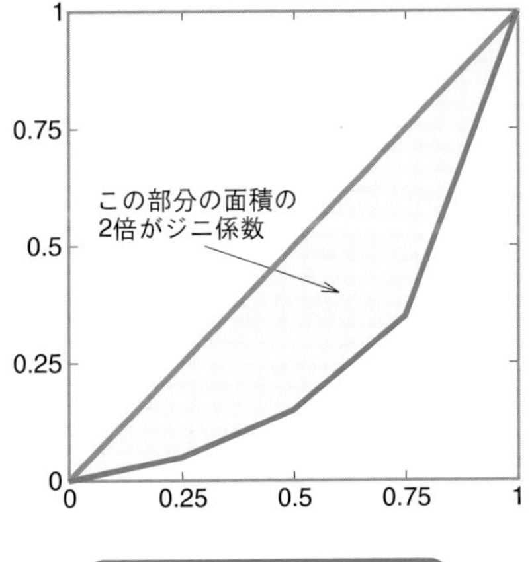

図 2.2　プラン 2 のジニ係数

表 2.3　日本の再分配所得

年	再分配所得	当初所得
2005	0.3873	0.5263
2008	0.3758	0.5318
2011	0.3791	0.5536
2014	0.3759	0.5704
2017	0.3721	0.5594

（出所）厚生労働省「平成 29 年所得再分配調査報告書」

ている表です。日本の所得分配の不平等度を測ったものですが，この表から不平等の推移や再分配による改善度合いがわかります。ただし強調しておきたいことは，このように何かを測ることはその対象の状態を私たちに教えてくれますが，なぜ，そのような状態になったか（なぜ不平等度が高くなったか），またどのようにすればその状態を変えることができるかについては教えてくれません。

■POINT2.1　測るだけでは不十分■

後述する物価指数や景気動向指数，そしてジニ係数は社会のための体温計のようなものです。毎日，体温を測っていれば，自分の体に起きる不調を事前に予期できる場合もあります。この体温計は健康状態に関するサインを私たちに伝えてくれる便利なものなのです。しかし体温計を使って，健康状態を変えたり，病気をなおすことができないことはいうまでもありません。そこから先は経済学や経営学の出番になります。

2.2 物価を測る

物やサービスの値段は昔と今で変わらないものも，大きく変わったものもあります。ただ，変わったと感じることが，値段そのものをみて判断しているのか，それとも実感としてなのかを区別する必要があります。

たとえば20年前も今も牛乳1パックの値段は100円だったとすると，値段は確かに変わっていませんが，世間の物価を考えれば（他のものの値段が一般的に高くなっている状況を想定すれば），牛乳1パックの値段は相対的に安くなったと感じるはずです。別な表現をすると，名目的には牛乳1パックの値段は変わらなかったが，実質的には値段が下がった，ということになります。この名目的，実質的という区別は消費や投資といった経済活動を時系列的にみていく場合に，しっかりと理解しておく必要があります。

□ 物価指数

世間でいわれている物価という感覚的なものを，客観的にとらえるためにつくられたものが物価指数です。この物価指数は，基準になる時点と比較する時点での物価を比較できるように，その2つの時点の多様な財やサービスの価格という情報を反映するように作成されています。

n 個の財・サービス（以降，簡単に商品とよぶ）の価格と購入数量について

時　点	第 i 商品の価格	第 i 商品の購入数量
基準時点 0	p_{0i}	q_{0i}
比較時点 t	p_{ti}	q_{ti}

と記号を定義すると代表的な物価指数であるラスパイレス指数の定義は次のようになります。

定義 2.1　ラスパイレス指数（基準時生計費指数）

$$L_t = \frac{p_{t1}q_{01} + p_{t2}q_{02} + \cdots + p_{tn}q_{0n}}{p_{01}q_{01} + p_{02}q_{02} + \cdots + p_{0n}q_{0n}} = \frac{\sum_{i=1}^{n} p_{ti}q_{0i}}{\sum_{i=1}^{n} p_{0i}q_{0i}} \tag{2.1}$$

解説：よくみるとこの定義式は意外と簡単なアイデアをもとに作られていることがわかります。分母に注目すると，これは基準時点で購入した商品の価格とその数量の積の合計です。したがって分母は基準時点で使ったお金の総額になっています。一方，分子は基準時点と同じ数量の商品を，比較時点で購入した場合にかかるお金の総額になっています。この 2 つの総額の比は「基準時点での消費パターンと同じ消費を比較時点で行った場合，出費が基準時点に比べてどの程度になっているか」をあらわしています。基準時点よりも比較時点での商品の価格が上昇していればこのラスパイレス指数は 1 よりも大きな数値になります。たとえばラスパイレス指数が 2 ならば，比較時点では基準時点に比べて物価が 2 倍になったと考えることができます。ちなみにこの物価指数を構成する商品（ここでは単に n 個の商品）の購入数量も合わせた集まりのことをマーケットバスケットとよんでいます。

●例題 2.1　ラスパイレス指数を計算する

次の 3 つの商品を使って 2015 年を基準年にしたラスパイレス指数をもとめなさい。ただし，基準年の物価指数を 100 とします。

	牛乳		食パン		卵	
	価格	数量	価格	数量	価格	数量
2015 年	160	50	200	40	140	25
2016 年	180	50	210	30	140	20
2017 年	190	40	215	35	150	22

解答：2016 年のラスパイレス指数の計算例だけあたえておきます。

定義式に数値を代入すると

$$L_{2016}=\frac{\sum_{i=1}^{n} p_{ti}q_{0i}}{\sum_{i=1}^{n} p_{0i}q_{0i}}=\frac{180\times 50+210\times 40+140\times 25}{160\times 50+200\times 40+140\times 25}=1.072$$

となり，基準年の2015年を100とすると，2016年は107.2となります。

この例題では簡単な朝食の材料として3つの食材をとりあげ，指数を作成しています。例題なので3つの商品で計算していますが，実際の物価水準をとらえるには，数多くの商品が物価指数の計算のために採用される必要があります。このような指数計算に採用される商品は，基準時・比較時両方の生活実態を反映したものである必要があります。たとえば以前は音楽を聞くにはレコード，カセットテープが主流でしたが，現在は，CD，そして携帯音楽プレーヤーにダウンロードした楽曲を利用するようになっています。もし30年前にレコードを指数計算の商品に採用していた場合，ラスパイレス指数の定義式の分子では，現在のレコードの価格と30年前に購入されていたレコードの数量をかけた計算値を利用しますが，今も30年前の購入数量で考えるのは明らかに無理があります。

この問題を回避するために，実際には5年ごとに基準時が更新されています。またマーケットバスケットに入っている中身の更新もやはり定期的に行われ，実態を反映できるような改訂が行われています。作成方法などの詳細については総務省統計局の資料などでみることができます。

ラスパイレス指数は基準時点をベースに作られた指数でした。同様に比較時点をベースにしたパーシェ指数とよばれるものもありますが，ここではその名前を紹介するにとどめます(→**練習問題** 2.2)。

名目的と実質的の区別については，世間の物価を客観的な数値であらわした物価指数があたえられると以下のように名目データ，実質データとして区別されます。

定義 2.2 名目データ・実質データ・デフレータ

名目データ　価格など金額表示のデータ
実質データ　デフレータによって物価の影響を調整したデータ
デフレータ　名目データを実質化するためのもので，代表的なものはGDPデフレータ，消費者物価指数など

それぞれの関係は以下のようになっています。

$$実質データ = \frac{名目データ}{デフレータ} \tag{2.2}$$

○ 株価指数

株式の取引（投資家同士の売買）はその多くが証券取引所で行われています。そこで日本の株式相場の動向をあらわす指標として，東京証券取引所に上場されている株式にもとづいた指数が作成されています。その一つが日経平均株価とよばれているものです。

定義 2.3 日経平均株価

日本経済新聞社が公表している東京証券取引所1部上場銘柄の株価の水準をあらわす指標で，算出には代表的な225銘柄の株価が採用されています。

この日経平均株価を算出する際に使われる銘柄は市場での流動性などを考慮して入れ替えられています。本来はそのような入れ替えが必要ないことが理想的ですが現実の指標として機能させるには避けられない場合があります。そのような入れ替えがあった際には，指標としての連続性（銘柄入れ替え前と後とのつながり）がどのようになっているかを考慮する必要があります。

日経平均株価とならぶ代表的なものが東証株価指数（TOPIX）です。

定義 2.4 東証株価指数（TOPIX）

東京証券取引所 1 部上場の全銘柄の時価総額を指数にしたもので TOPIX ともよばれます。算出方法は，基準時を昭和 43 年 (1968 年)1 月 4 日 (終値)，その日の時価総額を 100 とし，その後の時価総額を以下のように指数化します。

$$\frac{\text{比較時時価総額 (円)}}{\text{基準時時価総額 (円)}} \times 100$$

ただし時価総額を算出する際に使用する株式数は上場株式数ベースではなく，浮動株ベースになっています。浮動株とは上場株式から固定的に一部の株主に保有されていて市場で流通する可能性が低い固定株を除いた部分をさします。

2.3 景気を測る

景気の状態を測るためには景気指数とよばれている指標が準備されています。ここでは代表的なものを 2 つ紹介します。

▢ 全国企業短期経済観測調査（日銀短観）

通称，日銀短観とよばれているこの調査は，国内の景気の状態を測るために日本銀行によって行われているもので，国内企業の経済活動の動向を把握するために標本として選ばれた企業の経済見通しにもとづいています。その内容は，業況などの「最近」と「先行き」に関する判断（判断項目）や，年度計画に関する実績・予測（計数項目）などで企業活動全般に関して年 4 回実施されている調査です。

短観の特徴的なところは，上記調査項目に対する企業の回答にもとづいて，企業が経済の状態を実際にどうみているかを知ることができるという点です。短観の中でも「大企業製造業」の業況判断 DI がよく利用される代表的な指標です。

この業況判断 DI は「収益を中心とした全般的な業況」に関する判断を示すもので，「良い」，「さほど良くない」，「悪い」という 3 つの選択肢の中から 1 つを回答してもらい，それぞれの回答社数の構成比を求めた上で，「良い」の社数構成比から「悪い」の社数構成比を引いて算出されます。図 2.3（上段）は製造業（大企業），非製造業（大企業）の業況判断 DI です。図中には内閣府が公表している景気動向指数にもとづいて決められている景気基準日付が示している景気後退期を灰色であらわしてあります。景気後退期には業況判断 DI が低下しマイナス（「良い」と答えた企業数よりも「悪い」と答えた企業数が上回っている）になっていく様子がわかります。

▢ 景気動向指数

景気動向指数は内閣府から発表されるもので，景気変動の大きさや量感を把握することが目的の CI（コンポジット・インデックス）とよばれる景気指標，また景気の各経済部門への波及の度合いを測定することが目的の DI（ディフュージョン・インデックス）とよばれる景気指標があります。

CI（コンポジット・インデックス）

生産，雇用などの経済データで景気に敏感に反応する指標を合成して作成する指標で，景気の量的側面をとらえることを目的としています。CI には景気に先行して動く「先行指数」，一致して動く「一致指数」，そして遅れて動く「遅行指数」の 3 つがあります。図 2.3（下段）は一致 CI をプロットしたものです．一致 CI が上昇しているときは景気の拡張局面，低下しているときは景気後退局面をとらえていることがわかります。

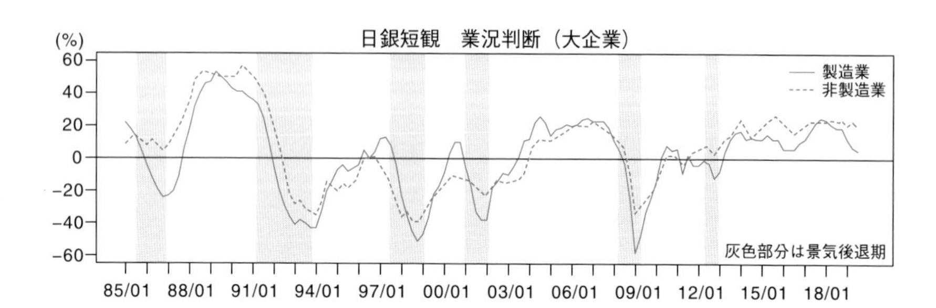

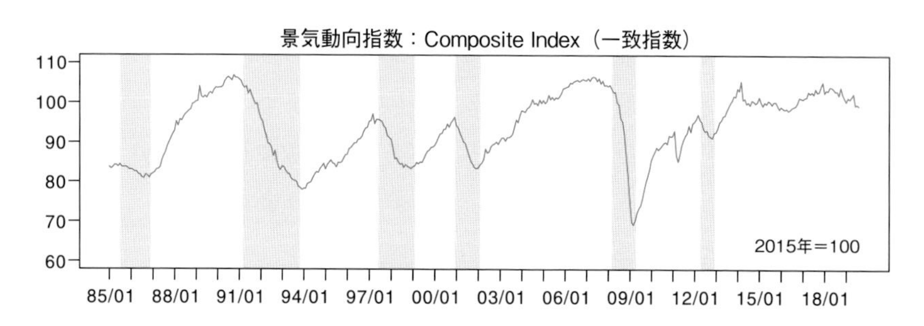

図 2.3　日銀短観と景気動向指数

DI（ディフュージョン・インデックス）

経済指標（経済データ）を 3 カ月前の水準と比較して，上回っていればプラス，下回っていればマイナスとして，全体の中でプラスとなった指標の割合を DI といいます。景気の判断はその数値が 50%より大きいか小さいかでおこないます。DI にも先行，一致，遅効指数があり，一致指数が 50%を上回っているときは景気の拡大局面，下回っているときは景気の縮小局面と考えられています。

表 2.4 景気指標

名　称	機関名	ホームページアドレス
景気動向指数	内閣府	https://www.esri.cao.go.jp/
日銀短観	日本銀行	https://www.boj.or.jp/

CI，DI の詳しい作成法や最近のデータは内閣府のホームページに，また日銀短観は日本銀行のホームページに掲載されています。表 2.4 にホームページアドレスを掲載しましたので，興味のある人は参照してください（→**練習問題** 2.7）。

2.4 関連を測る：相関係数

私たちは日頃から，夏に暑い日がつづくとビールの売れ行きが上がるとか，給与が高くなると消費が増えるなどと，意識するしないにかかわらず，2 つの要因に関係があるかどうかに関心を払っています。この「関連がある」ということはどのようにすれば測れるのでしょう。統計学ではこの関連を測る道具として相関係数というものが準備されています。

図 2.4 は 2015 年 1 月から 2019 年 8 月までの月次（月中平均）での日経平均株価と為替レートの散布図と，それぞれの系列をプロットしたものです。この散布図をみると 2 つの変数の間には右上がりの関係がうかがえます。次に定義される相関係数はこのような関係を数値としてとらえるために作成されたものです。

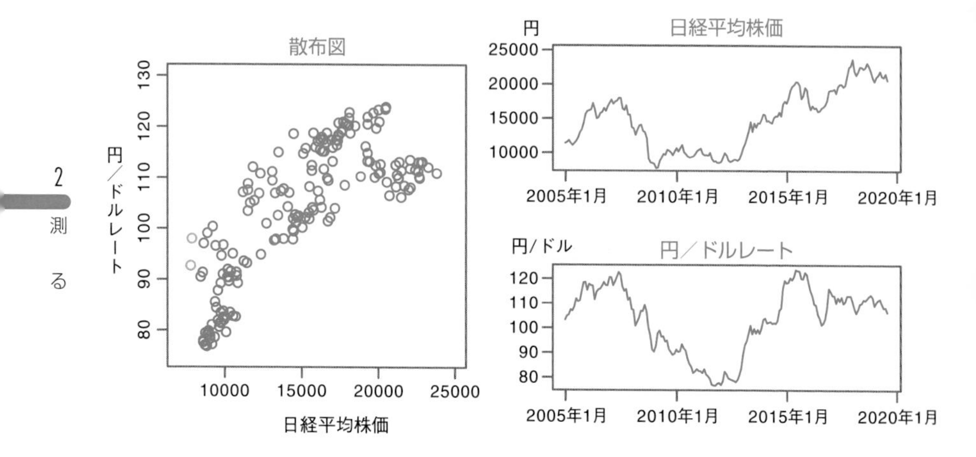

図 2.4　日経平均株価と為替レート

定義 2.5　相関係数

関心のある 2 つの要因の n 個のデータをそれぞれ x_i, y_i, $(i = 1, \cdots, n)$ とすると，相関係数は次のように定義されます。

$$相関係数\ r = \frac{\sum_{i=1}^{n}(x_i - \bar{x})(y_i - \bar{y})}{\sqrt{\sum_{i=1}^{n}(x_i - \bar{x})^2}\sqrt{\sum_{i=1}^{n}(y_i - \bar{y})^2}} \qquad (2.3)$$

この相関係数は -1 から 1 までの値をとり，負の値をとるときには，負の相関，正の値をとるときには正の相関，そして 0 のときは無相関といわれます。

それぞれの関係は次の図 2.5 をみてください。2 つの変数の組をプロットした図 2.5 をみると，正の相関がある場合 (図では $r = 0.8$)，右上がりの直線の関係に近いことがわかります。この傾向は相関が弱くなるにつれて（相関係数が 0 に近づくにつれて）なくなっていきます。また相関係数が負（図

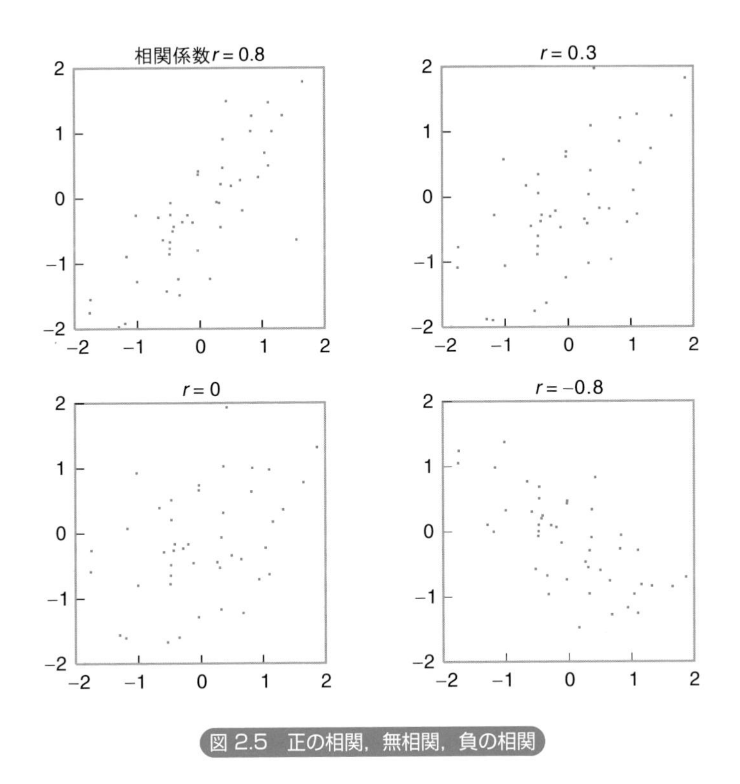

図 2.5　正の相関，無相関，負の相関

では $r = -0.8$）のときの傾向は右下がりの直線の関係に近くなっています。

実際，図 2.4 の日経平均株価と為替レートの相関係数は 0.788 となり，2 つの変数間には正の相関関係があることが確認できます。

相関係数の注意点：表 2.5 は，ある会社の前で 5 人の人にその人の通勤時間と年間給与を聞いた結果です。通勤時間と年間給与の間にどの程度の関連があるかを相関係数で計算したところ 0.877 となりました。このことから通勤時間が長い人ほど給与が高いと結論してよいでしょうか。

これに関して問題点は 2 つあります。一つは相関係数は因果関係をあらわ

表 2.5　通勤時間と年間給与

	A	B	C	D	E
通勤時間	1.0	1.2	0.5	1.5	2.0
年間給与	500	550	520	700	730

すものではない，ということです。「通勤時間が長いので給与が上がった」，あるいは逆に「給与が高いので通勤時間が長くなっている」などと，原因があって，そして結果がある，ということまでは相関係数では明らかにはできないのです。相関係数は単に関連があるかどうかについてを教えてくれるだけなのです。

2 番目の問題点は，たった 5 人に聞いた結果をあたかも日本の社会全体での特徴のように語ってしまっている点です。あくまでも，ある会社の 5 人の人の結果「通勤時間と給与の間に正の相関がある」となっただけで，別の 5 人に聞くと違った結果になっていたかもしれません。このことは第 1 章の最後に母集団と標本との関係でも説明したように，調査対象である母集団は勤労者全体で，標本は「ある会社の前で調査に答えてくれた 5 人」になります。この小さい標本が母集団の特性をあらわしているかどうか，が問題となります。

100 人，200 人と調査対象の人数を増やすと結果は正確になるのでしょうか。これらのことに答えをあたえるには第 6 章以降で説明する統計的推測という考え方を導入する必要があります。次の第 3 章から第 5 章ではそのための準備として，確率と確率変数を説明します。

練習問題

2.1　表 2.1 のプラン 2 のローレンツ曲線を描くために表 2.2 のような表を作成しなさい。

2.2　パーシェ指数について調べ，ラスパイレス指数との相違点をあげなさい。

2.3　例題 2.1 では 2016 年のラスパイレス指数だけを求めていますから，残りの 2017 年のラスパイレス指数と 2016 年，2017 年のパーシェ指数を求めなさい。

2.4　日本では TOPIX，日経平均という名前で知られている株価指数ですが米国で代表的なものは何かを答えなさい。

2.5　TOPIX と日経平均の違いを調べなさい。

2.6　景気動向指数の作成に利用される経済指標にはどのようなものがあるのかを調べなさい。

2.7　景気動向指数と日銀短観の最新のデータを各公表機関のホームページから入手し，景気の変動がよくわかるグラフを作成しなさい。

2.8　変数 x と y には $y = x^2$ という関係があります。以下の x と y のデータから相関係数をもとめなさい。

x	−2	−1	0	1	2
y	4	1	0	1	4

参考書

本章は経済，経営関連のデータがどのように活用できるかを紹介することを主な目的としています。したがって個別の内容については簡単な記述にとどまっています。興味のある人はぜひ，ここにある参考書を手にとってより深い理解を目指してください。

ジニ係数の利用例

- 橘木俊詔『日本の経済格差』岩波新書，1998 年
- 大竹文雄『日本の不平等』日本経済新聞社，2005 年

物価指数

- 宮尾龍蔵『コア・テキスト マクロ経済学』［第 2 版］新世社，2017 年

第3章

確　率

世の中は確実なことばかりではありません。では確実でない，いいかえると不確実なことにはどのように対処すればよいのでしょうか。この章では，確実でない，あるいは不確かな，「もの」，「こと」を取り扱うための準備として「確率」についての説明を行います。

◦ *KEY WORDS* ◦

事象，標本空間，確率，条件付き確率，
独立性，ベイズの定理，確率変数

前章の終わりで「統計的推測」という言葉がでてきましたが，この推測とは，確実にはわかっていないものを推し測る（おしはかる）ということです。イメージが浮かばない人は，天気予報の降水確率を思い出しましょう。この降水確率は，過去のデータや気象の理論にもとづいて，将来の天気の状態を推し測って，確実ではなくても，どの程度，雨が降るかどうかについてを伝えてくれるものです。

経済や経営の分野でも，企業の将来の雇用計画や投資決定，年金制度の設計のような政府の政策決定など，あらゆるところで，現在，実現していない問題に対処する必要があります。このような不確実な「こと」は何も将来のことを問題としている場合だけではありません。たとえば前章の終わりの通勤時間と給与の例で，たった5人にしか調査をしていないのに，その結果をあたかも日本の社会全体での特徴のように語ることはできないと述べましたが，この状況も，一部を調べて全体を推し測っていることになっています。前章までの，データを整理し，現状を把握するという統計的なアプローチだけでは，このような問題に対処するには不十分なのです。この章では「推し測る」という方法を理解するための準備として，確率と確率変数について説明します。

3.1 確率とは

上で述べたように，世の中は確実なことばかりではありません。言葉では「確かなこと」，「不確かなこと」と表現できますが，明日，雨が降ることは，どのくらい確かなのか，あるいは不確かなのか，ということを知るには「どのくらい」という確からしさの程度を考えなければなりません。

言葉では「かなりある」，「ほとんどない」などとなりますが，これを0から1までの数値として表現しているものを確率と考えるのが，確率に対するもっとも直感的な説明です。

▢ 確率の定義

具体的に確率を定義する前に，その対象である事象（event）とは何かを説明します。よく使われる例はコイン投げやサイコロ投げです。サイコロ投げを例に取れば，サイコロを投げると，その目の出方は1から6までの6通りになります。起こりうる結果のそれぞれを事象とよんでいます。コイン投げであればその事象は，{表}，{裏}，となります。

さらに起こりうる全体を標本空間とよびます。コイン投げの例では{表, 裏}が標本空間となります。そして，それぞれの事象がどの程度「確からしい」のかを0から1の数値であらわしたものが確率（probability）です。ある事象が確実に起こるならばその確率は1となり，絶対に起こらないならば，その確率は0となることは常識的に理解できると思います。実際，サイコロの目の5が出る確率を表現するときは，Probability の頭文字をとって，P(5の目が出る) と書かれます。

この事象をいちいち言葉で書いていては大変なので記号であらわすことにします。サイコロの場合なら，$A_1 = 1$の目が出る，$A_2 = 2$の目が出る，$\cdots$，$A_6 = 6$の目が出る，としておくと，それぞれの確率は，$P(A_1)$，$P(A_2)$，$\cdots$，$P(A_6)$ とあらわすことができます。また標本空間が$\{A_1, A_2, \cdots, A_6\}$となっていることもわかります。

次に，サイコロの各目が出る確率はいくらかを考えます。サイコロの目の出る確からしさはどの目でも同じです。したがって次のように

$$P(A_1) = P(A_2) = \cdots = P(A_6) = \frac{1}{6}$$

と表すことができます。より詳しくは次の2つの式

$$P(A_1 \cup A_2 \cup \cdots \cup A_6) = P(A_1) + P(A_2) + \cdots + P(A_6) = 1 \qquad (3.1)$$

$$P(A_1) = P(A_2) = \cdots = P(A_6) \qquad (3.2)$$

より，各目が出る確率が1/6であることを意識せずにもとめていることになります。

ちなみに記号の∪を使った表現 $A_1 \cup A_2$ は事象 A_1 と A_2 の和集合（和事象）をあらわしており，サイコロの例ならば「1の目か2の目が出る事象」，あるいは「1の目，2の目のいずれかが出る事象」のことを意味します。またここでは出てきませんでしたが，記号∩を使う表現，$A_1 \cap A_2$ は事象 A_1 と A_2 の積集合（積事象）をあらわしており，サイコロの例ならば「1の目と2の目が同時に出る事象」，あるいは「1の目が出る事象であり，かつ，2の目が出る事象である」ことを意味します。もちろんこの例では $A_1 \cap A_2$ は起こりませんので，$P(A_1 \cap A_2) = 0$ となります。

上の (3.1) は，標本空間に含まれている事象のうち，どれかが起こる確率が1であることを意味しています。標本空間には起こりうる事象がすべて含まれているので，そのうちのどれかは確実に起こります。したがってその確率は1となっているのです。別な表現をすれば，1から6の目のいずれかが出る確率が1だということを意味しています。そして (3.2) は目の出る確からしさが同じである，ということを意味しています。

上で述べたことをもう少し数学的にまとめると，確率は次のようなことを満たすことが要請されています。それらはまた確率の公理ともよばれています。

確率の公理

1. どんな事象に対しても，その事象が起きる確率は0と1の間の値になる。その事象を A とすれば，
$$0 \leq P(A) \leq 1 \qquad (3.3)$$
2. すべての起こりうる事象の全体を S とすると，
$$P(S) = 1 \qquad (3.4)$$
3. 互いに排反な（同時に起こらない）n 個の事象を A_1，A_2，$\cdots$，A_n とすると，それらのいずれかが起こる確率は，それぞれが起こる確率の合計と等しい。
$$P(A_1 \cup A_2 \cup \cdots \cup A_n) = P(A_1) + P(A_2) + \cdots + P(A_n) \qquad (3.5)$$

解説：先のサイコロの例では各目が出る事象は互いに排反です。したがって(3.2)，(3.4)，(3.5) より $P(A_1) = \cdots = P(A_6) = 1/6$ が導かれることがわかります。

先のサイコロの例でみたように，それぞれの目が出る確率を考えることはさほど難しくはありません。次にその応用として「出た目が偶数である確率」を考えましょう。

1から6までの目のうち偶数の目が出る事象は $\{ A_2, A_4, A_6 \}$ です。これは起こりうる6種類の事象のうちの3つ，すなわち半分ですから，そのようなことが起こる確率は全体の半分が起こることを考えているので1/2となります。

また別な見方をすると，偶数の目が出る事象 $\{ A_2, A_4, A_6 \}$ のそれぞれは互いに排反なので，

$$P(A_2 \cup A_4 \cup A_6) = P(A_2) + P(A_4) + P(A_6) = 3 \times \frac{1}{6} = \frac{1}{2}$$

と考えることもできます。どちらで考えても同じことなのですが，ポイントは2つあります。

第1に，考えている事象「偶数の目が出る」は $\{ A_2 \cup A_4 \cup A_6 \}$ ですが，これは互いに排反な事象，$\{A_2\}$，$\{A_4\}$，$\{A_6\}$ に分解できる，ということです。このように互いに排反でこれ以上分解できない事象のことを根元事象（こんげん）とよびます。またこれまで明示的に説明しませんでしたが，標本空間は根元事象のすべてから構成されています。

第2に，求める事象の確率は，その事象を構成している根元事象の確率の合計であらわすことができる，ということです。

根元事象が同じ程度の確からしさで起こる場合

一般に根元事象の総数を n とし，各根元事象が同じ程度の確からしさで実現するのならば，各根元事象が起きる確率は，

$$\frac{1}{n} \tag{3.6}$$

とあらわすことができます。

興味がある事象が起きる確率は，その事象を構成している根元事象の数を k とすれば

$$k \times \frac{1}{n} \tag{3.7}$$

となります。そしてこのような考え方で定義された確率は古典的確率とよばれています。

先のサイコロの例ではもとめる事象を構成している根元事象の数がわかれば確率をもとめることができましたが，第5章で説明する連続型の確率変数の場合のように，数えることができないほど多くの事象がある場合には，根元事象の数を数える方法では対処できません。しかし数学ではこのような場合にも確率を正しくもとめる方法があります。本書の水準を越えるのでここではふれませんが，この方法によって定義される確率は公理的確率とよばれています。読者の皆さんは確率を使う際に，古典的であろうが，公理的であろうが，心配する必要はありません。どのような考え方であっても使う場合には無意識に使っても大丈夫なようになっています。ちなみに，この考え方が反映されているのは先にもあげた連続型の確率変数の場合です。この場合，何に注意をすればよいかは第5章で説明します。

▢ 同時確率と加法定理

2つの事象 A と B の双方がともに起こる，あるいは同時に起こる確率を $P(A \cap B)$ とあらわしましたが，これは事象 A と B の同時確率ともよばれます。集合でよく利用されるベン図を使うとこの同時確率は理解しやすくなります。図3.1の左のベン図の色アミ部分が示しているように事象 A と事象 B の共通部分の事象，すなわち事象 A と事象 B が同時に起こる事象の確率を

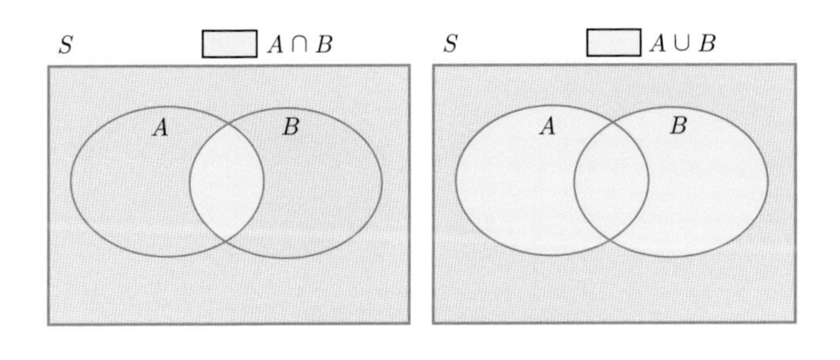

図 3.1　$A \cap B$ と $A \cup B$

考えているので同時確率とよばれます。右のベン図は事象 $A \cup B$ を示しています。加法定理とよばれるものはこの事象 $A \cup B$ の確率に関するものです。

定理 3.1　加法定理

$$P(A \cup B) = P(A) + P(B) - P(A \cap B) \tag{3.8}$$

ベン図をみればなぜ (3.8) の右辺で $P(A \cap B)$ を引くのかがわかると思います。

図 3.2 は余事象に関するものです。左の図は事象 A の余事象 A^c を示しています。これは A が起こるという事象 A に対して，A が起こらない，という事象をあらわしています。また右の図は事象 A を事象 B との共通部分と事象 B^c との共通部分を使って表現したものです。これを確率に関する式であらわすと

$$P(A) = P(A \cap B) + P(A \cap B^c) \tag{3.9}$$

となります。この式は後で説明をする条件付き確率のときに出てきます。

いま事象 B に関しては，$P(B) + P(B^c) = 1$ というように，事象 B と B^c

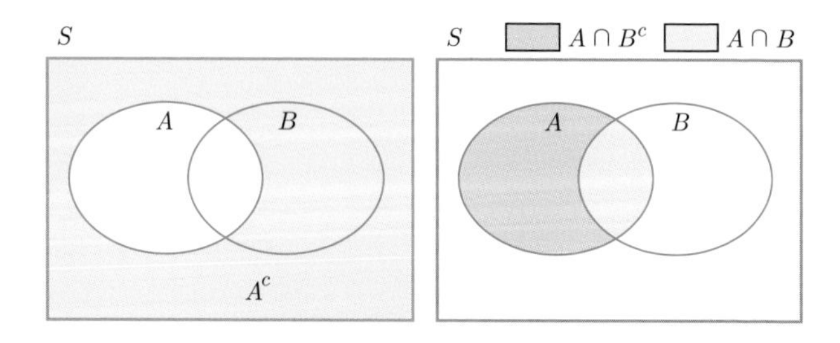

図 3.2　余事象について

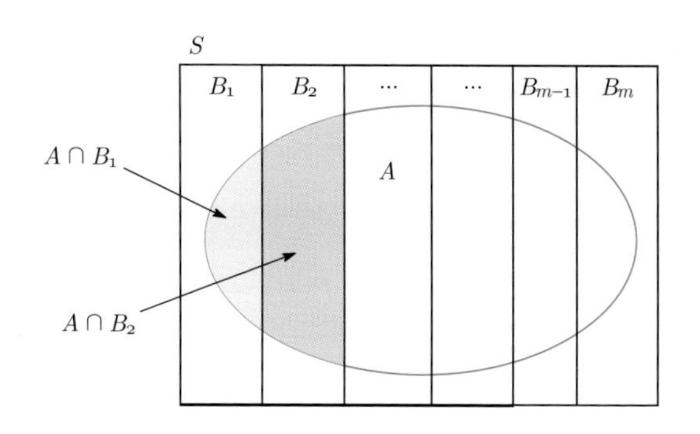

図 3.3　m 個の排反な事象 B_i と事象 A

の 2 つの確率の合計が 1 になっていましたが，事象 B_1，B_2，$\cdots$，B_m と m 個の排反な事象で，$P(B_1) + P(B_2) + \cdots + P(B_m) = 1$ となっている状況を考えてみましょう。このときのベン図は図 3.3 のようになっています。この図から先ほどの (3.9) を一般化した

$$P(A) = P(A \cap B_1) + P(A \cap B_2) + \cdots + P(A \cap B_m) \qquad (3.10)$$

が成立することがわかります。

●例題 3.1 トランプ

ジョーカーを含まない1組52枚のトランプから1枚を抜き出したときに関する以下の事象の確率について答えなさい。

(1) 抜き出したカードがダイヤである確率

(2) 10以上である確率

(3) 10以上のダイヤである確率

解答：トランプは，スペード，クラブ，ダイヤ，ハートの4種類に，1から13までの番号の組み合わせで $4 \times 13 = 52$ 枚となっています。絵柄に関して，$\{A_s$: スペード$\}$, $\{A_c$: クラブ$\}$, $\{A_d$: ダイヤ$\}$, $\{A_h$: ハート$\}$ とし，また $\{B$: 10以上$\}$ とすると

(1) ダイヤの枚数は13枚なので $P(A_d) = 13/52 = 1/4$

(2) 10以上のカードは各絵柄で4枚ですから，$4 \times 4 = 16$ で $P(B) = 16/52 = 4/13$

(3) 10以上のダイヤである $A_d \cap B$ というカードは4枚なので，$P(A_d \cap B) = 4/52 = 1/13$ となります。

さらに $P(B) = P(A_s \cap B) + P(A_c \cap B) + P(A_d \cap B) + P(A_h \cap B) = 4 \times 1/13$ となっていることもわかります。

▢ 条件付き確率

たとえば，米国の株式相場が下落した場合に日本の株式相場が下落するかどうか。その可能性はどの程度かを考える場合には，米国の株式相場が下落したと想定して，そのときに日本の株式相場が下落する確率を考えます。このような場合，何かを条件として，その条件が起こった場合に問題としている事象がどのような確率で起きるのかを考えることになります。このような確率が以下で定義される条件付き確率とよばれているものです。

定義 3.1　条件付き確率

2 つの事象 A, B について，事象 B が起こったという条件のもとで，事象 A が起こる確率は

$$P(A \mid B) = \frac{P(A \cap B)}{P(B)} \tag{3.11}$$

であたえられる。ただし $P(B) > 0$ とします。

この条件付き確率の定義式は，標本空間と前に説明した確率に対する要請 (3.4) を理解していれば極めて自然なものです。以下ではそのことを例を使いながら説明します。

日本の株式相場が上昇するという事象を A，米国の株式相場が上昇するという事象を B とします。話を簡単にするために，株式相場は上昇するか下落するかの 2 つの事象しかないと仮定します。そうすると，すべての根元事象は，

$$\{ A, B \}, \{ A, B^c \}, \{ A^c, B \}, \{ A^c, B^c \}$$

となります。相場は上昇するか下落するの 2 通りなので，上昇する事象の余事象が下落する事象です。ちなみに標本空間は根元事象をすべて集めたものなので上に列挙したもので標本空間が構成されています。さらにこの根元事象が起こる確率は

$$P(A \cap B), P(A \cap B^c), P(A^c \cap B), P(A^c \cap B^c)$$

とあらわせます。また前で説明した確率に対する要請 (3.4) より，これらの確率をすべて合計すると 1 となることがわかります。

米国の株式相場が上昇する場合の日本の株式相場に関する確率を考えてみましょう。上で列挙した根元事象のなかで，考えている条件（米国の株式相場が上昇する）にあうものを選び出します。

$$\{ A, B \}, \{ A^c, B \}$$

上の 2 つが条件にあうものですから，この 2 つで新しい標本空間を構成することになります。標本空間に入っている事象の確率をすべて合計すると 1 になるはずですが，$P(A \cap B)$ と $P(A^c \cap B)$ の 2 つの合計だけでは 1 にはな

りません。したがってこの2つの確率は，そのままでは米国の株式相場が上昇したときの日本の株式相場が上昇する確率，下落する確率とはいえません。2つの確率を合計して1になるように定義すれば問題はありません。具体的には次のようにすればよいことがわかります。

$$\text{事象}\{A,\ B\}\text{に対して}\quad \frac{P(A\cap B)}{P(A\cap B)\ +\ P(A^c\cap B)}$$

$$\text{事象}\{A^c,\ B\}\text{に対して}\quad \frac{P(A^c\cap B)}{P(A\cap B)\ +\ P(A^c\cap B)}$$

上の2つの確率の合計は確かに1になっています。ここで $P(B) = P(A\cap B)\ +\ P(A^c\cap B)$ だったことを思い出せば，この2つの条件付き確率は先ほど定義した(3.11)と同じく，

$$P(A\mid B) = \frac{P(A\cap B)}{P(B)},\quad P(A^c\mid B) = \frac{P(A^c\cap B)}{P(B)}$$

であることがわかります。

条件付き確率の定義式を変形した

$$P(A\cap B) = P(A\mid B)\ \times\ P(B) \tag{3.12}$$

は確率の乗法定理とよばれています。

独立性

2つの事象に対して，どちらかが起こったという条件のもとで残りの事象が起こる確率として，条件付き確率を説明しましたが，条件をつけても，つけなくても考えている事象が起きる確率が変わらないなら，その事象は条件とした事象と関連がないといえます。このことを式であらわすと

$$P(A\mid B)\ =\ P(A)$$

となります。これは事象 B を条件として考えた事象 A が起こる確率が，条件のない $P(A)$ と同じ，ということをあらわしています。日米の株式相場の例でこの式が成立していれば，米国の株式相場が上昇したという事象に，日

本の株式相場が上昇，あるいは下落する確率は影響されない，ということになります。

統計学ではこの $P(A \mid B) = P(A)$ が成立しているとき事象 A と B は確率的な意味で独立である，といいます。一般に2つの事柄の間に関連があるかどうかを判断する際には，この独立という考え方が重要な役割を果たします。以下ではこの独立性を定義としてまとめておきます。

定義 3.2　独立性

2つの事象 A, B について，次の式が成立する場合に，これらの事象は互いに独立であるといいます。

$$P(A \mid B) = P(A) \tag{3.13}$$

また次の式は (3.13) と同じことをあらわしています。

$$P(A \cap B) = P(A) \times P(B) \tag{3.14}$$

逆に上の式が成立しない場合は2つの事象は互いに独立ではないといいます。

ただし，$P(A \mid B) = P(A)$ については，$P(B) = 0$ のときは使えません。そのため，$P(B) = 0$ のときでも利用できる $P(A \cap B) = P(A) \times P(B)$ だけが定義としてあたえられることが多いのです。

●例題 3.2　日米の株式相場

日米の株式相場の上昇，下落に関して設定は前と同じ設定とします。ただし，それぞれの確率は具体的に

$$P(A) = 0.4,\ P(B) = 0.5,\ P(A \cap B) = 0.2$$

とわかっていると仮定します。このとき

(1) 米国の株式相場が上昇する，という事象を条件とした日本の株式相場が上昇する確率，また下落する確率を求めなさい。

(2) 米国の株式相場が上昇する，という事象と日本の株式相場が上昇する，という事象が独立かどうかを調べなさい。

解答：はじめにそれぞれの事象に関する確率を求めておきます。すでにわかっていることは，$P(A)=0.4$，$P(B)=0.5$，$P(A\cap B)=0.2$ です。

$$P(B)=P(A\cap B)+P(A^c\cap B)$$

なので，$P(A^c\cap B)=P(B)-P(A\cap B)=0.5-0.2=0.3$ となっていることもわかります。

(1)　それぞれの条件付き確率は上昇に関しては $P(A\mid B)=0.2/0.5=0.4$，下落に関しては $P(A^c\mid B)=P(A^c\cap B)/P(B)=0.3/0.5=0.6$ となります。また $P(A^c\mid B)$ については，$P(A^c\mid B)+P(A\mid B)=1$ からももとめることができます。

(2)　独立かどうかを判断するために $P(A\mid B)=P(A)$ となっているかどうかをみると，$P(A\mid B)=0.4=P(A)=0.4$ ですから，それぞれの事象は互いに独立であると判断できます。このことは $P(A\cap B)=P(A)\times P(B)$ からも簡単にみることができます。

○ ベイズの定理

ここで説明するベイズの定理は，単に統計学だけではなく最近はミクロ経済学，ゲーム理論においても利用されている重要な定理でベイズ・ルールともよばれているものです。

まず2つの事象 A と B を考えます。今，次の確率はわかっています。

$$P(A),\ P(B|A),\ P(B|A^c)$$

このときベイズの定理（ベイズ・ルール）を使うと事象 B が起こったときの事象 A が起きる条件付き確率 $P(A\mid B)$ が計算できます。

定理 3.2　ベイズの定理（ベイズ・ルール）

$$P(A\mid B)=\frac{P(B|A)P(A)}{P(B|A)P(A)+P(B|A^c)P(A^c)} \tag{3.15}$$

解説：このベイズの定理ははじめにわかっていた条件付き確率 $P(B \mid A)$ から，逆の条件付き確率 $P(A \mid B)$ をもとめる定理です。$P(A)$, $P(B \mid A)$, $P(B|A^c)$ さえわかっていれば，$P(A^c) = 1 - P(A)$ より (3.15) の右辺はすべてもとめることができます。(3.15) 自身の導出は練習問題とします(→**練習問題** 3.5)。

このベイズの定理は逆の条件付き確率をもとめるという目的以外に，ベイズの更新ルールとしても知られています。(3.15) の左辺の $P(A \mid B)$ の条件である事象 B を「情報」と考えます。すると $P(A \mid B)$ は「情報が得られたときの事象 A についての確率」，$P(A)$ は「情報がない状況での事象 A についての確率」と考えることができます。

そのように考えると (3.15) は，情報がない状況で事象 A に対してもっていた確率に関する知識である $P(A)$ を，情報 B を得ることで $P(A \mid B)$ へ更新しているとみることができます。このとき $P(A)$ を事象 A についての事前確率，$P(A \mid B)$ を事象 A についての事後確率とよびます。

以下でミクロ経済学やゲーム理論などでよく使われる例をあげておきます。

● 例題 3.3　ベイズの更新ルール

ある中古車販売店「正直屋」で販売されている中古車にはみかけはまともですが，5 台に 1 台の割合で実は「不良品」があるといわれています。「不良品」であるか「良品」であるかは，実際に購入した後でなければ区別がつきません。同じ年式，車種，色の中古車の実際の値段付けについては次の 2 つのケースが想定されています。

- **ケース 1**　店名のとおり「正直屋」の店長は，「不良品」の車には 70 万円，「良品」の車には 100 万円と中古車販売業界での適正な値段をつけることで定評があります。
- **ケース 2**　店名とは裏腹に「正直屋」の店長は「不良品」の車に対しても「不良品」の 2 台に 1 台の割合で，良品と同じ価格 100 万円をつけていると噂されています。

このとき，それぞれのケースで車につけられている値段が 100 万円だった場合に，その車が「不良品」である確率をもとめなさい。

解答：各事象に記号をあたえます。中古車が「良品」である事象を A とします。すると「不良品」である事象は A^c となります。車につけられる値段は 100 万円と 70 万円の 2 種類しかありませんので，値段が 100 万円という事象を B，70 万円という事象は B^c とします。

値段を見る前に，事前にわかっていることは，5 台に 1 台の割合で実は「不良品」がある，ということです。したがって，事象 A と A^c に関する事前確率は $P(A)=4/5$，$P(A^c)=1/5$ となります。

ケース 1：この場合，車が「良品」である場合は 100 万円，「不良品」である場合は 70 万円，と正しく値段がついています。したがって，車が「良品」であるという事象 A を条件にした，値段が 100 万円という事象 B の条件付き確率は 1 になります。すなわち $P(B \mid A)=1$ となります。同様に $P(B^c \mid A^c)=1$，$P(B \mid A^c)=1-P(B^c \mid A^c)=0$ であることもわかります。ベイズの定理 (3.15) を使うと

$$P(A \mid B)=\frac{1\times 4/5}{1\times 4/5+0\times 1/5}=1$$

となります。価格に関する情報がない状態での A についての事前確率 $P(A)=4/5$ から価格という情報によって，A についての確からしさの程度が更新され，$P(A \mid B)=1$ となったのです。このケース 1 では価格情報が確実に正しいので，その情報により事象 A に対する確実さの程度が 1 になっているのです。設問に対する答えは，値段が 100 万円とついているときにその車が「不良品」である確率，$P(A^c \mid B)$ ですから

$$P(A^c \mid B)=\tfrac{0\times 1/5}{1\times 4/5+0\times 1/5}=0$$

となります。またこれは

$$P(A^c \mid B)=1-P(A \mid B)=0$$

ともとめることもできます。

ケース 2：この場合はケース 1 と異なって，価格が必ずしも正しい情報ではありません。「不良品」の 2 台に 1 台は 70 万円ではなく，100 万円という正しくない価格がついています。このことを条件付き確率で表現すると

$$P(B \mid A^c) = \frac{1}{2}, \quad P(B^c \mid A^c) = \frac{1}{2}$$

となります。また「良品」である場合は100万円をつけなければ店は損をしてしまいますから，$P(B \mid A) = 1$ であることもわかっています。よってもとめる確率はベイズの定理 (3.15) より

$$P(A^c \mid B) = \frac{P(B \mid A^c)P(A^c)}{P(B \mid A^c)P(A^c) + P(B \mid A)P(A)}$$
$$= \frac{1/2 \times 1/5}{1/2 \times 1/5 + 1 \times 4/5} = \frac{1}{9}$$

となります。一方，100万円と価格がついた車が良品である確率は $P(A|B) = 1 - P(A^c|B) = 8/9$ となります。ケース1の $P(A|B)$ と比べると価格付けに関する良くない噂で $P(A|B)$ が小さくなっていることがわかります（→**練習問題** 3.6）。

▢ 数学公式

次に確率の計算に必要な公式として，順列と組み合わせを説明します。

順列：①，②と番号がついた球を順番に一列にならべると，

①②　と　②①

と2つのならべ方があります。球が①，②，③と3つある場合は，

①②③，①③②，②①③，②③①，③①②，③②①

と6つのならべ方があります。すべてのならべ方を書いてしまえば，ならべ方の数はわかりますが，ならべるものの数が多くなると大変です。ならべ方をすべて書くかわりに次のように考えることができます。

球の数が3つの場合，1番目におくことができる候補は①，②，③と3つあります。2番目におくことができる候補は，すでに1つ選ばれているので残りの2つです。3番目におくものは残った1つ，となります。さて，いくつのならべ方があったでしょうか。これは $3 \times 2 \times 1$ としてもとめることが

できます。ならべる球には番号がついているので，3つをならべたならべ方はすべて異なったものです。この考え方を一般に拡張すると，n 個の異なったものをすべてならべるならべ方は

$$n \times (n-1) \times (n-2) \times \cdots \times 2 \times 1$$

となります。この上の掛け算を $n!$ と書いて n の階乗とよびます。

それでは異なる n 個のものから，r 個を選び出してならべるならべ方はいくつあるでしょうか。はじめの候補は n 個，2番目に選ばれるものの候補は $(n-1)$ 個です。そして r 番目に選ばれる候補は $(n-r+1)$ となっています。上と同様に書くと

$$_nP_r = n \times (n-1) \times \cdots \times (n-r+1) = \frac{n!}{(n-r)!} \qquad (3.16)$$

となります。ここで記号の $_nP_r$ は，異なる n 個のものから，r 個を選び出してならべるならべ方の数として順列（Permutation）とよばれています。

組み合わせ：球が①，②，③と3つある場合に，2つを選んでならべると，その数は順列を計算すれば $_3P_2 = (3 \times 2 \times 1)/(3-2) = 6$ とおりあることがわかります。実際，

①②，①③，②①，②③，③①，③②

なのですが，ならび方の順序を考えなければ，①②と②①は同じものです。ここで説明する組み合わせとは，このように異なる n 個のものから，r 個を選び出すだけで，そのならび方の順序は考えない場合のものです。ここでの例では①②，①③，②③と組み合わせは3となります。

r 個選んだときに，異なったならび方の数は r 個の中から r 個すべてならべることですから，その数は $r!$ となります。実際に上の例では2個を選び出したので，その2個のならび方の数を求めると $2! = 2$ となります。事実，①と②が選ばれた場合は，①②と②①というように2個のならび方があります。

一般に，異なる n 個のものから，r 個を選び出す組み合わせ（Combination）は

$$
{}_nC_r = \binom{n}{r} = \frac{{}_nP_r}{r!} = \frac{n!}{r!(n-r)!} \tag{3.17}
$$

となります。ちなみに0!の場合は1と定義されています。

3.2 確率変数とは

これまで説明してきた確率は標本空間内の根元事象や事象に対して決められていました。しかしこの根元事象や事象は必ずしも数値ではありませんでした。世の中のさまざまなものを対象に，まだ確定していないことを取り扱うには「数値」として取り扱いたいことも多く存在します。そこで登場するのが確率変数です。

確率変数の定義

コイン投げの場合なら，{表が出る}と{裏が出る}の2つの根元事象から標本空間は構成されています。この根元事象は数値ではありませんが，次のような0と1をとる変数Xを考えてみましょう。すなわちこの根元事象と変数Xを次のように対応させるのです。

Xがとる数		事象
1	$\leftrightarrow$	{表が出る}
0	$\leftrightarrow$	{裏が出る}

上の対応関係を確率の関係としてみると

$$
\begin{aligned}
P(X=1) &\leftrightarrow P(\text{表が出る}) \\
P(X=0) &\leftrightarrow P(\text{裏が出る})
\end{aligned}
$$

となり，新しい変数Xに関して標本空間や根元事象を考えることができます。その標本空間は根元事象 $\{0\}$ と $\{1\}$ から構成されています。そして変数 X がとりうる値とその確率も上でみた確率の対応関係からわかります。

定義 3.3　確率変数

事象に対して実数値をとる変数として定義され，その事象が起きる確率にもとづいて，その変数に関する確率が定義されているもの。

このように，もとの事象と確率に対応して，数値をとる変数として定義された X のことを確率変数とよびます。さらに確率変数のとりうる値が，有限個，あるいは可算無限個（数えていくことはできるが無限にあるので数えきることはできない）の場合，その確率変数を離散確率変数とよび，連続的に値をとることが可能な場合は連続確率変数とよびます。これらは第 4 章と第 5 章で説明します。

確率変数を使う理由

それではなぜコインの表や裏といった事柄ではなく，0 や 1 という数値をとる確率変数を考えるのでしょうか。

たとえばサッカーのワールドカップでは，4 カ国がグループリーグで 3 試合を行い，勝つと 3 点，引き分けると 1 点，負けると 0 点というルールのもとで，グループの上位 2 チームが決勝トーナメントへ進む，というルールになっています。このとき，順位を決定するのは勝ち点の合計であり，各試合で勝ち点 3 をとるか，1 をとるか，それとも 0 なのかは，試合が終わるまではわかりません。当然，試合前はまだその勝ち点は実現していないことなのです。そして試合前は，その実現していない各試合の勝ち点の合計点が何点になるかを考え，さらに決勝トーナメントへの進出の可能性を考えているのです。

またある企業の将来の業績の状態が「良くなる」，「変わらない」，「悪くなる」と考えるよりは，その将来の業績を数値であらわすことができれば，「どれくらい良くなるのか」，「その可能性は」，という量的な判断ができるようになります。

前節では，現時点で実現していない事柄を取り扱うために確率について説明しましたが，そこで取り扱ったのは「事象の確率」でした。また0から1までの確からしさの程度である確率を与えられていた対象は「上昇する」，「下落する」とか，「表が出る」，「裏が出る」といった事柄であり，必ずしも数値ではありません。しかし，上で述べた例のように，勝ち点合計や業績という変数が，どのような数値になるのか，というように「変数の値がある特定の値になる」，「変数の値がある特定の範囲に入っている」ことに対して確率を考えることができると，より応用範囲が広がるのです。

▢ 確率変数と実現値

これまで強調しませんでしたが，コインを投げる前は，表が出るか，裏が出るかはわかりません。したがって，確率変数 X の値も実現する前は，どのような値になるかはわかりません。もちろん実現すればその値はわかります。この確率変数の実現前と後を意識的に区別するために統計学では，確率変数は一般に大文字で書き，その実現値を小文字で書くことになっています。たとえば，確率変数 X とその実現値 x というように書きます。

練習問題

3.1　$P(A \mid B) = P(A)$ であることと $P(A \cap B) = P(A) \times P(B)$ であることが同じであることを示しなさい。

3.2　例題 3.1 で事象 C としてカードの数字が偶数 $C = \{2, 4, 6, 8, 10, 12\}$ を考えます。このとき事象 B と事象 C が互いに独立であるかどうかを調べなさい。

3.3　${}_nC_r$ が (3.17) の右辺のように書けることを示しなさい。

3.4　「商品の販売個数」，「対米ドル為替レート」，「ビールの消費量」，「あるテレビ番組の視聴率」がとる値は離散的か，連続的かを答えなさい。

3.5　(3.15) を証明しなさい。

3.6　例題 3.3 で，ケース 3 として「不良品」の 3 台に 1 台の割合で 100 万円という値段がついている状況を想定し，車につけられている値段が 100 万円だった場合に，その車が「不良品」である確率をもとめなさい。

参考書

確率に関する参考書は理数系のものを中心として数多くあります。しかし統計を「使う」ことを目的としているならば，本章での説明で十分でしょう。

第4章

離散確率変数とその分布

世の中には不確実な事柄だけでなく，とりうる値やとりうる範囲が不確実なものも沢山あります。それらを確率変数と考えることで，事柄と同じように，数値に関しても不確実な程度を調べることができます。

◦ *KEY WORDS* ◦

離散確率変数，確率関数，分布関数，期待値，
共分散，相関係数，ベルヌーイ分布，
二項分布，ポアソン分布

4.1 離散確率変数

前章までは事象に対する確率を考えていました。たとえばサイコロ投げでの起こりうる事象は，出る目が1となる事象，2となる事象，$\cdots$，6となる事象でした。またそれらは根元事象にもなっています。そしてその根元事象に対して確率が1/6とあたえられていました。

ここでは変数 X が，サイコロを投げて出た目の値，すなわち1から6までの自然数のいずれかの値をとる変数と考えます。そうすると変数 X は確率1/6で1となり，確率1/6で2となり，$\cdots$，確率1/6で6となります。前章でふれたように，とりうる値に対して確率があたえられている変数を確率変数とよびます。特に，とりうる値がここでの例のように有限個であるとき，すなわち離散的な場合，離散確率変数とよばれます。とりうる値が数えられるが無限にある場合については4.4節で「ポアソン分布」を例としてあげておきます。

確率関数

サイコロ投げの例で離散確率変数 X がとりうる値（$x = 1, 2, \cdots, 6$）とその確率 $P(X = x)$ との関係をみてみましょう。

$$X = \begin{cases} 1 & \leftrightarrow & P(X=1) = \frac{1}{6} \\ 2 & \leftrightarrow & P(X=2) = \frac{1}{6} \\ \vdots & & \vdots \\ 6 & \leftrightarrow & P(X=6) = \frac{1}{6} \end{cases}$$

ただし確率変数 X が0，1.5，あるいは7など，起こりえない値をとる確率は0となっています。

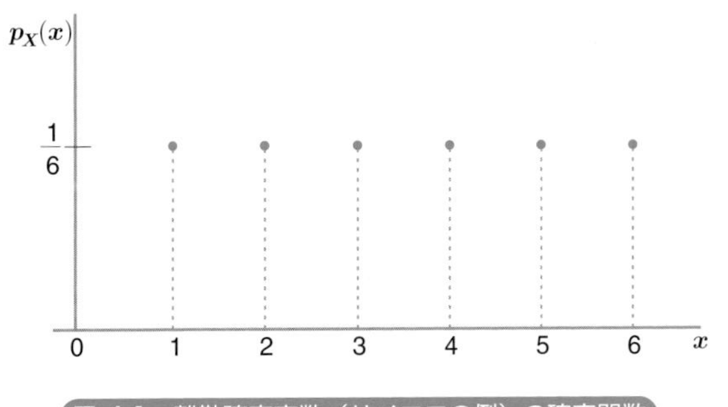

図 4.1　離散確率変数（サイコロの例）の確率関数

ここでの確率の表現 $P(X = x)$ が確率変数 X に関するものであることを強調し，さらに ( ) の中にいちいち X を書かなくてもよいように，$p_X(x)$ と書くことにします。この $p_X(x)$ は x に数値をあたえると，対応する値を返す関数になっています。このことをあらわしたものが図 4.1 です。横軸の x の値に対応して，関数の値が 1/6 になっていることがわかります。離散確率変数 X がとる値に応じて対応する確率をあたえるこの $p_X(x)$ は確率関数とよばれています。

図 4.1 で示された確率関数は，X が離散的にしか値をとらないこと，1 から 6 までの整数値をそれぞれ同じ確率でとること，すなわち，サイコロの各目が出る可能性は同じであることを教えてくれます。確率関数にはその確率変数の情報がつめこまれており，確率関数をみることで，その確率変数の性質がわかるのです。

サイコロを投げる前は，どの目が出るかはわかりません。したがって，確率変数 X の値も実現する前はわかりません。もちろん実現すればその値はわかります。前章の 3.2 節中の「確率変数と実現値」でも説明したように，確率変数は大文字で書き，その実現値は小文字で書くことにします。ここでの例もそのように X と x を使い分けています。

離散確率変数と確率関数の定義を以下でまとめておきます。

定義 4.1　離散確率変数と確率関数

確率変数 X が離散的な値しかとらないときに，その確率変数は離散確率変数とよばれます。そのとりうる値を小さい順から x_1，x_2，$\cdots$，x_n とすると，対応する確率は $p_X(x_1)$，$p_X(x_2)$，$\cdots$，$p_X(x_n)$ であり，

$$0 < p_X(x_i) < 1, \quad i = 1, 2, \cdots, n \tag{4.1}$$

$$\sum_{i=1}^{n} p_X(x_i) = 1 \tag{4.2}$$

となっています。また，x_1，x_2，$\cdots$，x_n 以外の x での $p_X(x)$ の値は 0（その確率は 0）となっています。そしてこの $p_X(x)$ は確率変数 X の確率関数とよばれます（**練習問題** 4.1 を参照）。

▢ 確率変数の分布

確率関数は離散確率変数の性質を伝えてくれる重要なものです。同じように重要なものとして累積分布関数，あるいは単に分布関数とよばれるものがあります。

定義 4.2　累積分布関数（分布関数）

離散確率変数 X が離散的にとりうる値を小さい順から x_1，x_2，$\cdots$，x_n とします。確率関数を $p_X(x)$ とすると，ある実数 x に対して，x_1，x_2，$\cdots$，x_n のうち $x_i \leq x$ となる添字 i の中で最大の添字番号を j とすると累積分布関数 $F_X(x)$ は次の式で定義されます。

$$\begin{aligned} F_X(x) &= P(X \leq x) \\ &= p_X(x_1) + p_X(x_2) + \cdots + p_X(x_j) \end{aligned} \tag{4.3}$$

この定義式 (4.3) よりもサイコロの例での図 4.2 の方が累積分布関数のイメージがつかみやすいでしょう。この分布関数 $F_X(x)$ は階段状になってい

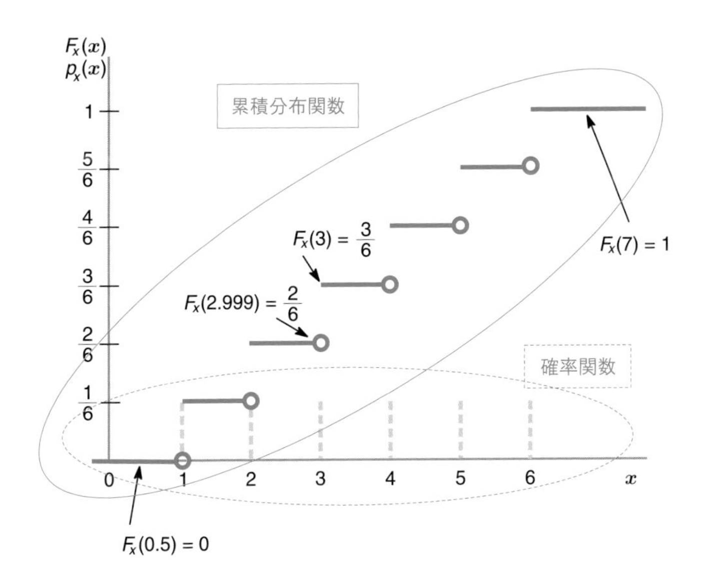

図 4.2　離散確率変数の累積分布関数

ます。これは離散確率変数の分布関数の特徴です。また分布関数は最小値は0，最大値が1の非減少関数（横軸の x が大きくなるにつれて，減少しない関数）であることがわかります。このような分布関数の性質は，式を使って以下のようにまとめることができます。

分布関数の性質

- $0 \leq F_X(x) \leq 1$
- $F_X(-\infty) = 0$，$F_X(\infty) = 1$
- $x < x^*$ ならば，$F_X(x) \leq F_X(x^*)$

確率関数と累積分布関数は，確率変数がどのような値を，どのような確率でとるのかを教えてくれる重要なものです。同様に，確率変数がどのように分布しているかを教えてくれます。この確率変数の分布は確率分布ともよばれます。第1章の定義 1.1 では「分布」は「データがどのようにちらばっているかをあらわすもの」,「データ全体の傾向や特徴をあらわすもの」であったことを思い出せば，確率分布は「確率変数がどのようにちらばっているかをあらわすもの」,「確率変数の傾向や特徴をあらわすもの」と理解できます。

確率変数の代表値・期待値

第1章の 1.2 節ではデータの特徴をあらわす代表値として平均，分散などについて説明しました。確率変数の場合の代表値はどうなっているのでしょうか。はじめに定義 1.2 にあった平均値にあたるもの，すなわち確率変数の平均について説明します。この確率変数の代表値は，確率変数の期待値 (Expectation) として定義されるものです。

定義 4.3　離散確率変数の期待値

離散確率変数 X のとりうる値を x_1, x_2, $\cdots$, x_n とします。またその確率関数を $p_X(x)$ とすると，離散確率変数 X の期待値は

$$E[X] = x_1 \times p_X(x_1) + x_2 \times p_X(x_2) + \cdots + x_n \times p_X(x_n) \quad (4.4)$$

と定義されます。

第1章の定義 1.2 にあった平均値（算術平均）は

$$\bar{x} = x_1 \times \frac{1}{n} + x_2 \times \frac{1}{n} + \cdots + x_n \times \frac{1}{n}$$

となっていました。上の確率変数の期待値とのちがいは各 x_i, $i = 1, \cdots, n$, にかけられているウエイトが $p_X(x_i)$ となっているか，$1/n$ となっているかにあります。第1章で定義されていた平均値（算術平均）ではどの x_i に対しても同じウエイト $1/n$ が使われているのに対して，確率変数の期待値では，とりうる値の確からしさを考慮したウエイト（確率関数）が使われているのです。ここでの X は実現するまでは値が定まっていない確率変数ですが，そ

の期待値 $E[X]$ は，(4.4) で定義されるように 1 つの値に定まっています。すなわち確率変数の期待値は定数であり，確率変数ではありません。

例：期待効用

経済学では不確実性を取り扱う際にこの期待値という考え方を使います。簡単な例を考えてみましょう。

●例題 4.1　期待所得と期待効用

ある人が自分の所属する会社から独立して新規に会社を設立しました。業績が不安定な状態なので，その人の所得（1 カ月分）は不確定な状況ですが，次のことはわかっているとします。その人の所得（1 カ月分）X は $x_1 = 100$ 万円，$x_2 = 36$ 万円，$x_3 = 25$ 万円と 3 通りの可能性があり，それぞれの確率は，$p_X(x_1) = 0.1$，$p_X(x_2) = 0.4$，$p_X(x_3) = 0.5$ となっています。

(1)　この人が受け取る不確実な所得 X はいくらくらいと期待できますか。

(2)　所得に関する効用関数を $u(x) = \sqrt{x}$ と仮定すると，この人の期待効用はいくらですか。

(3)　この人の独立前の所得が 36 万円だったとします。あなたが同じ状況にあるとき，会社に残りますか，それとも独立しますか。ただしあなたの効用関数は $u(x) = \sqrt{x}$ だと仮定します。

解答：(1)　この例題の設問が期待値とは何かを教えてくれています。文字どおり，期待値とは確率変数がとると期待される値のことなのです。離散確率変数の期待値の定義どおりに計算すると

$$E[X] = 100 \times 0.1 + 36 \times 0.4 + 25 \times 0.5 = 36.9$$

と，この人の期待所得は 36 万 9 千円となります。

(2)　効用関数は経済学では基本的な概念で，財の消費や個人の所得からの個人の満足度の程度をあらわす関数のことです。詳しくはミクロ経済学のテキストをみてください。ここでは所得から得られる満足度の程度を $\sqrt{\text{所得}}$ と表現しています。所得が大きくなるにつれて効用は増加していきますが，

効用の増加率はだんだん減少しています。ミクロ経済学ではこれを限界効用逓減の法則とよんでいます。ここでは所得自身が不確実な変数，すなわち確率変数ですから，その関数である効用関数 $u(X)$ も確率的に変化する確率変数です。たとえば，所得が 100 万円のときにその効用関数の値は，$u(x_1) = u(100) = \sqrt{100} = 10$ となります。効用関数のとりうる値と対応する確率を整理すると

$$u(X) = \begin{cases} u(x_1) = \sqrt{100} = 10 & \leftrightarrow \quad p_X(x_1) = 0.1 \\ u(x_2) = \sqrt{36} = 6 & \leftrightarrow \quad p_X(x_2) = 0.4 \\ u(x_3) = \sqrt{25} = 5 & \leftrightarrow \quad p_X(x_3) = 0.5 \end{cases}$$

となります。したがってその期待値，すなわち期待効用は

$$\begin{aligned} E[u(X)] &= u(x_1) \times p_X(x_1) + u(x_2) \times p_X(x_2) + u(x_3) \times p_X(x_3) \\ &= 10 \times 0.1 + 6 \times 0.4 + 5 \times 0.5 = 5.9 \end{aligned}$$

となります。

(3)　会社から独立しなければ，確実な所得として 36 万円がもらえます。この確実な所得を期待所得として考えても，36 万円になります(→**練習問題** 4.2)。独立した場合は，所得は確定的ではありませんが，期待所得は 36.9 万円となっています。効用を考えなければ，独立後の方が多くの所得を期待できそうですが，あくまでも期待できるだけで，確実なものではありません。効用を考えると，確実な所得 36 万円の期待効用は 6 となり(→**練習問題** 4.2)，独立後の期待効用 5.9 よりも高くなります。したがって，期待効用で考える限り，独立しない方が望ましいと結論できます。

上の例でみたように期待値とは確率変数がとると期待される値です。また期待値は確率関数をウエイトにもつ平均にもなっていましたので，確率変数が平均的にとる値ということもできます。このことから期待値は確率変数の平均値と一般的によばれています。

同じように離散確率変数のちらばりの程度をあらわす分散 (Variance) は次のように定義されます。

定義 4.4　離散確率変数の分散

離散確率変数 X のとりうる値を x_1, x_2, $\cdots$, x_n とします。またその確率関数を $p_X(x)$, さらに期待値を $\mu = E[X]$ とすると，離散確率変数 X の分散 $V[X]$ は

$$V[X] = E[(X-\mu)^2] = \sum_{i=1}^{n}(x_i-\mu)^2 \times p_X(x_i) \qquad (4.5)$$
$$= (x_1-\mu)^2 p_X(x_1) + \cdots + (x_n-\mu)^2 p_X(x_n)$$

と定義されます。この分散 $V[X]$ の正の平方根 $\sqrt{V[X]}$ は確率変数 X の標準偏差になります。

4.2　複数の離散確率変数

離散確率変数 X の性質は確率関数，分布関数，さらに期待値や分散によってみることができますが，それらは他の変数との関係はとらえていません。たとえば価格と購買量，気温と電力消費量，景気の状態と企業業績などと，複数の不確定な要因どうしの関係について，何らかの性質をあらわすものが必要です。そこで以下では離散確率変数 X と Y があったときに，この 2 変数の関係をあらわす概念について説明します。

▢ 同時確率関数・周辺確率関数

すでに説明した確率関数は 1 つの確率変数について定義されていました。ここでは複数の離散確率変数の確率関数について説明します。まず 2 つの場

合からはじめます。日本と米国の株式相場に関して

$$\begin{array}{cc} \text{日本の株式相場} & \text{米国の株式相場} \\ X = \begin{cases} 1 & \leftrightarrow \ \{\text{上昇する}\} \\ 0 & \leftrightarrow \ \{\text{変化なし}\} \\ -1 & \leftrightarrow \ \{\text{下落する}\} \end{cases} & Y = \begin{cases} 1 & \leftrightarrow \ \{\text{上昇する}\} \\ 0 & \leftrightarrow \ \{\text{変化なし}\} \\ -1 & \leftrightarrow \ \{\text{下落する}\} \end{cases} \end{array}$$

のように2つの離散確率変数 X と Y を考えます。このとき日本の株式相場が下落し，なおかつ米国の相場が上昇する，という確率は $P(X=-1,\ Y=1)$ とあらわせます。X が -1 をとり，そのとき同時に Y が1となる確率のことなので同時確率とよばれます。この同時確率関数は次のように定義されます。

定義 4.5 同時確率関数

2つの離散確率変数 $X,\ Y$ について，X は m 個の離散的な値 $x_1,\ x_2,\ \cdots,\ x_m$，Y は n 個の離散的な値 $y_1,\ y_2,\ \cdots,\ y_n$ の中のどれかの値をとります。X が x_i をとり，Y が y_j をとる確率は $P(X=x_i,\ Y=y_j)$ であたえられます。ただし，$i=1,\cdots,m$，$j=1,\cdots,n$ です。このとき離散確率変数 X と Y の同時確率関数 $p_{X,Y}(x_i,\ y_j)$ は

$$p_{X,Y}(x_i,\ y_j) = P(X=x_i,\ Y=y_j) \qquad (4.6)$$

と定義されます。

この同時確率関数は2つの離散確率変数 X と Y に関するものでした。考察の対象となる離散確率変数が $X,\ Y,\ Z$ と3つになっても同じように同時確率関数を $p_{X,Y,Z}(x,\ y,\ z) = P(X=x,\ Y=y,\ Z=z)$ と定義できます。さらに3つ以上の離散確率変数に対しても同様に考えることができるので以降は，離散確率変数が2つの場合に限って説明を続けることにします。

2つの離散確率変数 $X,\ Y$ に対して同時確率関数 $p_{X,Y}(x_i,\ y_j)$ が定義されましたが，これまで X や Y に対して個別に定義されていた確率関数 $p_X(x)$ や $p_Y(y)$ との関係はどうなっているのでしょうか。実は，同時確率関数があたえられると，個別の確率関数はその同時確率関数から導くことができるの

表 4.1 同時確率関数と周辺確率関数の関係

X \ Y	−1	0	1	行和
−1	$p_{X,Y}(-1,-1)$	$p_{X,Y}(-1,0)$	$p_{X,Y}(-1,1)$	$p_X(-1)$
0	$p_{X,Y}(0,-1)$	$p_{X,Y}(0,0)$	$p_{X,Y}(0,1)$	$p_X(0)$
1	$p_{X,Y}(1,-1)$	$p_{X,Y}(1,0)$	$p_{X,Y}(1,1)$	$p_X(1)$
列和	$p_Y(-1)$	$p_Y(0)$	$p_Y(1)$	1

です。先ほどの日米の株式相場の例で使った離散確率変数 X と Y について同時確率関数と個別の確率関数の関係は表 4.1 のようになっています。各行の和に注目すると，たとえば 1 行目の和は

$$p_{X,Y}(-1,-1)+p_{X,Y}(-1,0)+p_{X,Y}(-1,1)$$

ですが，この確率の和は X が -1 をとったときに，Y が -1，あるいは 0，あるいは 1 となる確率というように，$X=-1$ となるときに，Y のとりうる値のそれぞれに関する確率の合計になっています。これは X が -1 をとる確率にほかなりません。そして X の確率関数を使い $p_X(-1)$ と表すことができます。同じように考えれば，表の一番右側の列には

$$p_X(-1),\ \ p_X(0),\ \ p_X(1)$$

と X の確率関数がでてきています。Y については表の最終行に $p_Y(y)$ がでてきます。これらは表の周辺にあらわれているので別名，周辺確率関数ともよばれます。実は この同時確率関数から周辺確率関数を導く方法は事象の確率で考えると前章の (3.10) が示していることと同じなのです。

○ 共分散・相関係数

複数の確率変数を考えた場合，それらの関係がどうなっているかは，以下で説明する共分散 (Covariance) によってみることができます。2 つの離散確率変数 X と Y に関する共分散の定義は次のとおりです。

定義 4.6　離散確率変数の共分散

2 つの離散確率変数 X，Y について，X は m 個の離散的な値 x_i，$(i = 1, \cdots, m)$，Y は n 個の離散的な値 y_j，$(j = 1, \cdots, n)$ の中のどれかの値をとります。X が x_i をとり，Y が y_j をとる確率は $p_{X,Y}(x_i,\ y_j)$ であたえられます。このとき 2 つの変数の関係の強さをあらわすものとして共分散は次のように定義されます。

$$Cov[X,Y] = E[\ (X - E[X])(Y - E[Y])\ ] \tag{4.7}$$

$$= E[\ XY\ ]\ -\ E[X]E[Y],$$

$$E[X] = \sum_{i=1}^{m} x_i\ p_X(x_i), \qquad E[Y]\ =\ \sum_{j=1}^{n} y_j\ p_Y(y_j),$$

$$E[\ XY\ ] = \sum_{i=1}^{m}\sum_{j=1}^{n} x_i\ y_j\ p_{X,Y}(x_i, y_j)$$

この共分散 $Cov(X,Y)$ は確率変数 X と Y の関係の強さをあらわしますが，変数の X と Y の単位に影響されます。したがって，2 つの確率変数の関係の強さをみるためには，共分散から単位の影響を排除した相関係数が使われます。

定義 4.7　離散確率変数の相関係数

2 つの離散確率変数 X，Y のそれぞれの分散を $V[X]$，$V[Y]$，共分散を $Cov[X,Y]$ とします。このとき X と Y の相関係数は次のように定義されます。

$$\rho_{X,Y} = \frac{Cov[X,Y]}{\sqrt{V[X]}\ \sqrt{V[Y]}} \tag{4.8}$$

この相関係数 $\rho_{X,Y}$ は -1 以上で 1 以下の実数の値をとります。値が正のときは確率変数 X と Y には正の相関関係があるといい，負の値のときは負の相関，そしてゼロの場合は無相関であるといいます。

この無相関とは確率変数 X と Y の間に関係がないことを意味していますが，その関係とは直線での関係（線形関係）のことです。x と y に，$y = a + bx$ のような直線（a は切片，b は傾き）であらわすことができる関係が厳密でなくても，だいたいの傾向として認められるときに，x と y に線形関係があるといいます。この線形の関係がない場合は無相関ですが，線形以外の関係が x と y にある場合もあります。

■POINT4.1　無相関と独立■

定義 4.7 にあるように，2 つの確率変数の相関係数がゼロ，その分子の共分散がゼロの場合に無相関であるといいますが，それは線形の関係がないということであり，その 2 つの確率変数間にまったく関係がないということではありません。統計学では確率変数間に関係がないことを以下の定義 4.8 で定義をあたえる独立という用語であらわします。無相関性と独立性の関係は以下のとおりです。

2 つの確率変数が

- 無相関だとしても，必ずしも独立とは限らない。
- 独立なら，無相関である（→**練習問題** 4.5）。

独立性

事象 A と B に関して

$$P(A \cap B) = P(A) \times P(B)$$

が成立するときに，この 2 つの事象が互いに独立であることは前章で説明しました。この独立性は，離散確率変数についても同時確率関数をもちいて次のように定義することができます。

定義 4.8　離散確率変数の独立性

2つの離散確率変数 X, Y について，設定は定義 4.5 と同じとします。このとき，すべての i と j について

$$p_{X,Y}(x_i, y_j) = p_X(x_i) \times p_Y(y_j) \tag{4.9}$$

が成立するならば，2つの離散確率変数 X と Y は互いに独立である，あるいは独立に分布しているとよばれます。

次の例題で2つの確率変数が独立かどうかを調べてみましょう。

●例題 4.2　日米の株式相場

日米の株式相場の例で表 4.1 の同時確率関数の値を具体的に下のようにあたえました。このとき X と Y は独立に分布しているかどうかを調べなさい。

X ＼ Y	−1	0	1
−1	0.2	0.1	0.1
0	0.05	0.1	0.05
1	0.05	0.05	0.3

解答：はじめに確率変数 X と Y の周辺確率関数を求めます。それらは

$$p_X(-1) = 0.4,\ \ p_X(0) = 0.2,\ \ p_X(1) = 0.4$$

$$p_Y(-1) = 0.3,\ \ p_Y(0) = 0.25,\ \ p_Y(1) = 0.45$$

となっています。次に (4.9) が成立しているかどうかを確認します。各 i と j の組み合わせで，どれか1つでも成立していなければ独立ではないことになります。$i = -1$, $j = -1$ のときをみてみましょう。

$$p_{X,Y}(-1,-1) = 0.2 \neq p_X(-1) \times p_Y(-1) = 0.4 \times 0.3$$

となっていますので，確率変数 X と Y は独立には分布していないことがわかります。

▢ 条件付き確率・条件付き期待値

前章で説明した事象に対する条件付き確率をここでは離散確率変数に対して考えます。基本的には事象に対して定義されていた条件付き確率の考え方をそのまま離散確率変数の確率関数にあてはめれば良いのです。

定義 4.9　条件付き確率関数

離散確率変数 X と Y のとりうる値が x_i, y_j, $(i = 1, \cdots, m,\ j = 1, \cdots, n)$ で同時確率関数が $p_{X,Y}(x_i, y_j)$, 周辺確率関数は $p_X(x_i)$, $p_Y(y_j)$ とします。このとき $Y = y_j$ という条件をつけた，離散確率変数 X の条件付き確率関数は次のように定義されます。

$$p_X(\ x_i\ \mid\ y_j\ ) = \frac{p_{X,Y}(x_i,\ y_j)}{p_Y(y_j)} \tag{4.10}$$

さらに条件付き期待値は次のように定義できます。

定義 4.10　条件付き期待値

X と Y についての設定は定義 4.9 と同じとします。このとき $Y = y_j$ という条件をつけた，離散確率変数 X の条件付き期待値は

$$E[\ X\ \mid\ Y = y_j\ ] = \sum_{i=1}^{m} x_i\, p_X(x_i \mid y_j) \tag{4.11}$$

であたえられます。

確率変数の期待値は値が定まった定数であると説明しましたが，(4.11) で定義された条件付き期待値は条件である Y がとる値によってその値が変わり得ます。Y がとる値は確率的に変わりますから，条件付き期待値は定数ではなく確率変数なのです。

4.3 期待値の計算ルール

離散確率変数の期待値に関して知っておくと便利なことをまとめておきます。離散確率変数 X のとりうる値を x_i，その確率関数を $p_X(x_i)$，$(i = 1, \cdots, m)$ とします。

❖ まとめ 4.1　期待値の計算ルール 1

a と b を定数とすると期待値に関して次の式が成立します。

$$E[a] = a \tag{4.12}$$

$$E[aX + b] = E[aX] + E[b] = aE[X] + b \tag{4.13}$$

定数はそれ以外の値をとらないので，定数 a の期待値は a となります。(4.13) に関しては

$$\begin{aligned} E[aX+b] &= \sum_{i=1}^{m}(ax_i + b)\, p_X(x_i) = \sum_{i=1}^{m} ax_i\, p_X(x_i) + \sum_{i=1}^{m} b\, p_X(x_i) \\ &= a\sum_{i=1}^{m} x_i\, p_X(x_i) + b = aE[X] + b \end{aligned}$$

と期待値の定義を使って示すことができます。また，この期待値の計算ルール 1 から $V[X] = E[X^2] - (E[X])^2$ を導くことができます(**→練習問題** 4.3)。

次に 2 つの確率変数 X と Y を考えます。これまで強調しませんでしたが，2 つの確率変数の和 $X + Y$，積 XY も確率変数です。その期待値については次のようにまとめることができます。

❖ まとめ 4.2　期待値の計算ルール 2

離散確率変数 X と Y の和 $X + Y$ と積 XY の期待値に関して，次

の式が成立します。

$$E[X+Y] = E[X] + E[Y] \tag{4.14}$$

離散確率変数 X と Y が独立に分布している場合，あるいは無相関な場合

$$E[XY] = E[X]\,E[Y] \tag{4.15}$$

(4.15) の等号は，X と Y が無相関ではない場合，一般的には成立しません。

確率変数 $X+Y$ や XY の確率的な変動の源泉は X からのものと，Y からのものがあり，一般にそれらは互いに関連していますから，期待値を考えるときも同時確率関数 $p_{X,Y}(x_i, y_j)$ が必要になります。(4.14) の導出はこの章の最後の数学補足にのせてあります。(4.15) に関しては練習問題としておきます(→**練習問題** 4.6)。なお割り算 X/Y も確率変数ですが頻繁には出てきませんので説明を省略します。

4.4　代表的な離散確率変数

ベルヌーイ分布

まだ実現していない事象，たとえば株価が上がるか，下がるか，客がくる，こない，宝くじにあたる，はずれる，など単純に，ある事柄が起こるか，起こらないか，といったことを考えます。説明に使う例は，私たちに身近で，実際に試すことができるコイン投げをとりあげます。前章でも説明したようにコイン投げの結果は投げるまではわかりませんが，そのとりうる事象は｛表が出る｝，｛裏が出る｝の 2 つで，その 2 つの根元事象から標本空間は構成されています。この事象と確率変数 X，そして確率を次のように対応させます。

$$
\begin{array}{ccccc}
\text{事象} & & X & & \text{確率} \\
\{\text{表が出る}\} & \leftrightarrow & 1 & \leftrightarrow & p_X(1) \\
\{\text{裏が出る}\} & \leftrightarrow & 0 & \leftrightarrow & p_X(0)
\end{array}
$$

ここで取り扱っている例のように試行の結果が2種類しかなく，各試行は互いに独立で，各試行の確率分布が同じ試行をベルヌーイ試行とよびます。コイン投げの例だと「表が出る」，「裏が出る」，株価を考えるならば「上がる」，「下がる」などと状況に応じていろいろな事象が考えられます。ここではそれらを総称して，「成功する」，「失敗する」とよぶことにします。

ベルヌーイ試行の結果を0か1をとる確率変数 X と対応させたとき，その確率変数 X はベルヌーイ分布に従っています。このとき，成功する確率 $p_X(1)$ を成功確率とよびます。$p_X(1) = p$ とすれば，失敗する確率は $p_X(0) = 1 - p$ となります。以下ではベルヌーイ分布に従う確率変数の分布，期待値，分散についてみていきます。

分　布

確率関数と分布関数はそれぞれ以下のようになります。

$$
\text{確率関数}\quad p_X(0) = 1 - p,\ \ p_X(1) = p \tag{4.16}
$$

$$
\text{分布関数}\quad F_X(x) = \begin{cases} 0, & x < 0 \\ 1 - p, & 0 \le x < 1 \\ 1, & 1 \le x \end{cases} \tag{4.17}
$$

期待値・分散

期待値 $E[X]$ と分散 $V[X]$ はそれぞれ次のとおりに計算できます。

$$
E[X] = 0 \times p_X(0) + 1 \times p_X(1) = p \tag{4.18}
$$

$$
\begin{aligned}
V[X] &= (0 - E[X])^2 \times p_X(0) + (1 - E[X])^2 \times p_X(1) \\
&= (0 - p)^2 \times (1 - p) + (1 - p)^2 \times p
\end{aligned}
$$

$$= (1-p)(p^2 + p - p^2) = (1-p)p \tag{4.19}$$

ここでは1回の試行に関する確率変数を考えましたが，たとえば100回のコイン投げの試行中，「何回表が出るか」という事象の確率を考えるには次で説明する二項分布が役に立ちます。

○ 二項分布

成功確率がpであるベルヌーイ試行を100回行う場合，そのうち何回成功するか，また90回以上成功する確率はどのくらいなのか，ということを考えます。

はじめに，独立なベルヌーイ試行をn回行います。n回の試行中，成功する回数を確率変数Xとします。その実現値xは実際に成功する回数をあらわします。ここで独立とは各試行どうしは互いに影響していないということを意味しています。

たとえば2回の試行で，2回連続で成功する確率は$p \times p$，はじめ成功し，次に失敗する確率は$p \times (1-p)$です。同じように考えれば，n回の試行中，はじめのx回成功し，残り$n-x$回失敗する確率は

$$\overbrace{p \times p \times \cdots \times p}^{x\ \text{回成功}} \times \overbrace{(1-p) \times (1-p) \times \cdots \times (1-p)}^{(n-x)\ \text{回失敗}} = p^x (1-p)^{n-x}$$

となっていることがわかります。

最終的に，知りたいことはn回の試行中，x回成功する確率$p_X(x)$です。上でもとめた以外にもn回の試行中，x回成功する場合はあります。何種類の組み合わせがあるかは，前章の終わりで説明した組み合わせの数をもとめればよいのです。実際，n個の中から，x個を選び出す組み合わせは

$${}_nC_x = \frac{n!}{x!(n-x)!}$$

となります。したがって，n回の試行中，x回成功する確率は

$$p_X(x) = {}_nC_x\, p^x(1-p)^{n-x} = \frac{n!}{x!(n-x)!}\, p^x(1-p)^{n-x}$$

$(x = 0, 1, \cdots, n)$ となります。これは，独立なベルヌーイ試行を n 回行ったとき，その n 回の試行中，成功する回数である確率変数 X の確率関数に他ならないのです。このような確率関数をもつ確率変数は二項確率変数，その分布は二項分布 (Binomial distribution) とよばれます。

定義 4.11 二項分布

確率変数 X のとりうる値が離散的で 0，1，$\cdots$，n で，その分布が二項分布 $B(n, p)$ であるとき，その確率関数は $x = 0, 1, \cdots, n$ に対して

$$p_X(x) = {}_nC_x\, p^x(1-p)^{n-x} = \frac{n!}{x!(n-x)!}\, p^x(1-p)^{n-x} \quad (4.20)$$

であたえられます。

定義中にあるように二項分布を記号として $B(n, p)$ と略記します。試行回数 n，成功確率 p があたえられると，成功回数の実現値である x の値に応じて確率があたえられます。この二項分布に従う確率変数は，n と p で特徴づけられているともいえます。このように分布を特徴づけているものを母数，あるいはパラメータ（parameter）とよびます。

具体的に確率関数の値と母数の関係をみてみましょう。図 4.3 は母数の n を 10，20，p を 0.1，0.4 としたときの確率関数（ここでは形状を捉えやすくするためにヒストグラムのように描いている）です。母数がその分布の形を特徴づけていることがわかります。次にこの二項分布に従う確率変数の性質を考えましょう。二項分布に従っている確率変数 X の確率関数 (4.20) から

$$p_X(0) + p_X(1) + \cdots + p_X(n) = 1 \quad (4.21)$$

であることがわかります（4.5 数学補足）。また期待値，分散も定義どおりに計算すれば求めることができます（詳細は 4.5 数学補足を参照）。

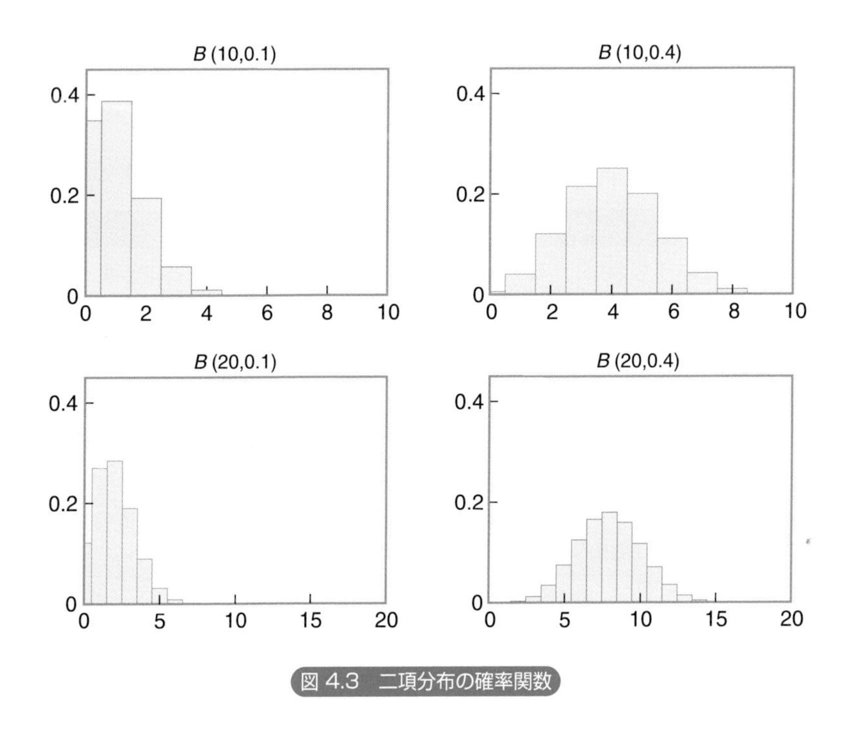

図 4.3　二項分布の確率関数

定理 4.1　二項確率変数の期待値と分散

確率変数 X が二項分布 $B(n, p)$ に従っているとき，その期待値，分散はそれぞれ以下のとおりです。

$$E[X] = np \tag{4.22}$$

$$V[X] = np(1-p) \tag{4.23}$$

コインを 100 回投げたとき表が何回出るかと問われたとき，私たちの直感的な答えは，表が出る確率は 0.5 ですから，「だいたい，50 回表が出るだろう」となります。実はここで説明した二項分布を使うと，100 回中何回表が出るかは，二項分布 $B(100, 0.5)$ に従う確率変数の期待値より

$$E[X] = n \times p = 100 \times 0.5 = 50$$

と私たちが直感的に答えた「だいたい 50 回」ということと一致します。

このように二項分布は，回数や人数などのように離散的な値をとる不確実な対象を記述するときに役に立ちます。次の例題を考えてみましょう。

●例題 4.3　アルバイトの日数

A 君は 8 月のうち 30 日，ビアガーデンでアルバイトをすることにしました。そのビアガーデンは雨が降ると閉鎖され休みになります。アルバイト代は日給になっています。過去の気象データから 8 月の降水確率は 0.2 ということがわかっており，各日の天候は独立であると仮定します。

(1)　A 君は何日働けると期待できますか。

(2)　30 日すべて働くことができる確率はいくらですか。

(3)　働くことができる日数が 24 日以下である確率はいくらですか。

ただし天候以外の理由で A 君がアルバイトを休むことはありません。

解答：(1)　A 君が 30 日の間，実際に働くことができる日数を X とします。この X はまだ実現していません。したがって何日働くかは現時点では確定していません。しかし，雨が降らない確率を成功確率と考えると，$p = 1 - 0.2 = 0.8$ で，総日数が $n = 30$ ですから，確率変数 X は $B(30, 0.8)$ に従っていることがわかります。設問は「何日間働けると期待できるか」ですから，この確率変数 X の期待値をもとめると，(4.22) より $30 \times 0.8 = 24$ 日となります。

(2)　30 日間すべて働くことができる確率は $p_X(30)$ ですから

$$p_X(30) = \frac{30!}{30!(30-30)!} \times 0.8^{30} \times 0.2^0 = 0.8^{30} = 0.0012$$

となります。

(3)　働くことができる日数が 24 日以下，ということは（定義 4.2 を思い出しましょう）

$$F(24) = P(X \leq 24) = p_X(0)\ +\ p_X(1)\ +\ \cdots\ p_X(24)$$

を求めればよいのですが，この計算は大変です。$\sum_{i=0}^{30} p_X(i) = 1$ であることから，次の式が成立しています。

$$P(X \leq 24) = 1 \ - \ \{\ p_X(25) + p_X(26) + \cdots + p_X(30)\ \}$$

実際に計算すると $P(X \leq 24) = 1 - 0.4275 = 0.5725$ となります。

本書の最後の付録に二項分布 $B(n, p)$ の確率分布表があります。分布表を使うと，この例題で必要な計算をする必要がありません。ただし，付録の表の n は 5，10，15，20，25 のものしかありません。第 6 章の正規近似で説明しますが，n が大きいときには第 5 章で説明する正規分布を使った近似を行うことが多いからです。この分布表を使う問題は練習問題としておきます(→**練習問題** 4.9)。

ベルヌーイ分布と二項分布の関係

二項分布は成功確率 p の n 回のベルヌーイ試行中の成功する回数の確率分布と定義されました。成功確率 p の n 回のベルヌーイ試行の結果を X_i，$(i = 1, \cdots, n)$ とします。この X_i は 0 と 1 しかとりません。n 回の試行中の成功回数は X_i，$(i = 1, \cdots, n)$ のうちで 1 という値をとったものの合計になりますから，n 回の試行中の成功回数は $\sum_{i=1}^{n} X_i$ であらわすことができます。よって

$$\sum_{i=1}^{n} X_i \ \sim \ B(n, p)$$

となっています。($\sim$ は統計学の記号で，$\sim$ の左側の確率変数が，$\sim$ の右側の確率分布に従っていることをあらわしています。) ここで $n = 1$ とおくと，

$$\sum_{i=1}^{1} X_i = X_1 \ \sim \ B(1, p)$$

です。X_1 はベルヌーイ試行の結果であることを思い出せば，ベルヌーイ分布に従う確率変数は二項分布 $B(1, p)$ に従う確率変数であることがわかります。

▢ ポアソン分布

ポアソン分布は二項分布と同様に離散的な値をとる確率変数の分布なのですが，事象が起こる頻度が非常に小さい，すなわち稀にしか起こらない事象が起こる回数などを調べる際に適用される分布です。天災による被害，教科書に出てくる誤植，製品が故障する頻度など，本来，起こらないと想定したいことでもわずかな確率で起こると思われる現象に対して利用されます。このポアソン分布を利用すると，起こりうる被害や損害などに対して，事前にそれがどの程度かを把握することができるのです。また次の定義にあるように，とりうる値は離散的で数えることはできますが，有限ではありません（数えきることはできません）。

定義 4.12 ポアソン分布

確率変数 X のとりうる値が離散的で非負の整数，すなわち，0，1，$\cdots$，であり，確率関数が

$$p_X(x) = \frac{\mu^x e^{-\mu}}{x!}, \quad (x = 0, 1, \cdots) \tag{4.24}$$

であたえられるとき，この確率変数 X はポアソン分布に従っています。またこのとき，期待値と分散は同じ値 μ となります。

$$E[X] = \mu, \quad V[X] = \mu \tag{4.25}$$

ポアソン分布に従う確率変数のもっとも特徴的な点は，対象としている事象が起こる確率が非常に小さいということと，期待値と分散が同じ値をとる，ということです。また確率関数をみるとわかりますが，この期待値 μ が分布を特徴付ける母数（パラメータ）になっています。e は自然対数の底ですが，わかりにくければ単に $2.71828\cdots$ という値をとる定数と理解してください。確率関数 (4.24) は，単位時間あたり平均的に μ 回発生する事象が，x 回生じる確率をあらわしています。したがって，単位時間あるいは単位面積など，単位あたりにつき事象が平均的に何回起こるかということがわかっている場

合に利用される分布です。たとえば，1日あたりの平均事故件数がわかっているときに，事故件数が3件以下である確率をもとめる，というような場合に利用されます。実際に，以下の例題をみてみましょう。

●例題 4.4　新規採用者の能力

A社は商品の受注管理をアルバイトにまかせています。新規採用を考えていますが，候補者に試験的に業務をさせたところ，1000件に5件の割合でミスをおかしていることがわかりました。それでは，50件の受注を処理する際に，候補者が一度もミスをおかさない確率はいくらですか。

解答：X をミスをおかす回数とすると，求める確率は $P(X=0)=p_X(0)$ です。ここで $p_X(x)$ として，二項分布を考えるか，ポアソン分布を考えるかの2通りの方法があります。候補者がミスをおかす回数という確率分布が厳密にどのような分布であるかは誰にもわかりません。近似的に二項分布，あるいはポアソン分布に従っていると考えるだけなのです。近似は正確な方が良いですが，本当の分布がわかりませんから，問題にあった方法を適用することが必要となります。この問題の場合は，事象が起きる確率が非常に小さいのでポアソン分布をもちいるのが適切な状況ですが，解答例をみればわかるように，二項分布をもちいても大差はありません。

二項分布による解答：1000件に5件のミスをおかすということから，ミスをおかす確率は $5/1000=0.005$ と考えられます。そこで X が $B(n, 0.005)$ に従っていると仮定して，$n=50$ のときに $X=0$ となる確率をもとめます。

$$p_X(0) = {}_{50}C_0\, 0.005^0(1-0.005)^{50-0} = 0.995^{50} = 0.7783$$

ポアソン分布による解答：ミスをおかす確率が0.005であって，50件の処理あたりに x 件のミスをおかす確率をもとめる設問と考えると，ポアソン分布の確率関数 (4.24) より μ をもとめる必要があることがわかります。設問から50件あたりの平均的な回数を代入することになります。ミスをおかす確率を 0.005 とすれば，50 件あたりであれば平均 $0.005 \times 50 = 0.25$ 回のミスをおかすと思われます。そこで (4.24) に $\mu = 0.25$ を代入して，

$$p_X(0) = \frac{0.25^0 e^{-0.25}}{0!} = e^{-0.25} = 0.7788$$

を得ます。この確率は関数電卓やパソコン，そして巻末の付表のポアソン分布表で $\mu = 0.25$，$x = 0$ からも得られます。

ポアソン分布に慣れるためにもう一つ例題を考えます。

●例題 4.5　企業の倒産

昨年度の中小企業の倒産の割合は 1%でした。今年も経済状況が同じ程度であると予想されています。ランダム・サンプリングにより 200 社を選び出したとき，そのうちで 2 社以上倒産する可能性はどの程度かを調べなさい。

解答：経済状況が同じと想定すると，200 社のうち 1%の企業が倒産すると期待されます。

$$\mu = 200 \times 0.01 = 2$$

より，平均 2 社が倒産すると思われます。ポアソン分布の確率関数 (4.24) より，x 社倒産する確率は

$$p_X(x) = \frac{\mu^x e^{-\mu}}{x!} = \frac{2^x e^{-2}}{x!}, \qquad (x = 0, 1, \cdots)$$

となります。もとめる確率は $P(2 \leq X)$ ですから，

$$P(2 \leq X) = 1 - P(X < 2) = 1 - (p_X(0) + p_X(1))$$

（巻末のポアソン分布表$\mu = 2.0$ より）

$$= 1 - (0.135 + 0.271) = 0.594$$

ということがわかります。

■POINT4.2　計数に関する確率変数■

ポアソン分布も二項分布も非負の整数である計数（カウント）データに関する確率分布です。どちらを使うのが適切なのかは，考えている問題，分析対象の性質によります。

4.5 数学補足

(4.14) の証明：離散確率変数 X と Y のとりうる値が $x_i,\ y_j,\ (i=1,\cdots,m,\ j=1,\cdots,n)$ で同時確率関数が $p_{X,Y}(x_i,y_j)$，周辺確率関数は $p_X(x_i)$，$p_Y(y_j)$ とします。

$$
\begin{aligned}
E[X+Y] &= \sum_{i=1}^{m}\sum_{j=1}^{n}(x_i+y_j)\,p_{X,Y}(x_i,y_j)\\
&= \sum_{i=1}^{m}\sum_{j=1}^{n}x_i\,p_{X,Y}(x_i,y_j)\ +\ \sum_{i=1}^{m}\sum_{j=1}^{n}y_j\,p_{X,Y}(x_i,y_j)\\
&= \sum_{i=1}^{m}x_i\sum_{j=1}^{n}p_{X,Y}(x_i,y_j)\ +\ \sum_{j=1}^{n}y_j\sum_{i=1}^{m}p_{X,Y}(x_i,y_j)\\
&= \sum_{i=1}^{m}x_ip_X(x_i)\ +\ \sum_{j=1}^{n}y_jp_Y(y_j) = E[X]+E[Y]
\end{aligned}
$$

(4.21) の証明：$(p+q)^n$ を展開すると二項定理とよばれている定理から

$$
{}_nC_0q^n + {}_nC_1pq^{n-1} + \cdots + {}_nC_{n-k}p^{n-k}q^k + \cdots + {}_nC_np^n = (p+q)^n
$$

となることが知られています。確率関数 (4.20) で $q=1-p$ とおくと，$p_X(0),p_X(1),\cdots p_X(n)$ はそれぞれ ${}_nC_0q^n,{}_nC_1pq^{n-1},\cdots {}_nC_np^n$ となっていることがわかります。そして先の式の左辺がこれらを合計したものになっています。したがって，$p_X(0),p_X(1),\cdots p_X(n)$ の合計の値は $(p+q)^n$ になっています。さらに $q=1-p$ より，$p+q=1$ ですから，(4.21) が示されます。

(4.22) の証明：期待値の定義より

$$
E[X] = 0\times p_X(0) + 1\times p_X(1) + \cdots + n\times p_X(n)
$$

$$= \sum_{x=1}^{n} x \times \frac{n!}{x!(n-x)!} \, p^x (1-p)^{n-x}$$

$$= \sum_{x=1}^{n} \frac{n!}{(x-1)!(n-x)!} \, p^x (1-p)^{n-x}$$

($z = x - 1$ とおくと $x = 1$ のとき $z = 0$, $x = n$ のとき $z = n - 1$ なので)

$$= \sum_{z=0}^{n-1} \frac{n!}{z!(n-1-z)!} \, p^{z+1} (1-p)^{n-1-z}$$

$$= np \times \sum_{z=0}^{n-1} \left\{ \frac{(n-1)!}{z!(n-1-z)!} \, p^z (1-p)^{n-1-z} \right\}$$

{ } の内部は $n-1$ 回の試行中，z 回成功する確率をあらわす確率関数になっています。さらに確率関数の合計は 1 なので

$$\sum_{z=0}^{n-1} \left\{ \frac{(n-1)!}{z!(n-1-z)!} \, p^z (1-p)^{n-1-z} \right\} = 1$$

より，$E[X] = np$ であることが示されます。

(4.23) の証明：はじめに $X(X-1)$ の期待値 $E[X(X-1)]$ を計算します。これも期待値の定義より

$$E[X(X-1)] = \sum_{x=0}^{n} x(x-1) \times \frac{n!}{x!(n-x)!} \, p^x (1-p)^{n-x}$$

$$= \sum_{x=2}^{n} x(x-1) \times \frac{n!}{x!(n-x)!} \, p^x (1-p)^{n-x}$$

$$= \sum_{x=2}^{n} \frac{n!}{(x-2)!(n-x)!} \, p^x (1-p)^{n-x}$$

($z = x - 2$ とおくと)

$$= \sum_{z=0}^{n-2} \frac{n!}{z!(n-2-z)!} \, p^{z+2} (1-p)^{n-2-z}$$

$$= n(n-1)p^2 \times \sum_{z=0}^{n-2} \frac{(n-2)!}{z!(n-2-z)!} \, p^z (1-p)^{n-2-z}$$

となり，先ほどと同様にして $E[X(X-1)] = n(n-1)p^2$ となることがわかります。分散は $V[X] = E[X^2] - (E[X])^2$ からもとめることができるので (→**練習問題** 4.3)，得られたものを代入すると

$$V[X] = E[X^2] - (E[X])^2 = E[X(X-1)] + E[X] - (E[X])^2$$
$$= n(n-1)p^2 + np - (np)^2 = np(1-p)$$

となります。

練習問題

4.1　(4.1) で $p_X(x_i)$ が 0 でなく，1 でもない理由を説明しなさい ((3.3) は任意の事象に関する式ですが，ここでは「とりうる値」に関して考えていることに注意)。

4.2　確実な所得 36 万円の期待所得が 36 となることを示しなさい。また同様にそのときの期待効用が 6 となることを示しなさい。ただし効用関数は $u(x) = \sqrt{x}$ とします。

4.3　離散確率変数 X の分散 $V[X]$ が $V[X] = E[X^2] - (E[X])^2$ とあらわせることを示しなさい。また離散確率変数 X と Y の共分散 $Cov[X, Y]$ が $Cov[X, Y] = E[XY] - E[X]E[Y]$ とあらわせることを示しなさい。

4.4　A 社の業績は景気に左右され変化します。景気の状態と業績に関しては次のことがわかっています。

状態	業績	確率
好況	100 億円	0.3
普通	50 億円	0.3
不況	−30 億円	0.4

A 社の期待業績をもとめなさい。さらに業績の標準偏差をもとめなさい。

4.5　離散確率変数 X と Y のとりうる値が x_i, y_j, $(i = 1, \cdots, m,\ j = 1, \cdots, n)$ で同時確率関数が $p_{X,Y}(x_i, y_j)$，周辺確率関数は $p_X(x_i)$，$p_Y(y_j)$ とします。この確率変数 X と Y が独立に分布しているとき，この 2 つの確率変数の相関係数を計算しなさい。

4.6　前問と同じ設定のもとで $E[XY] = E[X]\ E[Y]$ が成立することを示しなさい。

4.7　例題 4.2 の設定で，X と Y の共分散と相関係数をもとめなさい。

4.8　ベルヌーイ試行の結果を数値で表現するときになぜ 0 と 1 としているか，理由を考えなさい。

4.9　例題 4.3 で 30 日を 25 日にかえた場合について答えなさい。
(1)　A 君は何日働けると期待できますか。
(2)　25 日すべて働くことができる確率はいくらですか。
(3)　働くことができる日数が 10 日以下である確率はいくらですか。

4.10　ある研究室では統計学の質問に来る学生のために月曜日から金曜日まで各曜日 2 時間を質問のための時間として用意しています（週合計 10 時間)。月曜日から金曜日の間に質問にきた学生は 2 人でした。質問者の数がポアソン分布に従っているとみなせるとき，1 カ月の間（計 40 時間）に質問にやってくる学生の数が 10 名以上である確率をもとめなさい。

参考書

本章の内容と関連するものを以下にあげています。

さらに詳しく知るためには

- 久保川達也，国友直人『統計学』東京大学出版会，2016 年

期待効用などミクロ経済学の内容

- 神取道宏『ミクロ経済学の力』日本評論社，2014 年
- レヴィットほか『レヴィット　ミクロ経済学　発展編』東洋経済新報社，2018 年

HELP4.1　ギリシャ文字の読み方

統計学では記号としてギリシャ文字が頻繁に登場します。たとえば，平均の記号には μ（ミュー)，分散には σ^2（シグマ 2 乗)，相関係数には ρ（ロー）を使います。他にも α（アルファ)，β（ベータ）というギリシャ文字もよく利用されます。

第5章

連続確率変数とその分布

明日の為替レート，視聴率，銀行窓口の待ち時間などは，とりうる値が離散的ではありません。たとえば為替レート1ドル105円と106円の間には，105.5円や105.6円があり，またその間には，105.51円，105.52円があるというように数えきることができないほどの数があります。このようにとりうる値が連続な場合の確率変数をここでは説明します。

◦ *KEY WORDS* ◦

連続確率変数，確率密度関数，分布関数，
期待値，独立，一様分布，正規分布，
カイ2乗分布，t 分布，指数分布，自由度

5.1 連続確率変数

確率変数のとりうる値が連続的な場合，その確率変数は連続確率変数とよばれます。とりうる値が連続的ということは，とりうる値の数を数えることはできないのです。たとえば1と2という値の間には数えることすらできないほどの数が詰まっています。そのような数に対して離散確率変数の場合と同じように，とりうる値の一つひとつに正の値である確率を与えてしまうと，とりうる値の全体の確率は限りなく大きくなり，全体の確率が1であるという要請を満たすことができなくなります。そのため連続確率変数の場合は，特定の1点をとる確率はゼロとし，確率は区間に対して定義されます。これが離散確率変数と大きく異なる点です。離散確率変数では特定の1点をとる確率は確率関数であたえられていましたが，連続確率変数でも確率関数に相当するものを新たに定義する必要があります。それが以下で説明する確率密度関数です。

確率密度関数・累積分布関数

連続確率変数の場合，とりうる値は連続で，1点をとる確率はゼロであるということを前提に説明をはじめます。

例：とりうる値が連続でも，そのとりうる範囲あるいは区間をあらかじめ決めておいた方が説明が簡単になります。そこで以下では次の2つを仮定します。

(1) 閉区間 $[0,\ 1]$ を連続確率変数 X がとりうる範囲とします。

(2) X が同じ長さの区間に入る確率は同じとします。

(1) は $P(X<0)=0$, $P(1<X)=0$ ということを意味しています。とりうる範囲すべてに対する確率が $P(0\leq X\leq 1)=1$ となることは直感的にも

理解できます。

ここで長さ 0.5 の区間 [0, 0.5] に確率変数 X が入る確率 $P(0 \leq X \leq 0.5)$ を考えます。この確率と残りの区間に入る確率 $P(0.5 \leq X \leq 1)$ との合計は

$$P(0 \leq X \leq 0.5) + P(0.5 \leq X \leq 1) = 1$$

となっています。連続確率変数が 1 点をとる確率はゼロですから，

$$P(0.5 \leq X \leq 1) = P(0.5 < X \leq 1)$$

でもあります。今，2 つの区間 [0, 0.5] と [0.5, 1] は同じ長さですから，(2) より，$P(0 \leq X \leq 0.5) = 0.5$ となっていることがわかります。同じように考えると $P(0 \leq X \leq 0.1) = 0.1$ となります。

以上のことを一般的に書くと，$0 \leq c \leq 1$ である c に対して，(1) と (2) を前提とした場合の確率は

$$P(0 \leq X \leq c) = c$$

となっています。

特定の 1 点をとる確率がゼロでも，このように確率変数が入る範囲，区間でその確率を定めることができます。繰り返しますが，連続確率変数が 1 点をとる確率はゼロですから上の $P(\ )$ の括弧の中の不等号の等号部分はあってもなくても同じです。$P(0 \leq X \leq 1) = P(0 < X < 1)$ ということです。

分布関数

一般的に確率変数 X に対して関数 $F(x)$ を $F(x) = P(X \leq x)$ と定義します。すると確率変数 X が区間 $[a, b]$ に入る確率は

$$\begin{aligned} P(a \leq X \leq b) &= P(a < X \leq b) = P(X \leq b) - P(X \leq a) \\ &= F(b) - F(a) \qquad (5.1) \end{aligned}$$

と関数 $F(x)$ を使って表現できます。この関数 $F(x)$ は連続確率変数 X の累積分布関数あるいは単に分布関数とよばれています（以降，簡単に分布関数とよぶことにします）。離散確率変数のときに定義された分布関数 (4.3) は，階段状

にジャンプして増加しており，そのジャンプの大きさは定義 4.1 の確率関数がとる値の大きさに対応していました。一方，連続確率変数の分布関数はジャンプして増加するのではなく，連続的に増加していくものになっています（図 5.1 の右側，図 5.2 の下側を参照）。分布関数の性質を以下にまとめておきます。

分布関数の性質：これらは離散確率変数の分布関数にも共通するものです。

- $0 \leq F(x) \leq 1$
- $F(x)$ は単調非減少関数
- $\lim_{x \to \infty} F(x) = 1, \quad \lim_{x \to -\infty} F(x) = 0$

確率密度関数

分布関数 $F(x)$ を使うと確率変数がある特定の区間に入る確率をもとめることができました。ここではさらに離散確率変数のときの確率関数に相当するものとして分布関数の微小な増加分をあらわす確率密度関数

$$f(x) = \frac{d}{dx}F(x) = \lim_{dx \to 0} \frac{F(x + dx) - F(x)}{dx}$$

を定義します。これは分布関数を微分したもので，分布関数の微小な変化分をあらわします。分布関数は非減少関数なので，微小な増加分をあらわす $f(x)$ に関して，$f(x) \geq 0$ となっていることもわかります。また逆に分布関数は次のように

$$F(x) = \int_{-\infty}^{x} f(u)du$$

と確率密度関数を積分したものになっています（上の式の右辺では積分される関数 $f(x)$ の x と積分範囲の x を混同しないように $\int_{-\infty}^{x} f(x)dx$ とせずに $\int_{-\infty}^{x} f(u)du$ としています）。

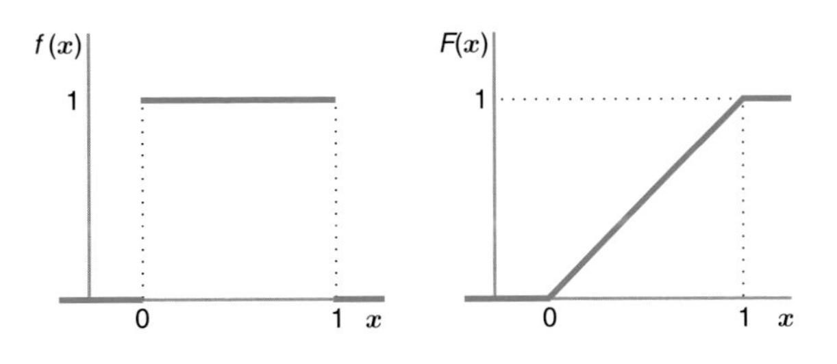

図 5.1　一様分布の確率密度関数（左）と分布関数（右）

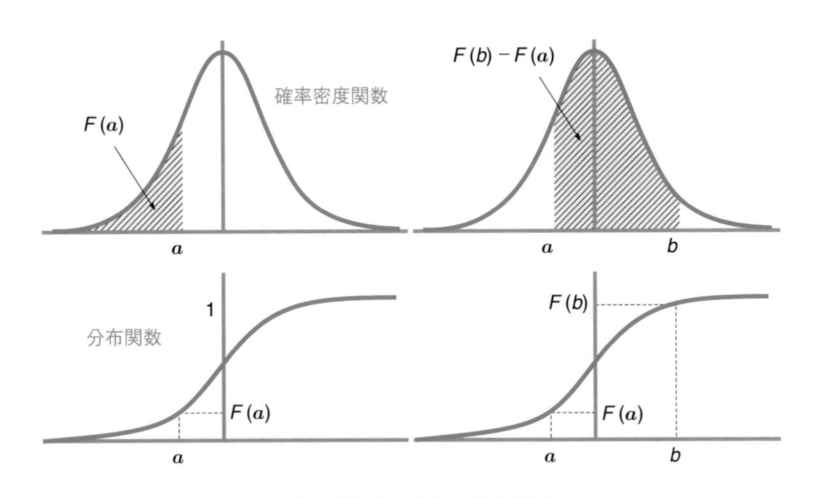

図 5.2　確率密度関数と分布関数

確率密度関数の性質

- すべての x に関して，$f(x) \geq 0$
- $\displaystyle\int_{-\infty}^{\infty} f(x)dx = 1$

2 番目の性質は，連続確率変数 X について $P(-\infty < X < \infty) = 1$ であることをあらわしています。

一様分布

本章のはじめの例にもどって分布関数と確率密度関数をみてみます。(1) より，$P(X < 0) = 0$，$P(1 < X) = 0$ であり，(2) より $P(X \leq x) = x$，$(0 < x \leq 1)$ ということがわかりますので，

$$F(x) = \begin{cases} 0, & x \leq 0 \\ x, & 0 < x \leq 1 \\ 1, & 1 < x \end{cases} \qquad f(x) = \begin{cases} 0, & x \leq 0 \\ 1, & 0 < x \leq 1 \\ 0, & 1 < x \end{cases} \tag{5.2}$$

となります。図 5.1 の左側のグラフが (5.2) で示した確率密度関数で右側が分布関数です。確率密度関数の形状からは，この確率変数が $[0, 1]$ 区間では一様に同じ確からしさをもっていることがわかります。(5.2) で示した確率密度関数，分布関数をもつ確率変数は区間 $[0, 1]$ 上の一様分布に従っているといわれます。

分布関数と確率密度関数の対応関係

分布関数 $F(x)$ は確率密度関数 $f(x)$ を積分したものです。この $f(x)$ は（マイナスの値をとらない）非負の関数です。非負の関数をある区間で積分するということは，その区間内での関数の下側の面積をもとめることと同じことなのです。図 5.2 の左側の上図は確率密度関数 $f(x)$ で，斜線をつけてある部分の面積が

$$\int_{-\infty}^{a} f(x)dx = F(a) = P(X \leq a) \tag{5.3}$$

と $F(a)$ になっていることをあらわしています。また右側の上図は確率密度関数を a から b までの範囲で積分したもの，すなわち区間 $[a,\ b]$ での確率密度関数の面積が

$$\begin{aligned}\int_{a}^{b} f(x)dx &= \int_{-\infty}^{b} f(x)dx - \int_{-\infty}^{a} f(x)dx = F(b) - F(a) \\ &= P(a < X \leq b)\end{aligned}$$

と $F(b)-F(a)$，そして $P(a<X\leq b)$ となっていることを示しています。

> ❖ まとめ 5.1　連続確率変数の確率
> 連続確率変数 X は特定の 1 点をとる確率はゼロです。すなわち $P(X=x)=0$ となっています。そこで確率を考えるには，区間に入る確率を考えます。たとえば $[a,b]$ に入る確率は，確率密度関数 $f(x)$ では区間 $[a,b]$ での面積，分布関数では $F(b)-F(a)$ でもとめることができます。確率密度関数自体は確率ではないのです。

期待値・分散

連続確率変数 X の期待値と分散は確率密度関数があたえられれば，次のように定義できます。

> **定義 5.1　連続確率変数の期待値と分散**
>
> 連続確率変数 X の確率密度関数を $f(x)$ とします。このとき確率変数 X の期待値と分散はそれぞれ
>
> $$\text{期待値}：E[X]=\int_{-\infty}^{\infty} x\, f(x)dx \tag{5.4}$$
>
> $$\text{分散}：V[X]=E[\,(X-\mu)^2\,]=\int_{-\infty}^{\infty}(x-\mu)^2\, f(x)dx \tag{5.5}$$
>
> と定義できます。ただし $\mu=E[X]$ とおいています。

$\sqrt{V[X]}$ は離散確率変数のときと同様に標準偏差とよばれます。連続確率変数の期待値に関しても離散確率変数の期待値の計算ルール (4.12)，(4.13)，(4.14)，(4.15) がそのまま成立します。これらは分散の計算ルールとともに章末にまとめてあります。

> **HELP5.1**　数学的な記述
> 分布関数の微分や確率密度関数の積分など数学的な記述が多くでて

きました。ここで数学的表現にまどわされてはいけません。目的は連続確率変数がある区間に入る確率をもとめることにあります。したがって (5.3) と図 5.2 の関係が理解できればよいのです。確率密度関数の面積が確率になることを説明するために積分や微分が出てきているだけなのです。

5.2 複数の連続確率変数

同時分布・周辺分布

複数の連続確率変数の同時分布関数は次のようにあたえられます。

定義 5.2 同時分布関数

連続確率変数 X と Y の同時分布関数はこれら 2 つの確率変数が $X \leq x$ であり，同時に $Y \leq y$ である確率として次の式で定義されます。

$$F_{X,Y}(x,y) = P(X \leq x,\ Y \leq y) \tag{5.6}$$

この同時分布関数が定義されると，同時確率密度関数は 1 変数の際に分布関数から確率密度関数を導いたように，次のように定義できます。

定義 5.3 同時確率密度関数

連続確率変数 X と Y の同時確率密度関数は，同時分布関数を $F_{X,Y}(x,y)$ とするとき，次の式で定義されます。

$$f_{X,Y}(x,y) = \frac{\partial^2}{\partial x \partial y} F_{X,Y}(x,y) \tag{5.7}$$

ここで $\partial^2/\partial x \partial y$ は関数を x と y について偏微分するという記号 (∂：ラウンド) です。簡単にいえば，x と y がわずかに変化したときの分布関数の変化分をあらわしています。また同時確率密度関数 $f_{X,Y}(x,y)$ を使った同時分布関数の定義は次のとおりです。

定義 5.4 同時分布関数

連続確率変数 X と Y の同時分布関数は，同時確率密度関数 $f_{X,Y}(x,y)$ があたえられると，次の式で定義されます。

$$F_{X,Y}(x,y) = \int_{-\infty}^{x} \int_{-\infty}^{y} f_{X,Y}(u,v) dv du \tag{5.8}$$

離散確率変数の場合に同時確率関数から周辺確率関数をもとめたように，連続確率変数 X，Y の同時確率密度関数から周辺確率密度関数をもとめることができます。

定義 5.5 周辺確率密度関数

連続確率変数 X，Y の同時確率密度関数を $f_{X,Y}(x,y)$ とします。このとき X の周辺確率密度関数は，次の式で定義されます。

$$f_X(x) = \int_{-\infty}^{\infty} f_{X,Y}(x,y) dy \tag{5.9}$$

一方，X の周辺分布関数は，確率変数 X についてのみ $X \leq x$ であり，Y については $-\infty < Y < \infty$，つまり確率は $P(X \leq x,\ -\infty < Y < \infty)$ となります。したがって周辺分布関数は同時密度関数 $f_{X,Y}(x,y)$ を使って

$$F_X(x) = \int_{-\infty}^{x} \int_{-\infty}^{\infty} f_{X,Y}(u,v) dv du \tag{5.10}$$

とあらわすことができます。さらに周辺確率密度関数を使えば以下のようになります。

$$F_X(x) = \int_{-\infty}^{x} f_X(u)du \tag{5.11}$$

○ 共分散・相関係数

連続確率変数 X, Y の同時確率密度関数を $f_{X,Y}(x,y)$ とします。このとき共分散は次の定義であたえられます。

定義 5.6 共分散

連続確率変数 X と Y の共分散は

$$\begin{aligned} Cov[X,Y] &= E[\ (X - E[X])(Y - E[Y])\ ] \\ &= \int_{-\infty}^{\infty}\int_{-\infty}^{\infty} (x - \mu_X)(y - \mu_Y)\ f_{X,Y}(x,y)dxdy \end{aligned} \tag{5.12}$$

と定義されます。ただし $\mu_X = E[X]$, $\mu_Y = E[Y]$ とします。

同様に相関係数の定義は次のとおりです。

定義 5.7 相関係数

連続確率変数 X と Y の相関係数は

$$\rho_{X,Y} = \frac{Cov[X,Y]}{\sqrt{V[X]}\ \sqrt{V[Y]}} \tag{5.13}$$

と定義されます。

○ 独立性・条件付き確率・条件付き期待値

連続確率変数 X と Y の同時確率密度関数を $f_{X,Y}(x,y)$, それぞれの周辺確率密度関数を $f_X(x)$ と $f_Y(y)$ としたとき，独立性，条件付き確率，条件付き期待値は次のように定義されます。

定義 5.8　独立性

連続確率変数 X と Y の同時確率密度関数がそれぞれの周辺確率密度関数の積でかけるとき，すなわち次のようにかけるとき

$$f_{X,Y}(x,y) = f_X(x) \times f_Y(y) \tag{5.14}$$

X と Y は互いに独立，あるいは独立に分布しているといわれます。

定義 5.9　条件付き確率・条件付き期待値

連続確率変数 X，Y の同時確率密度関数を $f_{X,Y}(x,y)$ とします。このとき条件 Y をあたえたときの X の条件付き確率密度関数は

$$f_X(x \mid y) = \frac{f_{X,Y}(x,y)}{f_Y(y)} \tag{5.15}$$

と定義されます。また条件付き期待値は

$$E[X \mid Y] = \int_{-\infty}^{\infty} x\, f_X(x \mid y) dx \tag{5.16}$$

となります。

2 つの連続確率変数 X と Y の独立性と関連して，これら 2 つの確率変数の積の期待値について，離散確率変数のときと同様に以下の式が成立します。

定理 5.1　2 つの確率変数の積の期待値

2 つの連続確率変数 X と Y が互いに独立であるとき，それらの積 XY の期待値は次のようにそれぞれの期待値の積に分解できます。

$$E[XY] = E[X] \times E[Y] \tag{5.17}$$

しかし逆に，この式が成立しても確率変数 X と Y は必ずしも独立であるとは限りません。

練習問題 4.3 からわかりますが，X と Y の共分散がゼロ（無相関）のときに，(5.17) は成立します。独立であれば無相関であることを思い出せば，定理 5.1 は理解できます.

5.3 ファイナンスでの応用例

連続確率変数についての一般的な説明はおしまいにして，ここでは連続確率変数の適用例としてよく使われるファイナンスの分野での投資収益率，リスク，ポートフォリオについて簡単に説明します。

投資収益率・リスク

株や不動産などその価値の変動が確定的でないものを記述するときにこの章で説明した連続確率変数の考え方が利用できます。たとえば現在の株価が100円の株式へ投資し，1カ月後に110円になっていればその株式への投資収益率は $(110-100)/100=0.1$ となります。この投資収益率は株式1円あたりの収益に相当します。将来の投資収益率は当然，現時点では確定していませんので不確実なものです。そこで確率変数の考え方を使って，この不確実な動きをあらわします。不確実ですが平均的に，あるいは期待できる投資収益率はその確率変数の期待値，すなわち期待収益率としてあらわすことができます。想定されない変化にともなって収益もあがりますが，損失も起こります。そのような不確実な変化はリスクとよばれています。そのリスクは平均からのばらつきの程度をあらわす分散で表現されます。また分散の正の平方根である標準偏差のことをファイナンスの業界ではボラティリティとよんでいます。

ある金融資産への投資収益率を X とすると，その資産の期待収益率は期待値 $E[X]$ で，ボラティリティは $\sqrt{V[X]}$ とあらわされます。

ポートフォリオ

金融資産への投資は必ずしも単独の資産へだけとは限りません。複数の資産へ分散投資することで，より高い収益率を目指したり，リスクを分散することを念頭に考えられたものが，複数の資産の組み合わせ，すなわちポートフォリオです。ここでは簡単に2つの資産 LL と HH への投資を考えましょう。資産 LL の収益率を X，資産 HH の収益率を Y というように，2つの連続確率変数としてあらわします。それぞれの期待収益率，ボラティリティについては

$$E[X] = \mu_X, \qquad \sqrt{V[X]} = \sqrt{\sigma_X^2} = \sigma_X \tag{5.18}$$

$$E[Y] = \mu_Y, \qquad \sqrt{V[Y]} = \sqrt{\sigma_Y^2} = \sigma_Y \tag{5.19}$$

とします。さらにこの2つの連続確率変数の関係をあらわす相関係数を ρ としておきます。

変動の大きな金融資産はリスクが高いといわれます。また収益率が大きいものはリターンが大きいといわれます。また金融資産はハイリスク・ハイリターンタイプとローリスク・ローリターンタイプの2つに大別することができます。たとえば，株式は格付けの高い社債などに比べ一般にリスクは高いですが，リターンも大きくなっています。一方，格付けが高い社債などの債券はリスクは低いですが，リターンも小さくなります。安全な資産は危険な資産より収益率は低いことになります。これを先に定義した記号で表現すると

$$\mu_X < \mu_Y, \qquad \sigma_X < \sigma_Y \tag{5.20}$$

となります。収益率 Y をもたらす資産 HH が資産 LL に比べて，ハイリスク・ハイリターンであることが表現されています。

それではこの2つの資産を組み合わせて投資を行ったときの収益率はどうなるのでしょうか。手持ちの資金の $(100 \times \alpha)\%$ を収益率が X となる資産 LL へ，残りの資金 $(100 \times (1 - \alpha))\%$ を収益率が Y となる資産 HH へ投資すると想定します。たとえば $\alpha = 0.2$ ならば収益率 X となる資産 LL に資金の 20% を投資することになります。この α は投資比率をあらわしています。

この2つの資産 LL と資産 HH の組み合わせをポートフォリオ M，その収益率を Z とすると以下のことが成り立っています。

$$Z = \alpha \times X \ + \ (1-\alpha) \times Y \tag{5.21}$$

この式の右辺の X も Y も確率変数ですから，それらの和で構成される Z も確率変数です。その確率変数としての性質は，ポートフォリオ M の期待収益率とボラティリティである，期待値 $E[Z]$ と標準偏差 $\sqrt{V[Z]}$ をみることでわかります。具体的に期待収益率は

$$\begin{aligned}\mu_Z = E[Z] &= E[\alpha \times X \ + \ (1-\alpha) \times Y] \\ &= \alpha\mu_X \ + \ (1-\alpha)\mu_Y \end{aligned} \tag{5.22}$$

となり，ボラティリティは

$$\sigma_Z = \sqrt{V[Z]} = \sqrt{\alpha^2\sigma_X^2 + 2\alpha(1-\alpha)\sigma_X\sigma_Y\rho + (1-\alpha)^2\sigma_Y^2} \tag{5.23}$$

となります(→**練習問題** 5.1)。

それぞれの資産の期待収益率 μ_X，μ_Y とボラティリティ（標準偏差）σ_X，σ_Y，さらにこの 2 つの資産の収益率の相関係数 ρ がわかると，あとは投資比率 α をいろいろと変えてみることでポートフォリオの期待収益率 μ_Z とボラティリティ σ_Z の関係を調べることができます。

たとえば，2 つの資産 LL と HH の収益率 X と Y について

	資産 LL	資産 HH
期待収益率	$\mu_X = 0.05$	$\mu_Y = 0.1$
標準偏差	$\sigma_X = 0.1$	$\sigma_Y = 0.2$

ということがわかっています。このとき次の例題をみてみましょう。

● 例題 5.1　投資収益率とリスク

この 2 つの資産の収益率 X と Y の相関係数を ρ とします。このときポートフォリオ M の期待収益率 μ_Z とボラティリティ σ_Z の関係を以下の設定で調べなさい。

(1) $\rho = -1$ のとき，投資比率 α を 0 から 1 まで変化させたときの μ_Z と σ_Z の関係

(2) 同様に $\rho = -0.5$ の場合

(3) 同様に $\rho = 0$ の場合

(4) 同様に $\rho = 1$ の場合

解答：(5.22) と (5.23) にわかっているものを代入すると

$$\mu_Z = 0.05\alpha \ + \ 0.1(1-\alpha)$$

$$\sigma_Z = \sqrt{0.01\alpha^2 + 0.04\alpha(1-\alpha)\rho + 0.04(1-\alpha)^2}$$

となります。(1) の場合は $\rho = -1.0$ ですから α を変化させた場合は次の表のようになります。

α	0.0	0.1	0.2	0.3	0.4	0.5	0.6	0.7	0.8	0.9	1.0
μ_Z	0.1	0.095	0.09	0.085	0.08	0.075	0.07	0.065	0.06	0.055	0.05
σ_Z	0.2	0.170	0.14	0.110	0.08	0.050	0.02	0.010	0.04	0.070	0.10

この μ_Z と σ_Z の関係をプロットしたものが図 5.3 です。(2) から (4) も同様にプロットしています。この図 5.3 から，相関係数の値によって，投資比率 α を変化させたときの期待収益率 μ_Z とボラティリティ σ_Z の関係にいろいろなパターンがあることがわかります。

たとえば $\rho = -0.5$ のとき，ローリスク・ローリターンの LL だけに投資する（$\mu_Z = 0.05$，$\sigma_Z = 0.1$）よりも，HH と組み合わせることで，LL よりも期待収益率が高く（縦軸で資産 LL よりも上に位置），よりボラティリティが小さい（横軸で資産 LL よりも左に位置）ポートフォリオが存在することがわかります。

実際には相関係数が -1 や 1 になるような資産をみつけることは難しいですが，一般論として不確実な動きをしている投資対象でも，反対の動きを示すような資産と組み合わせることでリスクを軽減し，期待収益率を大きくすることができるのです。どのような組み合わせが最適なのかはファイナンスの分野で詳細な議論がありますので，ここでは取り扱いません。

この例題では各資産の期待収益率，ボラティリティ，そして相関係数は既知として取り扱われていますが，実際はデータからこれらをもとめてポートフォリオの性質をみることになります。

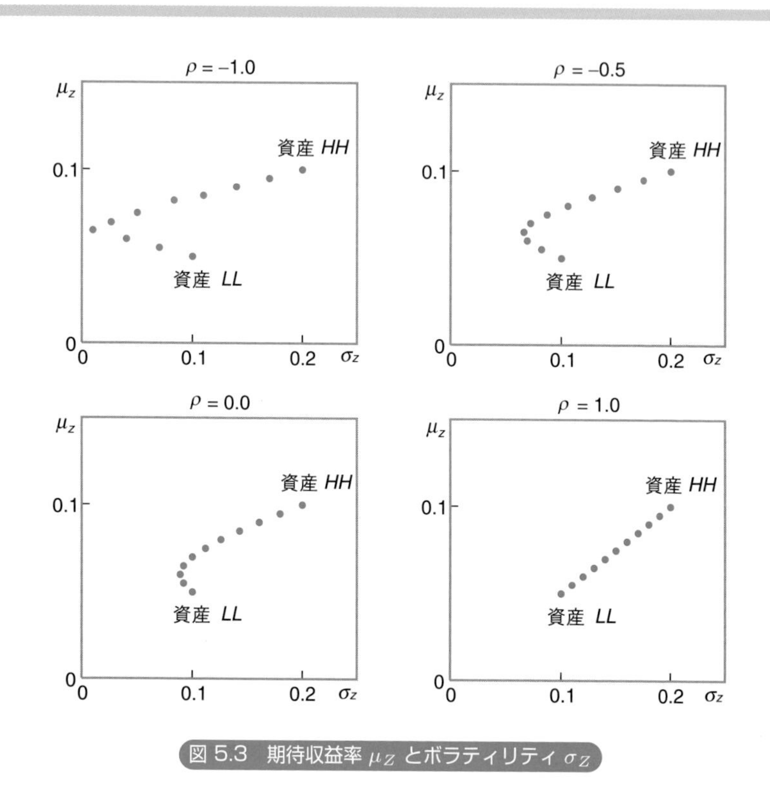

図 5.3　期待収益率 μ_Z とボラティリティ σ_Z

5.4　代表的な連続確率変数

▢ 正 規 分 布

連続確率変数でもっとも利用される重要な分布である正規分布（Normal distribution）に関して説明します。

正規分布に従う確率変数は，平均 μ と分散 σ^2 を母数（パラメータ）にも

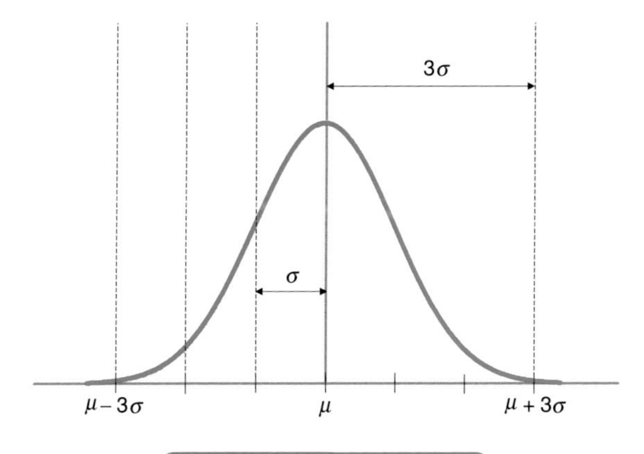

図 5.4　正規分布の確率密度関数

つ確率密度関数によってその性質が規定されます。

定義 5.10　正規分布の確率密度関数

平均 μ と分散 σ^2 の正規分布に従う確率変数 X の確率密度関数は

$$f_X(x) = \frac{1}{\sqrt{2\pi\sigma^2}} e^{-\frac{(x-\mu)^2}{2\sigma^2}} \tag{5.24}$$

であたえられます。また確率変数 X が平均 μ と分散 σ^2 の正規分布に従っていることを次のようにあらわします。

$$X \sim N(\mu,\ \sigma^2) \tag{5.25}$$

図 5.4 は平均 μ，分散 σ^2 の正規分布の確率密度関数です。平均 μ を中心に左右対称になっています。ちらばりをあらわす分散 σ^2 の平方根である標準偏差 σ に着目すると，平均を中心として $\mu - 3\sigma$ から $\mu + 3\sigma$ の区間で確率密度関数のほとんどをカバーしています。このことは平均 μ，分散 σ^2 の正規分布に従う確率変数が平均 μ を中心に $\pm 3\sigma$ の区間内の値で実現し，その区間から外側の範囲で実現することはめったにない，すなわち非常に小さい確率であることをあらわしています。

■POINT5.1　正規分布の密度関数■

正規分布の確率密度関数の形状は次のことを教えてくれます。

(1)　$N(\mu, \sigma^2)$ に従っている確率変数が実現する可能性がもっとも高いのは平均の周辺の値であること。

(2)　平均 μ からプラスやマイナスの方向に大きく離れた値をとる可能性は低いこと。

特に平均 $\mu = 0$，分散 $\sigma^2 = 1$ となっている正規分布を標準正規分布とよんでいます。そしてその確率密度関数と分布関数はそれぞれ

$$\phi(x) = \frac{1}{\sqrt{2\pi}} e^{-\frac{x^2}{2}} \tag{5.26}$$

$$\Phi(x) = P(X \leq x) = \int_{-\infty}^{x} \phi(u) du \tag{5.27}$$

となります（Φ，ϕ はファイ（大文字と小文字）と読みます）。

■POINT5.2　標準正規分布の密度関数と分布関数■

本書では今後，数多くの箇所で標準正規分布が登場します。そしてそこでは標準正規分布の確率密度関数を $\phi(x)$，分布関数を $\Phi(x)$ の記号であらわします。

$\phi(x)$ は横軸の値が x のときの確率密度をあらわしています。この確率密度は分布関数の点 x での微小な変化をあらわすだけで，確率ではありません。まとめ 5.1 にもあるように，連続確率変数の場合，確率は区間であらわします。実際には確率密度関数を $-\infty$ から x まで積分したもの（確率密度関数の対応する下側の面積）である分布関数 $\Phi(x)$ を使って確率をあらわします。$\phi(x)$ と $\Phi(x)$ の関係は図 5.5 に示してあります。

確率変数 X が標準正規分布に従っているとき X の分布関数 $P(X \leq x) = \Phi(x)$ には次の関係が成立しています。

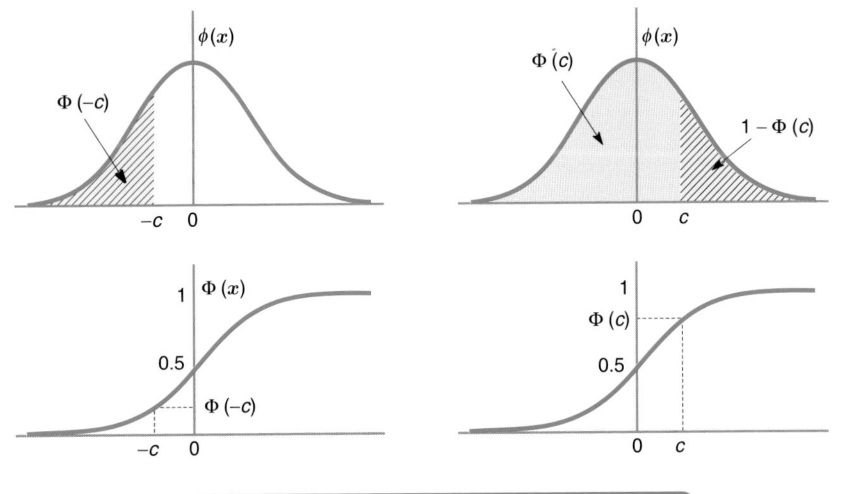

図 5.5　標準正規分布の確率密度関数 $\phi(x)$ と分布関数 $\Phi(x)$

$$P(X \le -c) = P(c \le X) \ \ \Leftrightarrow \ \ \Phi(-c) = 1 - \Phi(c) \qquad (5.28)$$

ただし $c > 0$ です。$-c$ ならば負の値です。両側矢印 (⇔) は矢印の両側の関係が同等であることをあらわしています。この関係式は $\Phi(c)$ の値がわかれば，$\Phi(-c)$ の値もわかるということをあらわしています。この関係も図 5.5 でみることができます。

線 形 変 換

正規分布には次の特徴があります。それは正規分布に従う確率変数を線形変換，あるいは一次変換したものも正規分布に従うという性質です。

$$X \sim N(\mu, \sigma^2) \ \Leftrightarrow \ aX + b \sim N(a\mu + b,\ a^2\sigma^2) \qquad (5.29)$$

さらに (5.29) で，$a = 1/\sigma$，$b = -\mu/\sigma$ とおくと，まとめ 5.2 にあるように正規分布 $N(\mu, \sigma^2)$ を $N(0, 1)$ に標準化する変換になります。

❖ まとめ 5.2　正規分布の標準化

平均 μ，分散 σ^2 の正規分布に従っている確率変数を，その平均 μ と標準偏差（$\sqrt{分散}$）である σ を使って標準化したものは標準正規分布に従います。

$$X \sim N(\mu, \sigma^2) \Leftrightarrow \frac{X-\mu}{\sigma} \sim N(0,1) \qquad (5.30)$$

正規分布での確率

そもそも私たちの関心は，為替レートが 1 ドル 100 円以下になる確率，新番組の視聴率が 20%をこえる確率というように，どのような値をとるかが不確実な対象が，どの程度の確からしさで特定の値以下になるとか，特定の範囲に入っているか，などにありました。そこで，以下では正規分布に従っている確率変数 X を例に考えます。

● 例題 5.2　正規分布での確率：その 1

$X \sim N(10, 4)$ であるとき，次の確率をもとめなさい。

(1)　確率変数 X が 10 以下である確率

(2)　確率変数 X が 14 以下である確率

(3)　確率変数 X が 8 以上，14 以下である確率

解答：(1)　$P(X \leq 10)$ をもとめるには，(5.24) で $\mu = 10$，$\sigma^2 = 4$ とおいた確率密度関数を $-\infty$ から 10 までの範囲で積分すればよいのです。しかしここではもっと簡単にもとめる方法があります。

確率密度関数の形状に注目します。正規分布は平均を中心に対称に分布しています。ここでは中心は 10 です。連続確率変数の確率は対応する部分の面積で考えますから，$P(X \leq 10)$ は確率密度関数の中心から左側の面積になっています。その部分は全体の半分です。全体の面積は 1 ですからその半分は 0.5 となります。よって $P(X \leq 10) = 0.5$ となります。

(2)　$P(X \leq 14)$ をもとめる場合は (1) のように確率密度関数の形状を思い描いても答えはわかりません。本来は確率密度関数 (5.24) を積分するしか

ないのですが，標準正規分布（平均 0，分散 1）の場合のみ，積分計算をして面積，すなわち確率 $\Phi(x)$ をもとめたものが表にしてあります。これは標準正規分布表とよばれるもので，大抵の統計学の本の巻末に掲載されています。もちろんこの本の巻末の付録にも掲載しています。また (5.28) という関係が成立しているので分布表では，図 5.5 の横軸が負の値に対応する部分は省略されています。

問題としているのは平均 10，分散 4 の正規分布で，標準正規分布ではありませんが，先に説明した正規分布の線形変換を使うと $(X-10)/2$ は標準正規分布に従います。その関係を利用して以下では $X \leq 14$ となる確率を考えます。

$$P(X \leq 14) = P\left(\frac{X-10}{2} \leq \frac{14-10}{2}\right) = P\left(\frac{X-10}{2} \leq 2\right)$$

上の式が意味していることは，$X \leq 14$ となる確率と $(X-10)/2 \leq 2$ となる確率が等しいということです。ここで $(X-10)/2$ は標準正規分布に従っているので，もとめる確率は標準正規分布に従っている確率変数が 2 以下になる確率になります。これは巻末の分布表より 0.9772 であることがわかります。

(3)　$P(8 \leq X \leq 14)$ を (2) と同じように標準正規分布に関する確率の表現に変換すると

$$\begin{aligned} P(8 \leq X \leq 14) &= P\left(\frac{8-10}{2} \leq \frac{X-10}{2} \leq \frac{14-10}{2}\right) \\ &= P\left(-1 \leq \frac{X-10}{2} \leq 2\right) = \Phi(2) - \Phi(-1) \end{aligned}$$

となります。上の式の最後の等号の部分は (5.1) の関係を使っています。さらに (5.28) より

$$\Phi(-1) = 1 - \Phi(1) = 1.0 - 0.8413 = 0.1587 \tag{5.31}$$

で，$P(8 \leq X \leq 14) = 0.9772 - 0.1587 = 0.8185$ となります。

正規分布における分位点

別のタイプの例題を考えます。先の例題は正規分布に従っている確率変数が特定の範囲に入る確率をもとめていました。ここでは，正規分布に従っている確率変数 X に対して，たとえば $P(X \leq c) = 0.1$ となる c をみつけることを考えます。すなわち先に確率が与えられたときに点の値 c をみつける問題です。この点は分位点，また確率をパーセントで表記している場合はパーセント点とよばれます。

●例題 5.3　正規分布での確率：その 2

$X \sim N(10, 4)$ であるとき，$P(X \leq a_{0.25}) = 0.25$，$P(X \leq a_{0.5}) = 0.50$，$P(X \leq a_{0.75}) = 0.75$ となる点 $a_{0.25}$，$a_{0.5}$，$a_{0.75}$ の値をもとめなさい。

解答：はじめに $P(X \leq a_{0.75}) = 0.75$ となる点をもとめます。前の例のように標準正規分布に関する確率の表現になおすと以下のようになります。

$$P(X \leq a_{0.75}) = P\left(\frac{X-10}{2} \leq \frac{a_{0.75}-10}{2}\right) = \Phi\left(\frac{a_{0.75}-10}{2}\right) = 0.75$$

標準正規分布表では，$\Phi(0.67) = 0.7486$ と $\Phi(0.68) = 0.7517$ となっていますが，$\Phi(c) = 0.75$ となる点 c はわかりません。このような場合は，$\Phi(0.67)$ と $\Phi(0.68)$ では 0.75 に近いのは $\Phi(0.67)$ の方なので 0.67 を採用します。したがってもとめる分位点は

$$\frac{a_{0.75}-10}{2} = 0.67 \quad \Leftrightarrow \quad a_{0.75} = 0.67 \times 2 + 10 = 11.34$$

になります。

$P(X \leq a_{0.5}) = 0.5$ に関しても同様に

$$P(X \leq a_{0.5}) = P\left(\frac{X-10}{2} \leq \frac{a_{0.5}-10}{2}\right) = \Phi\left(\frac{a_{0.5}-10}{2}\right) = 0.5$$

標準正規分布では $\Phi(0) = 0.5$ なので

$$\frac{a_{0.5}-10}{2} = 0 \quad \Leftrightarrow \quad a_{0.5} = 0 \times 2 + 10 = 10$$

となります。

最後の $a_{0.25}$ については多少の工夫が必要になります。$P(X \leq a_{0.25}) = 0.25$ ということは $\Phi(\frac{a_{0.25}-10}{2}) = 0.25$ ですが，巻末の標準正規分布表は 0.5 以上の確率にしか対応していません。そこで確率 0.25 をあたえる点を c とすると ($\Phi(c) = 0.25$)，その点と対称な点 $-c$ では $\Phi(-c) = 1 - \Phi(c) = 0.75$ となるので

$$\Phi\left(-\frac{a_{0.25}-10}{2}\right) = 1 - \Phi\left(\frac{a_{0.25}-10}{2}\right) = 1 - 0.25 = 0.75$$

より

$$-\frac{a_{0.25}-10}{2} = 0.67 \quad \Leftrightarrow \quad a_{0.25} = -0.67 \times 2 + 10 = 10 - 1.34 = 8.66$$

とわかります。

ここで計算したような 25% 点，50% 点，75% 点というパーセント点はそれぞれ第 1 四分位点，第 2 四分位点，第 3 四分位点とよばれているものです。

❖ まとめ 5.3　正規分布の確率計算

$X \sim N(\mu, \sigma^2)$ である場合，確率変数 X が区間 $[a, b]$ に入る確率は次のように標準化を行い，標準正規分布に対応する確率になおして考えます。

$$\begin{aligned} P(a \leq X \leq b) &= P\left(\frac{a-\mu}{\sigma} \leq \frac{X-\mu}{\sigma} \leq \frac{b-\mu}{\sigma}\right) \\ &= \Phi\left(\frac{b-\mu}{\sigma}\right) - \Phi\left(\frac{a-\mu}{\sigma}\right) \qquad (5.32) \end{aligned}$$

正規分布の確率の計算による例題を考えましょう。

●例題 5.4　為替リスク

大学生の A 君は，無事に米国からの留学を終えて帰国しました。出発時に友人から 10 万円を借りていましたが，米国滞在時に生活をやりくりしたおかげで，現在手元には 1000 ドル残っています。現在の為替レートは 1 ドル 105 円なので，そのまま円に換金すると 10 万 5 千円となり友人へお金を返すことは可能です（問題を簡単にするため手数料，利息はないことにします）。しかし A 君は為替レートの変動を考慮して，しばらく様子をみることにしま

した。為替レートが平均 105，分散 16 の正規分布に従っていると仮定できるとき，A 君が

(1) 友人へお金を返済できなくなる可能性はどの程度ですか。

(2) 為替レートが大きく変わると損失が生じるリスクがあります。その損失が生じる可能性を高々 5%と想定したとき，その損失はいくらと見積もれますか。

解答：(1) 為替レートの値を X とし，これが $N(105, 16)$ に従っていると仮定されています。友人から借りたお金は 10 万円ですから，1000 ドルを円に換金したとき 10 万円未満になる為替レートの範囲は $X < 100$ となります。よってもとめる確率は

$$P(X < 100) = P\left(\frac{X-105}{4} < \frac{100-105}{4}\right) = \Phi(-1.25) = 1 - \Phi(1.25)$$
$$= 1 - 0.8944 = 0.1056$$

となり，友人へお金を返済できなくなる可能性は 10%程度であることがわかります。

(2) (1) では為替レート X が 100 未満になる確率を求めましたが，ここでは $P(X \leq a) = 0.05$ を求めます。

$$0.05 = P(X \leq a) = P\left(\frac{X-105}{4} \leq \frac{a-105}{4}\right) = \Phi\left(\frac{a-105}{4}\right)$$

より $\dfrac{a-105}{4} = -1.645$

ここでは $\Phi(1.64) = 0.9495$，$\Phi(1.65) = 0.9505$ であることから，$\Phi(1.645) = 0.95$，そして $\Phi(-1.645) = 1 - 0.95 = 0.05$ と考えています。したがって $a = -1.645 \times 4 + 105 = 98.42$ から，為替レートは 1 ドル 98.42 からさらに円高になる可能性が高々 5%あります。手元の 1000 ドルの価値は 98420 円以下になる可能性があり，1580 円以上の損失が見込まれます。したがって，しばらく様子をみるならば，最低限 1580 円の予備的な預金をしておくことが（高々 5%で起きる可能性のある）リスクに対する一つの対処方法になります。

この例題のA君を企業，友人を債権者にすると企業が債務不履行になる問題も同じような考え方で，その可能性や程度を評価できることがわかると思います。このように確率を使ったリスク管理の手法は，金融機関だけでなくさまざまな企業で利用されています。

正規分布の再生性

正規分布に従っている確率変数の和や差も正規分布に従っていることがわかっています。たとえば確率変数 X_1 と X_2 がともに正規分布に従っているとき，$X_1 + X_2$ も正規分布に従っており，その平均は $E[X_1] + E[X_2]$，分散は $V[X_1] + V[X_2] + 2Cov[X_1, X_2]$ となります。もし X_1 と X_2 が互いに独立である場合は $Cov[X_1, X_2] = 0$ より，分散は $V[X_1] + V[X_2]$ となります（→まとめ5.6）。一般に，互いに独立に正規分布に従っている確率変数に関しては，以下の正規分布の再生性とよばれる性質が成り立ちます。

定理 5.2　正規分布の再生性

n 個の独立な確率変数 X_i，$(i = 1, \cdots, n)$ がそれぞれ $N(\mu_i,\ \sigma_i^2)$ に従っているとき，

$$\sum_{i=1}^{n} a_i X_i \sim N\left(\sum_{i=1}^{n} a_i \mu_i,\ \sum_{i=1}^{n} a_i^2 \sigma_i^2\right) \tag{5.33}$$

が成立しています。ただし a_i は定数とします。

この定理によれば確率変数 X と Y が互いに独立に正規分布に従っているとき，$X + Y$ だけでなく，$X - Y$ も正規分布に従うことがわかります。この正規分布に従う互いに独立な確率変数の和（差）も正規分布に従うという性質は第6章で出てくる正規母集団からの標本の標本平均の性質をみていくときに必要となるものです。詳しくは第6章で説明します。

●例題 5.5　正規分布の再生性

(1) 確率変数 X と Y が互いに独立に正規分布 $N(\mu_X,\ \sigma_X^2)$ と $N(\mu_Y,\ \sigma_Y^2)$ に従っているとき，$aX+bY$ はどんな分布に従っていますか。

(2) (1) と同じ設定で $aX-bY$ はどんな分布に従っていますか。

(3) 確率変数 X と Y が互いに独立に同じ分布 $N(\mu,\ \sigma^2)$ に従っているとき，$aX+bY$ はどんな分布に従っていますか。

(4) (3) と同じ設定で $aX-bY$ はどんな分布に従っていますか。

ただし，a と b は定数とします。

解答：定理 5.2 を使うと次のようになります。

(1) $aX+bY \sim N(a\mu_X+b\mu_Y,\ a^2\sigma_X^2+b^2\sigma_Y^2)$

(2) $aX-bY \sim N(a\mu_X-b\mu_Y,\ a^2\sigma_X^2+b^2\sigma_Y^2)$

(3) $aX+bY \sim N(\ \mu(a+b),\ \sigma^2(a^2+b^2)\ )$

(4) $aX-bY \sim N(\ \mu(a-b),\ \sigma^2(a^2+b^2)\ )$

□ カイ 2 乗分布

第 6 章以降に説明される推定や検定で，正規分布とならんで主要な役割を果たす確率分布の一つがカイ 2 乗分布です。このカイ 2 乗分布は χ^2 分布とも表記されます（χ：カイ）。

定義 5.11　カイ 2 乗分布（χ^2 分布）

正規分布 $N(\mu,\sigma^2)$ に従う互いに独立な n 個の確率変数 X_i，($i=1,\cdots,n$) を標準化したものの 2 乗和は自由度 n のカイ 2 乗分布に従う確率変数になります。

$$W=\sum_{i=1}^{n}\left(\frac{X_i-\mu}{\sigma}\right)^2 \sim \chi^2(n) \tag{5.34}$$

定義中にある自由度（degrees of freedom）については後ほど「自由度について」で説明します。カイ 2 乗分布の確率密度関数については形状のみを図

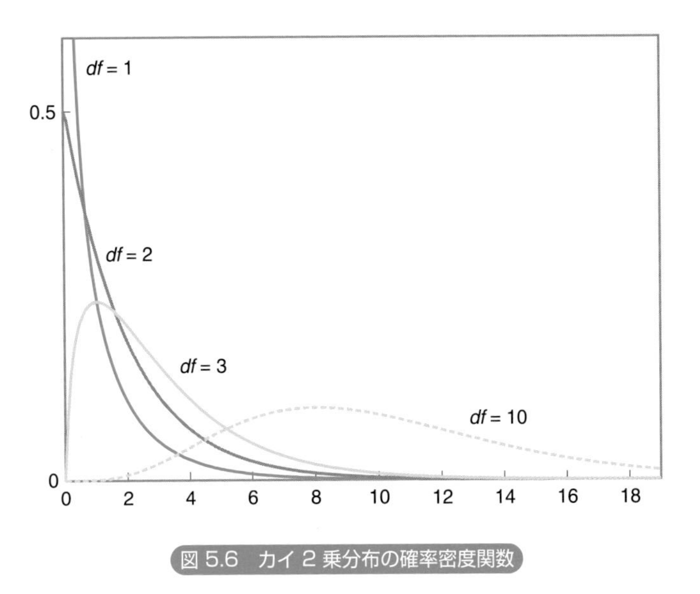

図 5.6 カイ 2 乗分布の確率密度関数

5.6 に示してあります。図中 df は自由度をあらわしています。自由度によって分布の形状が特徴づけられていることがわかります。期待値（平均）と分散は他の分布と同じように定義に従って計算することで得られますが，次の結果のみを知っていれば十分です。

カイ 2 乗分布の期待値と分散

自由度 n のカイ 2 乗分布に従う確率変数の期待値，分散はそれぞれ

$$期待値：n, \qquad 分散：2n \tag{5.35}$$

と分布の自由度とその 2 倍になっています。

図 5.6 や (5.35) の期待値と分散が示しているように，カイ 2 乗分布の分布を特徴づける母数，あるいはパラメータは自由度 n です。

第 8 章以降で説明する仮説検定では，このカイ 2 乗分布を使うものが登場してきます。したがって応用例は第 8 章以降でみていくことにします。

□ t 分 布

ここで説明する t 分布も先の正規分布，カイ２乗分布とならんで重要な分布です。この t 分布に従う確率変数は，標準正規分布とカイ２乗分布に従う２つの確率変数にもとづいて定義されます。

定義 5.12　t 分 布

標準正規分布 $N(0,1)$ に従う確率変数 Z と互いに独立に分布している自由度 n のカイ２乗分布に従う確率変数 W による以下の比は自由度 n の t 分布に従う確率変数です。

$$t = \frac{Z}{\sqrt{\frac{W}{n}}} \sim t(n) \tag{5.36}$$

確率密度関数自体は重要ではないので省略します。図 5.7 は自由度１の t 分布と標準正規分布の密度関数 $\phi(x)$ です。標準正規分布の $\phi(x)$ とよく似た形状で，０を中心に左右に対称に分布していますが，分布の両裾の部分が標準正規分布の $\phi(x)$ よりも厚くなっています。t 分布に従う確率変数は標準正規分布に従う確率変数よりも，よりばらつく確率が高いことを示しています。

t 分布の期待値と分散

t 分布に従う確率変数は自由度によっては期待値や分散が存在しない（定義どおりに積分を計算すると無限大になる）場合があります。

自由度 n	1	2	$3 \leq n$
期待値	×	0	0
分　散	×	×	$\frac{n}{n-2}$

表中の×は期待値あるいは分散が存在しないことをあらわしています。自由度が１のときは，ばらつきが大きくて期待値は無限大になります。しかし

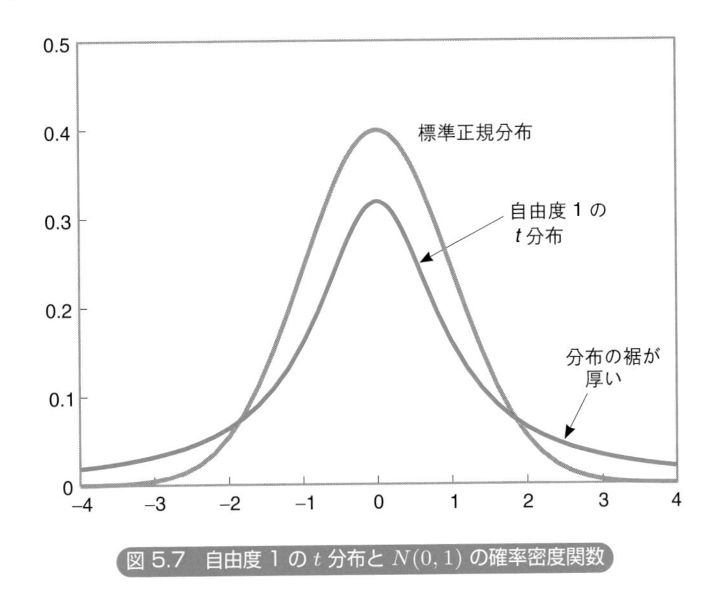

図 5.7　自由度 1 の t 分布と $N(0,1)$ の確率密度関数

期待値が存在していなくても，中心（中央値）が0であることにはかわりありません。

t 分布の特徴

t 分布の特徴をまとめておきます。

- 確率密度関数の形状は標準正規分布と似ている（0が中心で左右対称）。
- 標準正規分布に従う確率変数よりもちらばりが大きい（分布の裾が厚い）。
- 自由度が大きくなると標準正規分布で近似できる。
- 自由度1の t 分布には平均，分散が存在しない。

▢ 指数分布

指数分布は窓口で待たされる時間（待ち時間）や製品の寿命，また事象の発生間隔などを分析対象にする場合に利用されることが多い分布です。

たとえば，銀行の窓口で待たされる時間について考えることにしましょう。待ち時間が長いか短いか，どちらの確率が大きいかを考えると，常に混雑しているのでなければ，普通は待ち時間が長いという確率は低いと考えられます。10 分間待つ確率より，30 分間待つ確率の方が低く，1 時間待つ確率はさらに低いと想定できます。この（非負の値である）待ち時間については，実際に窓口で待たなければどれくらいになるかはわかりませんし，客が来店する時間間隔も窓口に立って調べてみなければわかりません。しかし実験や過去のデータから，経験的に待ち時間や到着時間間隔の分布は指数分布で近似的に記述できることが知られています。図 5.8 は指数分布の確率密度関数を描いたものです。横軸を待ち時間と考えたとき，この図が自分が窓口で待たされる可能性を示している図と考えるのです。図 5.8 は母数（パラメータ）λ の値が 2.0，1.0，0.5 のときの指数分布の確率密度関数です。この指数分布の確率密度関数は次であたえられます。

定義 5.13　指数分布の確率密度関数

母数 $\lambda > 0$ をもつ指数分布に従う非負の連続確率変数 X の確率密度関数は次のとおりです。

$$f_X(x) = \lambda e^{-\lambda x}, \quad x \geq 0 \tag{5.37}$$

指数分布の期待値・分散

母数 λ をもつ指数分布に従う非負の連続確率変数 X の期待値と分散は次のとおりです。

$$E[X] = \frac{1}{\lambda}, \quad V[X] = \frac{1}{\lambda^2} \tag{5.38}$$

λ の逆数である $E[X]$ は平均待ち時間，平均時間間隔をあらわしています。指数分布の分布関数は

$$F(x) = P(X \leq x) = \int_0^x \lambda e^{-\lambda u} du = 1 - e^{-\lambda x}, \quad x \geq 0 \tag{5.39}$$

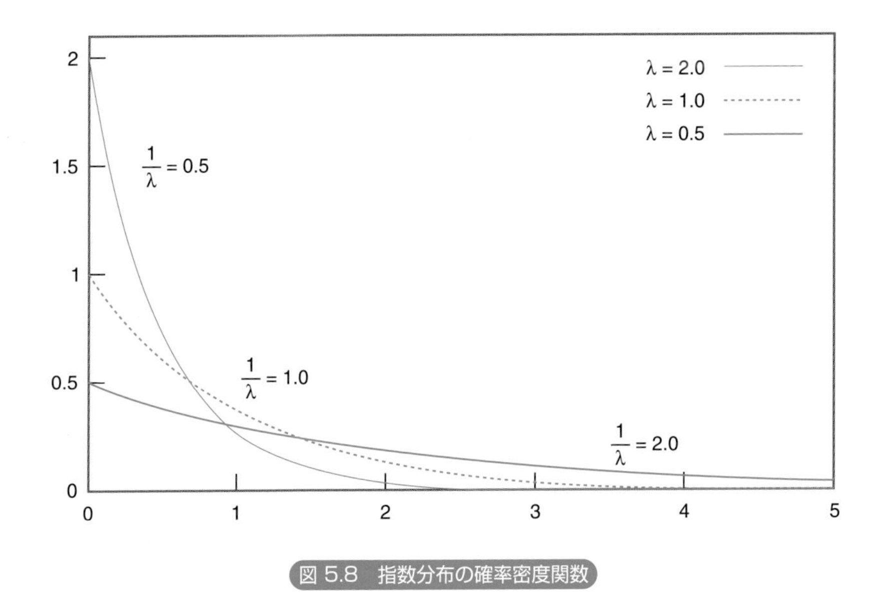

図 5.8　指数分布の確率密度関数

となっています。待ち時間を X とすれば，この分布関数は待ち時間が x 以下である確率をあらわしています。また $P(x < X) = 1 - P(X \leq x) = e^{-\lambda x}$ は待ち時間が x より長い確率をあらわしています。

●例題 5.6　旅行代理店で

A 君は会社の昼休みを利用して，今度の休みの旅行のために旅行代理店に行くことにしました。昼休みは 1 時間しかありませんが，旅行代理店は A 君の職場のとなりにあるので往復の時間は 5 分あれば大丈夫です。また，その旅行代理店での平均待ち時間は 0.2 時間ということがわかっています。それでは A 君が昼休みの時間内に旅行の手続きを終えて会社にもどってこれる確率はいくらですか。ただし問題を簡単にするため A 君の手続きにかかる時間は 10 分だとわかっていると仮定します。

解答：平均待ち時間がわかっているので $1/\lambda = 0.2$ より，$\lambda = 5$ となります。

手続きにかかる時間と往復にかかる時間を除くと，昼休みの時間内に手続きを終えるには残り時間は 45 分（0.75=時間）となります。したがってもとめる確率は次のとおりです。

$$P(X \leq 0.75) = 1 - e^{-5\times 0.75} = 1.0 - 0.024 = 0.976$$

自由度について

カイ 2 乗分布や t 分布のところで自由度（degrees of freedom）が出てきました。ここではこの自由度について直感的な説明をあたえます。

この自由度という概念は変数が自由に動き回れる空間の次元と関係しています。たとえば変数 x_1 と x_2 のペア (x_1, x_2) を考えます。それぞれは $-\infty$ から ∞ まで動き回れる変数です。図 5.9 にあるように，変数 x_1 と x_2 のとる値が自由に決められるなら，2 次元平面上のどこにでも点 (x_1, x_2) は位置することができます。このときは自由度は平面の次元の 2 となります。

自由度の減少

変数 x_1 と x_2 の間に $x_1 = x_2$ という関係式が成立している場合を考えましょう。このとき変数 x_1 の値を決めると自動的に x_2 も決まってしまいます。これをあらわしたものが図 5.10 の左側の図になります。2 次元平面上の直線 $x_1 = x_2$ の上にしか，変数 x_1 と x_2 のペアは位置できません。このことは変数間に成立している関係式 $x_1 = x_2$ が制約となって自由に動き回れる次元が 2 次元（平面）から 1 次元（直線）になったことをあらわしています。

図 5.10 の右側にはさらに $x_1 = -x_2$ という関係式が成立している場合をあらわしています。制約式として $x_1 = x_2$ と $x_1 = -x_2$ の 2 本が課せられたので変数 x_1 と x_2 のペアが位置できるのは点 (0,0) になっていることがわかります。これは自由に動き回れる次元が 2 次元から 2 つ下がって，0 次元（点）になっていることを意味します。一般には独立に（自由に）値をとるこ

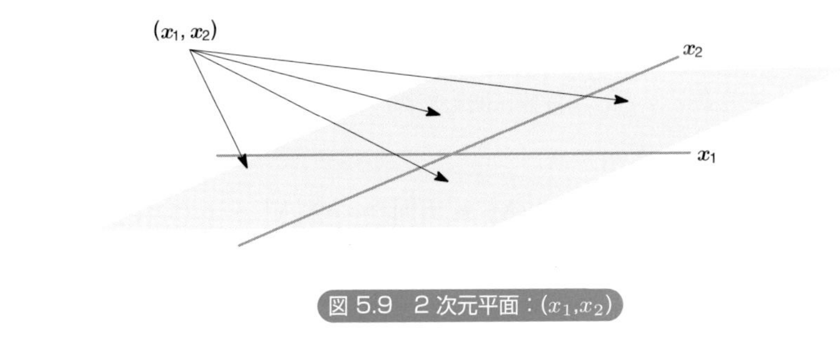

図 5.9　2 次元平面：(x_1, x_2)

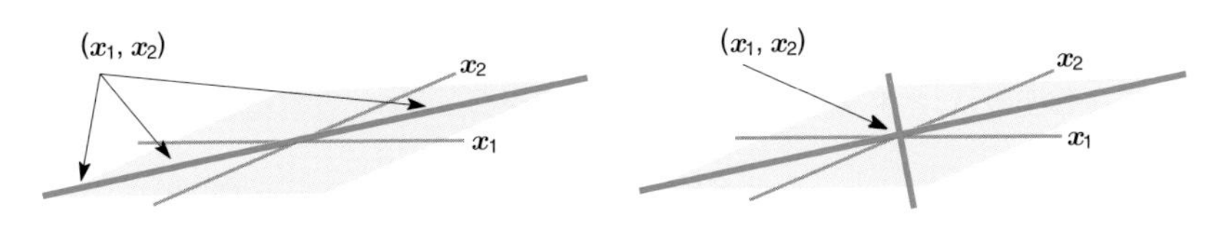

図 5.10　2 次元平面：制約式 1 本（左図）・2 本（右図）

とができる変数が x_1，x_2，$\cdots$，x_n と n 個あったときには自由度は n になります。そしてこれら n 個の変数間に関係式が成立していれば，その関係式の数だけ自由度が減少します。

5.5 数学補足

連続確率変数の期待値と分散に関する計算ルールをまとめておきます。ここで示される期待値に関する計算ルールは離散確率変数の場合と同じものになります。分散の計算ルールは離散確率変数の場合は示していませんでしたが，ここで示されるルールは離散確率変数の場合でも成立します。

期待値の計算ルール

❖ まとめ 5.4　期待値の計算ルール

$\boldsymbol{a}$ と $\boldsymbol{b}$ を定数とすると期待値に関して次の式が成立します。

$$E[a] = a \tag{5.40}$$

$$E[aX + b] = E[aX] + E[b] = aE[X] + b \tag{5.41}$$

連続確率変数 X と Y の和 $X+Y$ と積 XY の期待値に関しては次の式が成立します。

$$E[X+Y] = E[X] + E[Y] \tag{5.42}$$

確率変数 X と Y が独立に分布している場合，あるいは無相関の場合

$$E[XY] = E[X]\,E[Y] \tag{5.43}$$

(5.43) の等号は一般には成立しません。

証明：(5.40)：まとめ 4.1 の (4.12) の説明と同じです.

(5.41)：

$$\begin{aligned} E[aX+b] &= \int_{-\infty}^{\infty} (ax+b)\,f(x)\,dx = a\int_{-\infty}^{\infty} xf(x)\,dx + \int_{-\infty}^{\infty} bf(x)\,dx \\ &= a\,E[X] + b \end{aligned}$$

上の式の最後の等号では $\int_{-\infty}^{\infty} xf(x)dx = E[X]$, $\int_{-\infty}^{\infty} f(x)dx = 1$ を利用しています。

(5.42)：確率変数 X と Y の同時確率密度関数を $f(x,y)$，それぞれの周辺確率密度関数を $f(x)$，$f(y)$ とします。

$$\begin{aligned} E[X+Y] &= \int_{-\infty}^{\infty}\int_{-\infty}^{\infty} (x+y)\,f(x,y)\,dxdy \\ &= \int_{-\infty}^{\infty}\int_{-\infty}^{\infty} x\,f(x,y)\,dxdy + \int_{-\infty}^{\infty}\int_{-\infty}^{\infty} y\,f(x,y)\,dxdy \\ &= \int_{-\infty}^{\infty} x\,f(x)\,dx + \int_{-\infty}^{\infty} y\,f(y)\,dy \end{aligned}$$

$$= E[X] + E[Y]$$

(5.43)：練習問題とします(→**練習問題** 5.6)。

分散の計算ルール

❖ まとめ 5.5　分散の計算ルール 1

$\boldsymbol{a}$ と $\boldsymbol{b}$ を定数とすると分散に関して次の式が成立します。

$$V[a] = 0 \tag{5.44}$$

$$V[aX + b] = V[aX] = a^2V[X] \tag{5.45}$$

証明：(5.44)：定数 a について $E[a] = a$ なので，

$$V[a] = E[\,(a - E[a])^2\,] = E[0] = 0$$

(5.45)：練習問題とします(→**練習問題** 5.7)。

確率変数 X と Y の和 $X + Y$ の分散に関しては，X と Y が独立である場合と独立でない場合，あるいは無相関である場合と相関がある場合の区別が必要です。

❖ まとめ 5.6　分散の計算ルール 2

独立（あるいは無相関）な場合

$$V[X + Y] = V[X] + V[Y] \tag{5.46}$$

一般には

$$V[X + Y] = V[X] + V[Y] + 2Cov[X, Y] \tag{5.47}$$

証明：(5.46)，(5.47)：$\mu_X = E[X]$，$\mu_Y = E[Y]$ とおきます。$(X + Y) - E[X + Y] = (X - \mu_X) + (Y - \mu_Y)$ より，

$$((X+Y) - E[X+Y])^2 = (X-\mu_X)^2 + (Y-\mu_Y)^2$$
$$+2(X-\mu_X)(Y-\mu_Y)$$

となります。両辺の期待値をとると，左辺は $E[((X+Y) - E[X+Y])^2] = V[X+Y]$ となっています。右辺の各項の期待値をそれぞれもとめると，(5.47) の右辺が導かれます。

ここで確率変数 X と Y が独立（あるいは無相関）に分布しているなら

$$Cov[X,Y] = E[(X-\mu_X)(Y-\mu_Y)] = E[(X-\mu_X)] \times E[(Y-\mu_Y)] = 0$$

より (5.46) が成立していることがわかります。

練習問題

5.1　(5.23) を導出しなさい。

5.2　例題 5.1 での図 5.3 を作成しなさい。

5.3　$X \sim N(\mu, \sigma^2)$ のとき，$P(| X - \mu | < k\ \sigma)$ をもとめなさい。ただし $k = 1, 2, 3$ とします。

5.4　$X \sim N(30, 100)$ のとき，$P(20 < X < 50)$ をもとめなさい。

5.5　例題 5.4 と同じ設定で，A 君が為替変動により 1 万円以上，2 万円以下の利益をあげる可能性はどの程度かを調べなさい。

5.6　連続確率変数 X と Y が独立な場合，(5.43) が成立することを示しなさい。

5.7　(5.45) が成立することを示しなさい。

参考書

本章の中でファイナンスの例をとりあげています。ポートフォリオなどより詳しく知りたい人は以下の本を読むことを薦めます。

ファイナンス関連

- 小林孝雄，芹田敏夫『新・証券投資論 I 理論編』，日本経済新聞社，2009 年

また第 3 章からこの章までの内容をもう少し詳しく理解するには次の本を薦めます。

確率・統計をもう少し詳しく知るには

- 久保川達也，国友直人『統計学』東京大学出版会，2016 年

本書では取り扱っていない，積率母関数や特性関数など，より数学的な内容をもとめるならば，以下の本がよいでしょう。

数理統計学関連

- 久保川達也『現代数理統計学の基礎』共立出版，2017 年

第6章

標本調査・標本分布

調査対象である母集団のすべてを調査することは必ずしも可能ではありません。その際に威力を発揮するのが標本調査です。この章では母集団から抽出された標本を使い母集団の平均や分散がどのような値かを推測する方法について説明します。

◦ *KEY WORDS* ◦

母集団分布，標本分布，標本平均，標本分散，
大数の法則，正規近似，中心極限定理

6.1 比率・割合の調査

市場調査や支持政党調査，さらには視聴率調査など私たちはさまざまな比率，割合というものに興味をもっています。そして多くの場合，それらは全数調査ではなく，母集団から抽出された標本による調査になっています。以下ではこの比率や割合をもとめるための標本調査における標本がもつ意味について説明します。

母集団と標本

時間，費用の制約，さらに母集団そのものが仮想的な場合など，母集団のすべてのデータが利用できない状況は少なくありません。そのような場合，母集団から抽出された標本を使って母集団の性質を明らかにする試みが行われます。それが標本調査です。実際に次の例題をみてみましょう。

●例題 6.1　新商品の販売

ある玩具メーカーがペット型ロボットの新商品を売り出すにあたってどのくらいの需要があるかを事前に市場調査で判断し，そのうえで実際に販売をするかどうかを決定することにしました。母集団は国内の全世帯ということになりますが，費用がかかりすぎるので，全数調査，すなわち国内全世帯にその商品を購入するか，しないかを聞くことはできません。そこでランダム・サンプリング（無作為抽出）によって100世帯を選び出し，その商品が発売になったら購入するかどうかをアンケート調査することにしました。この例をもとに標本調査とはどのようなことをするのかを確認しなさい。

解答：その商品が発売になったら購入するという世帯の割合が，母集団において0.5であれば日本中の半分の世帯がそのペット型ロボットを購入する，ということになります。しかし実際にまだその商品が販売されていないので，その割合は当然のことながらわかりません。また全数調査もできませんのでこの割合が実際にどのような値なのかを知ることもできません。そこで標本調査によってその割合をもとめようとしているのです。

この未知の値である母集団での購入割合をここではpとしておきます。真のpの値はわかりません。また直接求める方法もない状況ですが，標本を使ってその未知の母集団のpを推測します。この母集団のpを標本を使ってもとめることを，pを推定するといいます。

たとえば調査の結果，100 世帯中 50 世帯が購入するとの回答を得たならば 50/100 より，母集団のpの値は 0.5 だと推測するのです。

いくつかの疑問

標本調査によって母集団の未知の値pを推定する場合に，次のような疑問がうかんできます。

(1) まず，国内全世帯から 100 世帯を選び出し母集団の未知の値pを推定します。次にもう一度，100 世帯を選びなおし推定を行います。そうすると母集団の未知の値pについての 2 つの異なった推定結果がえられる場合があります。どちらを信用すればよいのでしょうか。

(2) (1) のように結果にばらつきがあるとすれば，どのようにすれば結果のばらつきを減らすことができるでしょうか。

実は，上の疑問 (1) も (2) も母集団から抽出された標本が確率変数であると考えることによって答えが得られます。以下では標本を確率変数とみなすことができる理由を説明していきます。

標本として選ばれる確率

箱の中に 100 万個の球が入っています。そしてその中の 1%，すなわち 1 万個は赤球で，残り 99 万個は白球です。このとき

- その箱から 1 つの球を取り出したとき，その球が赤球である確率は箱の中の球の赤球の割合

$$\frac{10000}{1000000} = 0.01$$

となります。

- さらにもう1つ球を取り出したとき（はじめに取り出した球は箱にはもどしません），その球が赤球である確率は次のようになります。

$$\text{はじめに取り出した球が白球の場合} : \frac{10000}{999999}$$
$$\text{はじめに取り出した球が赤球の場合} : \frac{9999}{999999}$$

上の2つは厳密には0.01ではありませんが，それらはほぼ0.01に等しいといえます。

このように全体の数が100万個と多い場合は1つ取り出しても，2つ取り出しても，赤球を取り出す確率はほぼ同じと考えてもかまいません。全数調査をしない理由の一つに，全体の数が多い，ということがあります。ということは，すべてを調べることはできませんが，その中から標本を取り出すとき，上の例のように1つ1つを取り出す確率はほぼ同じと考えても良いのです。

母集団の中には p という割合で，この商品を買うと答える世帯があります。したがって，そのような世帯が標本として選び出される確率は近似的に p と考えることができます。

標本をどのように考えるか

調査では商品を購入するか，しないか，ということが聞かれます。この回答は数値ではありません。しかし知りたいことは購入割合という数値です。100世帯を調査して，購入するという世帯が10世帯なら購入割合は10/100=0.1と推定されるのですが，ここでは暗黙裡に次のような操作を行っています。

(1) 標本として選ばれた世帯を $X_1, X_2, \cdots, X_{100}$ とします。以降，母集団からの標本（$X_1, \cdots, X_n$）をサイズ n の標本とよびます。

(2) 商品を購入すると答えた世帯には1，そうでない答えをした世帯には0という数値を与えます。たとえば標本の1番目の世帯がその商品を購入すると答えたなら X_1 は 1 とします。そうすると標本の合計 $\sum_{i=1}^{100} X_i$ はサイズ 100 の標本中で，商品を購入すると答えた世帯数になります。

(3) したがって，標本の平均

$$\bar{X} = \frac{1}{100}\sum_{i=1}^{100} X_i$$

は標本中で商品を購入すると答えた世帯の割合になります。これが 10/100=0.1 となっているのです。この標本の平均は標本比率ともよばれます。

このことは一般に次のように表現できます。母集団の中で，商品を購入する世帯の割合を p とします。そして母集団からのサイズ n のランダム・サンプリングによる標本（無作為標本）を（$X_1, \cdots, X_n$）であらわします。この X_i は実際には 0 か 1 という値をとりますが，調査前にはどちらの値かは確定していません。ここで箱の中の赤球の割合が，赤球を取り出す確率になっていたことを思い出してください。そうすると，母集団の中には p という割合で，この商品を買うと答える世帯があるので，そのような世帯が標本として選び出される確率，そして同じことですが，X_i が 1 である確率は p と考えることができるのです。関係を整理すると下のようになっています。

$$X_i = \begin{cases} 0, & P(X_i = 0) = 1 - p \\ 1, & P(X_i = 1) = p \end{cases}$$

大事なことはこの p の値は未知だということです。

実はこの X_i は第 4 章 4.4 節「ベルヌーイ分布」で説明したベルヌーイ分布に従う確率変数であり，サイズ n の標本の中で商品を購入すると答えた世帯の合計 $\sum_{i=1}^{n} X_i$ は第 4 章 4.4 節「二項分布」で説明した二項分布に従う確率変数になっています。このように母集団から無作為に抽出された標本（$\boldsymbol{X_1}, \cdots, \boldsymbol{X_n}$）は確率変数と考えることができるのです。この確率変数の性質については，標本として選ばれたものどうしは独立で，その期待値と分散は

$$E[X_i] = 0 \times (1-p) + 1 \times p = p \quad (6.1)$$

$$\begin{aligned} V[X_i] &= E[X_i^2] - \{ E[X_i] \}^2 = 0^2 \times (1-p) + 1^2 \times p - p^2 \\ &= p(1-p) \end{aligned} \quad (6.2)$$

となっています。これはベルヌーイ分布に従う確率変数の期待値 (4.18)，分散 (4.19) と同じになっていることがわかります。

■POINT6.1　標本の性質■
母集団からのランダム・サンプリングによる標本は確率変数で，選ばれたものどうしは互いに独立です。

母集団の平均

母集団の未知の p は実は母集団の平均 になっています。以下ではこのことを説明します。

ここで考えている母集団は国内全世帯ですから，それ自身が確率的な性質をもっているわけではありません。その母集団からランダム・サンプリングによってえられた標本を確率変数と考えていたのです。ここでの母集団は確かに確率的な性質をもってはいないのですが，母集団が，標本を生み出す源泉であったことを思い出せば，確率変数である標本を生み出す源泉としての母集団が何らかの確率分布に従っているとみなすと標本との関係がわかりやすくなります。

母集団は確率的に 0 か 1 をとる変数で構成されていると考えます。その変数を標本と区別して，添え字のない X とします。この確率変数 X については

$$P(X=0) = 1-p, \qquad P(X=1) = p$$

ということがわかっています。すなわち標本 X_i と同じベルヌーイ分布に従っています。母集団 X から標本を取り出していますから，その確率的な特性を標本が受け継いでいるのは当然なことなのです。標本がその特性を受け継いでいるからこそ，標本を使って母集団のことを調べることができるのです。

母集団の性質として，確率変数 X の期待値と分散は標本 X_i と同じく

$$E[X]=p, \qquad V[X]=p(1-p)$$

となっています。

ここでわかったことは母集団の平均 $E[X]$ が，調べようとしていた p となっていることです。したがって，私たちはこの母集団の未知の平均 p を標本から推測する，すなわち推定することになるのです。

標本平均による推定

標本を使って母集団の未知の平均 p を推定する方法として代表的なものが標本平均による推定法です。

定義 6.1 標本平均

母集団 X からのランダム・サンプリングによるサイズ n の標本を（$X_1,\cdots,X_n$）とすると，標本平均は次のように定義されます。

$$標本平均：\ \bar{X}=\frac{1}{n}\sum_{i=1}^{n}X_i \qquad (6.3)$$

ここで推定するものは母集団の平均ですから直感的に理解しやすい方法は，標本平均とよばれる標本 X_i の算術平均を使う方法です。ただし X_i 自身はすでに説明したように確率変数であることをわすれてはいけません。

例題 6.1 で，未知の母集団の平均を p とし，ランダム・サンプリングによるサイズ 100 の標本を（$X_1,\cdots,X_{100}$）とすると，標本平均は

$$\bar{X}=\frac{1}{100}\sum_{i=1}^{100}X_i$$

となります。そしてこの標本平均 $\bar{X}$ は標本における購入世帯の割合，比率になっているので，標本比率とよばれていたのです。

この $\bar{X}$ は母集団の平均 p を推定したものですから，p の推定量とよばれます。p を推定したことが明示的にわかるように，推定された p の上に ^（ハッ

ト）という記号をつけて，$\hat{p}$ と表記します。

標本 X_i 自体がまだ実現していない確率変数ですから，この p の推定量 $\hat{p}$ も確率変数です。推定量の最後の「量」という単語が $\hat{p}$ が確率変数であるということをあらわしています。確率変数である推定量の実現値のことは推定値とよび，最後の「値」で区別しています。

■POINT6.2　推定量と推定値■

推定量は確率変数，推定値はその実現値です。

標本平均（標本比率）の性質

たとえば，コインを投げるたびに，表が出たり，裏が出たりします。実際に投げる前にはどちらが出るかはわかりません。しかしこれは決して無規則ではなく，ある確率的なルールに従っていると考えることができます。実際に100回コインを投げれば，表が出る回数は50に近い値になります。一方，第4章の定理4.1の二項確率変数の期待値でも説明したように，コインの表が出る回数は二項確率変数と考えることができ，100回コインを投げた場合，表が出る回数の期待値は50となります。実際には表が出る回数は50に近い値ですから，この確率変数による考え方が実際に起こった現象をうまくあらわしているといえます。

標本調査でも同じことで，選ばれた標本によって結果が変わります。ここでは100世帯を標本として選んでいますが，別の100世帯を選ぶと，標本だけでなく，標本を使って計算される標本平均も別の値となる可能性があります。このように実現する値がばらつく現象は，標本平均 $\bar{X}$，あるいは母集団の平均 p の推定量 $\hat{p}$ を確率変数と考えることで対処できるのです。以下では推定量 $\hat{p}$ の確率変数としての性質を調べていきます。これまで標本サイズは100としていましたが，ここでは一般的に n としておきます。

推定量 $\hat{p}$ の期待値は

$$E[\hat{p}] = E[\bar{X}] = E\left[\frac{1}{n}\sum_{i=1}^{n} X_i\right] = \frac{1}{n}E[X_1 + X_2 + \cdots + X_n]$$
$$= \frac{1}{n}\{\, E[X_1] + E[X_2] + \cdots + E[X_n]\,\} = p \qquad (6.4)$$

となります。最後の等号は (6.1) を使いました。ここでわかることは，推定量 $\hat{p}$ は平均的に未知の値の p を推測できている，簡単にいえば平均的にはあたっている，ということです。またこのように推定量の期待値が推定しているものと等しくなっている性質を不偏性といいます。

推定量 $\hat{p}$ の分散は次の式であたえられます。

$$V[\hat{p}] = V\left[\frac{1}{n}\sum_{i=1}^{n} X_i\right] = \frac{1}{n^2}V\left[\sum_{i=1}^{n} X_i\right] = \frac{p(1-p)}{n} \qquad (6.5)$$

上の式の最後の等号の部分はこの章の最後の補足で示しておきます。推定量 $\hat{p}$ は確定した値ではなく，確率変数としてばらついた値になります。このばらつきの大きさは，平均からのばらつきの程度をあらわす分散によってみることができます。推定量 $\hat{p}$ の平均（期待値）は真の値 p であることがわかっているので，分散が小さければ真の p からの $\hat{p}$ のばらつきは小さくなります。上の式をみると標本サイズ n が大きくなると，分散が小さくなることがわかります。実はこのことが「標本サイズが大きい調査のほうが小さい調査よりも正確」であるといわれる根拠になっているのです。

疑問に対する回答

ここで疑問 (1)，(2) に対する回答をまとめておきます。

(1) 標本を確率変数と考えることで，その標本を使って推定される母集団の未知の p の推定量 $\hat{p}$ も確率変数と考えられます。確率変数の実現値がばらつきをもってあらわれてくることは確率変数の性質としてありうることですから，2 つの異なった実現値のどちらを信用しても良いのです。ただあまりにも確率変数としてのばらつきが大きい場合，すなわち，2つの実現値がかけ離れている場合は，どちらも信用するには十分ではありません。そのような場合はばらつきを減らすことを考えなければなりません。

(2) 結果のばらつきを減らすには確率変数の分散を小さくする必要があります。(6.5) からわかるように選び出す標本のサイズ n を大きくすることで推定量 $\hat{p}$ の分散を小さくすることができます。

ここで示した性質は確率変数 $\sum_{i=1}^{n} X_i$ が二項分布に従っているという事実からも導くことができます。第4章の 4.4 節「二項分布」で説明したように成功確率が p である n 回のベルヌーイ試行での成功の回数 $\sum_{i=1}^{n} X_i$ は二項分布 $B(n,p)$ に従っています。定理 4.1 より $B(n,p)$ に従う確率変数の期待値と分散はそれぞれ np と $np(1-p)$ であることがわかっています。したがって

$$E[\bar{X}] = E\left[\frac{1}{n}\sum_{i=1}^{n} X_i\right] = \frac{1}{n}E\left[\sum_{i=1}^{n} X_i\right] = \frac{1}{n} \times np = p$$

$$V[\bar{X}] = V\left[\frac{1}{n}\sum_{i=1}^{n} X_i\right] = \frac{1}{n^2}V\left[\sum_{i=1}^{n} X_i\right] = \frac{np(1-p)}{n^2} = \frac{p(1-p)}{n}$$

となります。

標本平均による推定の例

これまで説明してきたように，母集団からのランダム・サンプリングによる標本は確率変数で，その標本を使ってもとめられた母集団の平均 p の推定量 $\hat{p}$ も確率変数で，それは期待値 p のまわりでばらついていることがわかりました。このことを例題 6.1 によって確認することにします。まず母集団よりランダム・サンプリングで標本を選び出します。設定は次のようなものを考えます。

ケース 1　ランダム・サンプリングによる標本サイズを 10 世帯とした調査を行い，その標本を $(X_1, X_2, \cdots, X_{10})$ とし，購入割合（母集団の平均）p の推定量 $\hat{p}$ を標本平均 $\bar{X} = \frac{1}{10}\sum_{i=1}^{10} X_i$ とします。

ケース 2　ケース 1 での標本サイズを 100 世帯に変更して調査を行います。

ケース 1，2 ともに調査を 1000 回行います。各回ごとにランダム・サンプリングを行いますから，実際に選び出される標本は異なっている可能性があります。その標本の実現値とそれらから計算される標本平均の実現値を小文字 x を使って次のようにあらわします。

$$
\begin{array}{lccc}
\text{ケース 1} & \{ x_1^{(1)}, x_2^{(1)}, \cdots, x_{10}^{(1)} \} & \to & \bar{x}^{(1)} \\
& \{ x_1^{(2)}, x_2^{(2)}, \cdots, x_{10}^{(2)} \} & \to & \bar{x}^{(2)} \\
& \vdots & \vdots & \vdots \\
& \{ x_1^{(1000)}, x_2^{(1000)}, \cdots, x_{10}^{(1000)} \} & \to & \bar{x}^{(1000)}
\end{array}
$$

上付き添え字 $^{(1)}$，$^{(2)}$ などは第 1 回目，第 2 回目の調査と，何回目の調査かをあらわしています。実際のデータは成功確率 $p = 0.5$ としたベルヌーイ分布に従う乱数をコンピュータに発生させて作成しています。

各回ごとに標本平均 $\bar{x}^{(i)}$，$(i = 1, \cdots, 1000)$ を計算します。この $\bar{x}^{(i)}$ は母集団の平均 p の推定量 $\hat{p}$ の 1000 個の実現値になっています。この推定量 $\hat{p}$ の実現値のばらつきをみるために $\bar{x}^{(i)}$，$(i = 1, \cdots, 1000)$ を使って作成したヒストグラムが図 6.1 です。左側がケース 1（標本サイズ 10）で右側がケース 2（標本サイズ 100）に対応します。どちらのヒストグラムも，$E[\hat{p}] = p = 0.5$

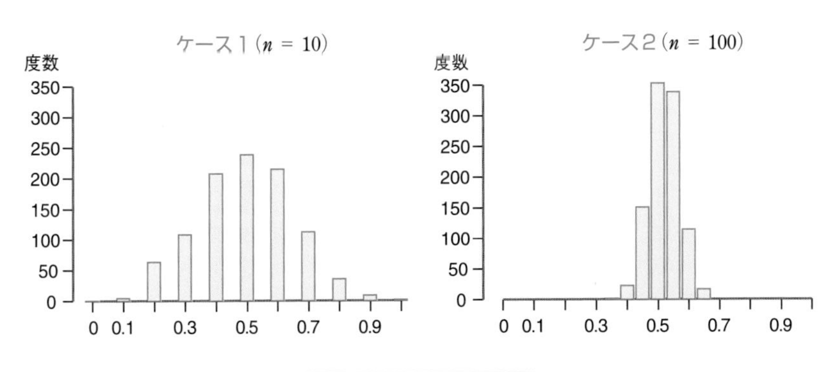

図 6.1 $\hat{p}$ の実現値の分布

のまわりにちらばっていることがわかります。また標本サイズを大きくしたケース2の方が期待値 $p = 0.5$ のまわりにばらつきが集中している（分散が小さくなっている）こともわかります。

比率・割合の標本平均による推定のまとめ

この節では母集団における比率や割合という未知の値を標本を使って推測する方法として，標本平均（標本比率）が利用できることを説明してきました。母集団がベルヌーイ分布に従っていると考えることでこの標本平均（標本比率）の統計的な性質は次のようにまとめることができます。すなわち，母集団 X の分布を $P(X=1)=p$，$P(X=0)=1-p$ のベルヌーイ分布（成功確率 p）とし，この母集団 X からランダム・サンプリングによるサイズ n の標本を（$X_1, \cdots, X_n$）とします。このとき母集団の未知の平均 p の推定量 $\hat{p}$ は次の標本平均（標本比率）によってあたえられます。

$$\hat{p} = \frac{1}{n}\sum_{i=1}^{n} X_i \tag{6.6}$$

❖ まとめ 6.1　標本平均（標本比率）の統計的性質 1

(6.6) であたえられる比率・割合 p の推定量 $\hat{p}$ の期待値と分散は

$$E[\hat{p}] = p \quad \text{（不偏性）} \tag{6.7}$$

$$V[\hat{p}] = \frac{p(1-p)}{n} \tag{6.8}$$

となります。

統 計 量

母集団からランダム・サンプリングによって抽出された標本は確率変数でした。この節では標本から標本平均（標本比率）をつくり，それを母集団の平均（成功確率）の推定量としました。一般に母集団の特性をあらわす特性値，代表値を推定するために標本からつくられるものを統計量とよびます。母集団の平均を推定するための標本平均（標本比率）も統計量の一種です。確率変数である標本から構成されているのでこの統計量も確率変数です。第4章や第5章でみたように確率変数は確率分布によって特徴づけられています。そこでこの標本からつくられる統計量の確率変数としての性質を特徴づけている分布のことを標本分布とよびます。次の節ではこの標本分布についてより一般的な説明を行います。

6.2 標本分布

例題 6.1 の母集団は国内世帯全体ですから，母集団が確率的な性質をもっているわけではありません。しかし前節でみたように，標本を生み出す母集団自身も，ある確率分布に従っていると考えることで，そこからの標本も同じ確率分布に従っていると想定でき，母集団と標本の関係が理解しやすくなります。

母集団分布

母集団の確率的な特性をあらわす確率分布を母集団分布といいます。前節ではベルヌーイ分布が想定されていましたが，ここでは一般に（分布の名前は特定しないで），母集団 X については期待値と分散をそれぞれ，$E[X] = \mu$, $V[X] = \sigma^2$ と仮定します。図 6.2 にあるように，この母集団からランダム・サンプリングによりサイズ n の標本（$X_1, \cdots, X_n$）を抽出します。このときこの X_i の期待値，分散は母集団と同じものになっています。

また第 5 章の 5.4 節で説明した正規分布を母集団分布に仮定する場合もあります。この場合，その母集団のことを正規母集団とよびます。

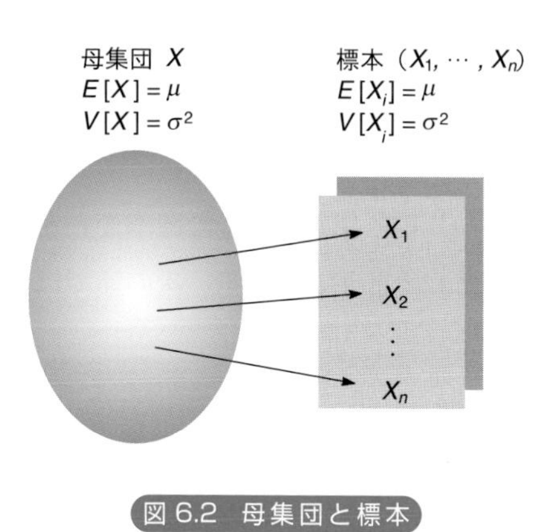

図 6.2 母集団と標本

母集団分布がどのようなものであれ，そこからランダム・サンプリングによって抽出された標本は，母集団の確率的な特性を受け継いでおり，標本として選ばれたものどうしは互いに独立になっています。

▢ 標本平均の標本分布

図 6.2 にあるように，母集団分布について期待値と分散をそれぞれ，$E[X]=\mu$，$V[X]=\sigma^2$ と仮定します。その母集団よりランダム・サンプリングによってサイズ n の標本（$X_1,\cdots,X_n$）を抽出します。このときの標本平均 $\bar{X}$ の性質をあらわしたものが定理 6.1 です。

定理 6.1 標本平均の平均・分散

母集団 X の平均（期待値），分散はそれぞれ $E[X]=\mu$，$V[X]=\sigma^2$ で，そこからのランダム・サンプリングによるサイズ n の標本を（$X_1,\cdots,X_n$）とします。このとき標本平均 $\bar{X}=\frac{1}{n}\sum_{i=1}^{n}X_i$ の平均と分散は次のようになります。

$$E[\bar{X}] = E\left[\frac{1}{n}\sum_{i=1}^{n} X_i\right] = \frac{1}{n}\sum_{i=1}^{n} E[X_i] = \mu \qquad (6.9)$$

$$V[\bar{X}] = V\left[\frac{1}{n}\sum_{i=1}^{n} X_i\right] = \frac{1}{n^2}\sum_{i=1}^{n} V[X_i] = \frac{1}{n}\sigma^2 \qquad (6.10)$$

ここで大事なことは標本平均の平均（期待値）は母集団の平均 μ に等しいことと，標本平均の分散は母集団の分散 σ^2 を n で割ったものになっていることです。まとめ 6.1 にあるように母集団の平均と分散がそれぞれ p，$p(1-p)$ の場合は定理 6.1 で $\mu = p$，$\sigma^2 = p(1-p)$ とおいた場合に対応しています。

■POINT6.3　標本平均の平均■

標本平均の平均，という表現にとまどうかもしれませんが，これは標本平均という呼び名の確率変数の平均（期待値）ということを意味しています。

大数の法則

定理 6.1 にあるように確率変数としての標本平均 $\bar{X}$ は，標本サイズの n を大きくしていくと，だんだんとそのちらばりである分散 $V[\bar{X}]$ が小さくなっていき，期待値 $E[\bar{X}]$ のまわりに集中するようになります。その様子は図 6.1 にもあるとおりです。では標本サイズをどんどん大きくしていき無限大にまで増加させると，どのようなことが起こるでしょうか。そのことを示したものが大数の法則とよばれるものです。

定理 6.2　大数の法則（law of large numbers）

平均（期待値），分散がそれぞれ $E[X] = \mu$，$V[X] = \sigma^2$ である母集団 X からのランダム・サンプリングによるサイズ n の標本を $(X_1, \cdots, X_n)$ とします。標本サイズ n を無限大にしたとき，標本平均 $\bar{X} = \frac{1}{n}\sum_{i=1}^{n} X_i$ が母集団の平均 μ から離れる確率はゼロになり

ます。すなわち任意の正数 ε（イプシロン）に対して

$$\lim_{n\to\infty} P(\,|\,\bar{X}-\mu\,|>\varepsilon\,)=0 \tag{6.11}$$

となります。

この定理は次の2つの事実から成り立っています。一つは，標本サイズが無限大になったとき，平均のまわりのちらばりである分散がゼロになるということです。

$$V[\bar{X}]=\frac{\sigma^2}{n} \;\;\rightarrow\;\; 0,\;\;(n\rightarrow\infty)$$

もう一つは，標本平均の期待値（平均）は母集団の平均 μ に等しいということです。

$$E[\bar{X}]=\mu$$

この2つの事実より，確率変数である標本平均 $\bar{X}$ は標本サイズ n が無限大になったとき，不確実さのあらわれであるばらつきがなくなり，1つの点 μ に確定することがわかります。

標本サイズが無限大になったとき，母集団の平均 μ の推定量である標本平均 $\bar{X}$ が μ に一致する性質のことを一致性とよびます。またこの関係を記号 $\xrightarrow{p}$ を使って

$$\bar{X} \;\;\xrightarrow{p}\;\; \mu,\;\;(n\rightarrow\infty)$$

とあらわし，推定量 $\bar{X}$ が μ に確率収束するといいます。

母集団の未知の平均を標本平均によって推定する根拠がこの大数の法則によってあたえられるのです。なぜなら標本サイズを大きくすることによって，未知の母集団の平均を確実に知ることができるようになるからです（一致性）。しかし実際に標本サイズを無限大にすることはできませんから，ある程度の不確実さは残ります。この不確実さは標本誤差とよばれます。この標本誤差については次章で説明します。そのような不確実さが残っていても，標本平均は平均的には未知の平均に等しい（不偏性）という性質をもってい

ますから，未知の値を推測する方法として望ましいといえるのです。

❖ まとめ 6.2　標本平均の統計的性質 2

母集団 X の平均を μ，分散を σ^2，この母集団 X からのランダム・サンプリングによるサイズ n の標本を（$X_1, \cdots, X_n$）とします。母集団の未知の平均 μ の標本平均 $\bar{X}$ による推定量は次の性質をもちます。

$$E[\bar{X}] = \mu \qquad \text{（不偏性）} \tag{6.12}$$

$$\bar{X} \xrightarrow{p} \mu, \ (n \to \infty) \qquad \text{（一致性）} \tag{6.13}$$

そして上の 2 つの性質は母集団の未知の平均を推定する方法として標本平均が望ましい理由にもなっています。

○ 正規近似

母集団の分布についてはそれがどのようなものかを実際に知ることはできません。母集団の比率を調べる際には母集団がベルヌーイ分布に従うと仮定しました。しかし一般には母集団が具体的にどのような確率分布に従っているかはわかりません。大数の法則では母集団の分布に関する情報は期待値と分散だけで，具体的な確率分布の名前までは必要ありませんでした。しかし例題 5.4 にあるような確率の計算をするにはその確率変数がどのような確率分布に従っているかを知る必要があります。

あらかじめ母集団の分布がどのような確率分布であるかがわからない状況でも，ある条件さえ満たせば標本平均を標準化したものの分布は標準正規分布で近似できることが知られています。そのことを主張する定理が次の中心極限定理です。

定理 6.3　中心極限定理（central limit theorem）

平均（期待値），分散がそれぞれ $E[X] = \mu$，$V[X] = \sigma^2$ である母集団 X からのランダム・サンプリングによるサイズ n の標本を

$(X_1, \cdots, X_n)$ とします。これらの標本平均 $\bar{X} = \frac{1}{n}\sum_{i=1}^{n} X_i$ を標準化したものの確率分布は，標本サイズ n を無限大にしたとき，標準正規分布 $N(0,1)$ によって近似できます。

$$\frac{\bar{X} - \mu}{\sqrt{\frac{\sigma^2}{n}}} \xrightarrow{d} N(0,1), \ (n \to \infty) \tag{6.14}$$

定理中の記号 $\xrightarrow{d}$ は矢印の左側の確率変数の分布が，標本サイズを大きくしていくと矢印の右側で示される確率分布に収束することをあらわしています。このことを分布収束といいます。

母集団が平均と分散をもってさえいれば，母集団の確率分布がどのようなものであっても，ここでの中心極限定理は成立します。ちなみに「母集団が平均と分散をもっていれば」と書きましたが，確率変数は常に平均（期待値）と分散をもっているとは限らないのです。定義どおりに期待値や分散を計算すると無限大になってしまう場合に期待値や分散をもっていないといいます。

二項分布の正規近似

まとめ 6.1 では母集団に成功確率 p のベルヌーイ分布を仮定し，そこからのサイズ n の標本による標本平均の性質を明らかにしました。このとき標本平均に n をかけた $\sum_{i=1}^{n} X_i$ は 4 章の 4.4 節「二項分布」で説明したように二項分布 $B(n,p)$ に従っているので，標本平均に関する確率は

$$P(\bar{X} \leq x) = P(n \times \bar{X} \leq nx) \tag{6.15}$$

となり，右辺の確率は二項分布 $B(n,p)$ に従う確率変数が nx 以下になるという関係から導くことができます。一方，ここでの設定のように母集団に成功確率 p のベルヌーイ分布を仮定している場合は，(6.7)，(6.8) にあるように標本平均 $\bar{X}$ に関して $E[\bar{X}] = p$，$V[\bar{X}] = p(1-p)/n$ ということがわかっていますので，中心極限定理より

$$\frac{\bar{X}-p}{\sqrt{\frac{p(1-p)}{n}}} \xrightarrow{d} N(0,1),\ (n \to \infty) \tag{6.16}$$

となります。正規分布に関しては (5.29) という性質がありますから，n が十分に大きければ，近似的に

$$\frac{\bar{X}-p}{\sqrt{\frac{p(1-p)}{n}}} \sim N(0,1) \quad \Leftrightarrow \quad n\times\bar{X} \sim N(np, np(1-p)) \tag{6.17}$$

が成立します(→**練習問題** 6.1)。整理をすると n が十分に大きいときには，

$$\sum_{i=1}^{n} X_i \sim B(n,p) \quad \Rightarrow \quad \sum_{i=1}^{n} X_i \sim N(np, np(1-p)) \tag{6.18}$$

より，二項分布 $B(n,p)$ に従う確率変数 $\sum_{i=1}^{n} X_i$ を正規分布 $N(np, np(1-p))$ で近似できることがわかります。片側矢印 ($\Rightarrow$) は矢印の左側が成立していれば，矢印の右側も成立しているということをあらわしています。

図 6.3 は標本サイズ n を 10，20，30 と変えたときの二項分布 $B(n, 0.3)$ の確率関数と $N(np, np(1-p))$，($n=30$，$p=0.3$) の確率密度関数です。標本サイズ n の増加とともに，二項分布の確率関数の形状が正規分布の密度関数の形状に近づいていることがわかります。

●例題 6.2　ランチメニュー

大学横にある洋食屋ではお昼のセットメニューとして，A セットと B セットを出しています。これまでの経験から客の注文は，A セット 6 割に対して B セットは 4 割ということが判明しています。店主は店を改装してランチタイムには 1 日 25 人の客に対応できるように計画しています。改装後に計画どおりに客が来るとして，

(1) A セットは 1 日平均いくら注文がありますか。

(2) A セットの注文が 12 以下である確率を二項分布を使った場合と正規近似の場合で求めなさい。

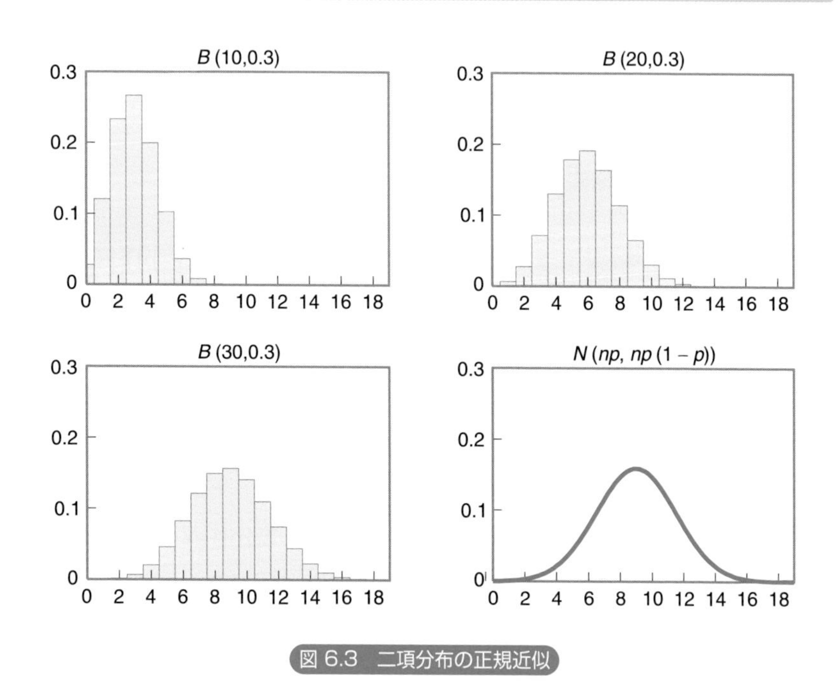

図 6.3　二項分布の正規近似

解答：(1)　客の選択は A セットか B セットなので，A セットを注文した場合 $X_i = 1$，B セットを注文した場合 $X_i = 0$ とします。過去の実績から $X_i = 1$ となる確率 p は 0.6 であることがわかっています。ランチタイムに来る客の数 n は 25 ですから，A セットの注文数を W という確率変数とすれば，

$$W = \sum_{i=1}^{25} X_i \quad \sim \quad B(25, 0.6)$$

となります。このとき確率変数 W の期待値は $np = 25 \times 0.6 = 15$ ですから，A セットは 1 日平均 15 の注文があることがわかります。

(2)　はじめに二項分布を利用した場合を考えます。確率変数 W は $B(25, 0.6)$ に従っていますから

$$P(W \leq 12) = P(W = 0) + P(W = 1) + \cdots + P(W = 12)$$

を二項分布の確率関数の定義 (4.20) に従って計算するか，付録にある二項確率変数の分布表を使うことによってもとめることができます。二項分布の確率関数の値をひとつひとつ計算するのは大変ですから，このような場合は分布表を使うことになります。

しかし付録の分布表には成功確率 p が 0.5 より大きい場合は掲載されていませんので工夫が必要です。ここでの例のように成功確率が 0.6 であれば，失敗する確率（B セットを注文する確率）は 0.4 になります。したがって，B セットの注文数を V とすれば求める確率は

$$P(W \leq 12) = P(V \geq 13) = 1 - P(V < 13) = 1 - P(V \leq 12)$$

となります。最後の等号は V が $B(25, 0.4)$ という離散確率変数なので $P(V < 13) = P(V \leq 12)$ という関係を使っています。付録の二項分布の確率分布表より，$P(V \leq 12) = 0.846$ となり，もとめる $P(W \leq 12)$ は 0.154 となります。

正規分布を利用した場合は，二項確率変数 W を $N(np, np(1-p))$ で近似します。具体的には $n = 25$，$p = 0.6$ より $N(15, 6)$ となります。確率変数 W が正規分布 $N(15, 6)$ に従っていると考えると，例題 5.2 と同様に正規分布での確率は次のようになります。

$$\begin{aligned} P(W \leq 12) &= P\left(\frac{W-15}{\sqrt{6}} \leq \frac{12-15}{\sqrt{6}}\right) = P\left(\frac{W-15}{\sqrt{6}} \leq -1.22\right) \\ &\simeq \Phi(-1.22) = 1 - \Phi(1.22) = 1 - 0.8888 = 0.1112 \end{aligned}$$

上の式で記号 $\simeq$ を使っていますが，これは近似的に等しいという意味です。結果をみると二項分布による確率 0.154 との差が大きく近似の精度がよくありません。W が離散的な値しかとらないにもかかわらず，連続確率変数である正規確率変数で近似をしたからです。

そこで正規分布による近似の際に $P(W \leq 12)$ ではなく，12 と 13 の中間の値を使い，$P(W \leq 12 + 0.5)$ という確率を考えます。このような近似の方

法を連続性補正といいます。この連続性補正を使うと，

$$P(W \leq 12+0.5) = P\left(\frac{W-15}{\sqrt{6}} \leq \frac{12.5-15}{\sqrt{6}}\right) \simeq \Phi(-1.02)$$
$$= 1-\Phi(1.02) = 1-0.8461 = 0.1539$$

となり近似の精度があがることがわかります。

■POINT6.4　母集団の確率分布■

母集団の本当の確率分布はわかりません。そこで実際には仮定するのです。たとえば標本のヒストグラムをみて山が1つで左右対称となっている場合は母集団は正規分布に従っていると仮定することが多いのです。一方，母集団の分布が正規分布とみなせない場合（左右対称でないなど）でも，標本平均を標準化したものの確率分布は標本サイズが大きい場合，中心極限定理が適用可能なら標準正規分布で近似できます。

▢ 標本分散の標本分布

これまで母集団の特性をあらわす平均を推定する方法について説明してきました。ここではもう1つの特性値である母集団の分散 σ^2 を推定する方法を説明します。母集団の平均の推定には標本平均が使われましたが，同様に母集団の分散の推定には次の標本分散を利用することができます。

定義 6.2　標本分散

母集団 X からのランダム・サンプリングによるサイズ n の標本を $(X_1, \cdots, X_n)$ とすると，標本分散は次のように定義されます。

$$\text{標本分散：} S^2 = \frac{1}{n-1}\sum_{i=1}^{n}(X_i - \bar{X})^2 \qquad (6.19)$$

第1章の定義 1.5 では2つの分散の定義式 (1.2) と (1.3) を与えていました。母集団のすべてのデータが利用できる場合は，(1.2) でもとめたものが母

集団の分散となるのですが，すべてが利用できない場合は母集団の分散はわかりません。そこで母集団からの標本を使って (1.3)，(6.19) によって推定することになります。ここでは (1.3)，(6.19) ではなぜ標本サイズの n で割らずに $n-1$ で割るかについて説明します。そのためにはこの標本分散の標本分布を調べる必要があります。定義 6.2 の標本分散も母集団の分散を推定するために確率変数である標本 X_i からつくられていますので統計量であり確率変数です。その確率変数としての性質を次に示します。

標本分散の期待値と分散

本章の最後の数学補足から標本分散 S^2 の期待値は

$$E[S^2] = \frac{1}{n-1}\,E\left[\sum_{i=1}^{n}(X_i - \bar{X})^2\right] = \frac{1}{n-1} \times (n-1)\sigma^2 = \sigma^2 \quad (6.20)$$

となり，母集団の分散 σ^2 と等しくなることがわかります。すなわち標本分散 S^2 は σ^2 の推定量として不偏性をもっているのです。

$\sum_{i=1}^{n}(X_i - \bar{X})^2$ を n で割ったものの期待値は $\sigma^2(n-1)/n$ となり，母集団の分散 σ^2 にはならないため不偏性をもちません。このことが n ではなく，$n-1$ で割り算をする理由なのです。ただし n が大きいときはそのちがいはわずかなものです。

標本分散の分散 $V[S^2]$ はさらに複雑な計算を必要としますが結果として

$$V[S^2] = \frac{\text{定数}}{n} \quad (6.21)$$

という形になります（分母は厳密には n ではありませんが，同じ程度の大きさのものを形式的に n としています）。大数の法則のところで説明したように確率変数 S^2 の平均のまわりでのばらつきである分散は，n を大きくしていくと小さくなっていきます。最終的には標本分散 S^2 の分散はゼロとなり，S^2 は $E[S^2]$，すなわち σ^2 に一致します（一致性）。

❖ まとめ 6.3　標本分散の統計的性質

母集団 X の平均を μ，分散を σ^2，この母集団 X からのランダム・サンプリングによるサイズ n の標本を $(X_1, \cdots, X_n)$ とします。母集団の未知の分散 σ^2 の標本分散 S^2 による推定量は次の性質をもちます。

$$E[S^2] = \sigma^2 \qquad \text{（不偏性）} \qquad (6.22)$$

$$S^2 \overset{p}{\to} \sigma^2, \ (n \to \infty) \qquad \text{（一致性）} \qquad (6.23)$$

そして上の 2 つの性質は母集団の未知の分散を推定する方法として標本分散が望ましい理由になっています。

本によっては標本サイズ n で割ったものを標本分散とよび，$n-1$ で割ったものを不偏分散とよぶものもありますが，本書では $n-1$ で割ったものを標本分散 S^2 としています。そしてこの標本分散は不偏分散でもあります。母集団が正規分布に従っている場合には標本分散について，さらに詳しいことがわかります。そのことについては次の節で説明します。

●例題 6.3　飲食店の収益

ある飲食チェーン店の店舗を任されて 4 カ月（120 日）たった店長の A さんは，本社から，次の 4 カ月（120 日）の日々の売上高の平均が 9 万円を下回ったら，店長から降格させるという通知を受け取りました。A さんが店長になってから 4 カ月間に営業した 120 日の日々の売上高 x_i，$(i = 1, \cdots, 120)$ の平均 $\bar{x}$，すなわち標本平均の実現値は 9.5 万円で，標本分散の実現値 s^2 は 4.83 でした。A さんは常に懸命に働いていますので次の 4 カ月間の結果も同じものになると思われます。このような状況で，A さんが店長から降格させられる可能性はどの程度ですか。

解答：日々の売上高は変動しており確定した値にはなっていません。そこで 1 日の売上高を確率変数と考えることにします。A さんが店長になってからの店の日々の売上高についての確率を計算するには日々の売上高がどのような確率分布に従っているかを判断する必要があります。もとめるもの

は $P(\bar{X} < 9)$ ですが，設問の情報からはどのような分布に従っているかはわかりません。母集団の分布はわかりませんが，母集団の平均と分散は存在していると仮定することにします。標本サイズが 120 と大きいので，定理 6.3 の中心極限定理を次の 4 カ月間の日々の売上高の平均 $\bar{X}$ を標準化したものに適用すると，その分布は標準正規分布で近似できます。

$$\frac{\bar{X}-\mu}{\sqrt{\frac{\sigma^2}{n}}} \xrightarrow{d} N(0,1),\ (n \to \infty) \tag{6.24}$$

ただし母集団の平均 μ，分散 σ^2 は未知の値ですから，それぞれを A さんが店長になってからの 4 カ月間の標本平均と標本分散の実現値 9.5 と 4.83 でおきかえ，例題 5.2 のように確率を計算すると，$P(\bar{X} < 9)$ は

$$P(\bar{X} < 9) = P\left(\frac{\bar{X}-9.5}{\sqrt{\frac{4.83}{120}}} < \frac{9-9.5}{\sqrt{\frac{4.83}{120}}}\right) = P\left(\frac{\bar{X}-9.5}{0.201} < -2.49\right)$$
$$\simeq \Phi(-2.49) = 1-\Phi(2.49) = 1-0.9936 = 0.0064$$

となり，懸命に働いている A さんが降格させられる確率は 0.0064 と，ほとんどないことがわかります。

6.3 正規母集団からの標本分布

○ 正規母集団における標本平均

母集団の分布が平均 μ，分散 σ^2 の正規分布に従っていると仮定できる場合を考えます。

この母集団から抽出された標本は平均 μ，分散 σ^2 の確率変数になっています。定理 6.1 からは，標本平均の平均と分散がわかります。さらにここで

は母集団の分布が正規分布ですから，標本の分布も正規分布です。また第5章で説明した正規分布の再生性（定理5.2）より標本平均も正規分布に従っていることがわかります。これらの関係を定理としてまとめておきます。

定理 6.4　正規母集団からの標本と標本平均

	母集団	標　本	標本平均
	X	$(X_1, \cdots, X_n)$	$\bar{X} = \frac{1}{n}\sum_{i=1}^{n} X_i$
分布名	正規分布	正規分布	正規分布
期待値	μ	μ	μ
分　散	σ^2	σ^2	$\frac{\sigma^2}{n}$

次に正規母集団からの標本を使った例を考えてみましょう。

●例題 6.4　例題 6.3 の続き

例題 6.3 では，A さんの店の日々の売上高がどのような確率分布に従っているかはわかりませんでした。ここでは A さんが店長になってから営業した 4 カ月間（120 日間）の日々の売上高の相対度数が図 6.4 のヒストグラムで示してあります。この 120 日の日々の売上高 x_i，$(i = 1, \cdots, 120)$ から計算した標本平均と標本分散の実現値は以前と同様に 9.5 と 4.83 でした。
本社では平均売上高ではなく，日々の売上高をみて各店舗の店長の業績を判断することにしました。A さんが店長をしている店舗で，日々の売上高が 9 万円を下回る可能性はどの程度ですか。

解答：はじめに A さんが店長になってからの店の 1 日の売上高がどのような分布に従っているかを判断する必要があります。実際はどのような分布をしているかはわかりませんが，図 6.4 の相対度数の形状と実線で表示されている正規分布の密度関数の形状をみると，その形状が似ているので，A さんが店長をしている店舗の 1 日の売上高という確率変数 X は正規分布 $(X \sim N(9.5, 4.83))$ をしていると仮定することにします。母集団は A さんが店長をしている店舗の 1 日の売上高で，日々のデータはその母集団から抽出されている標本と考えます。さらに，日々の標本は互いに独立と考えるこ

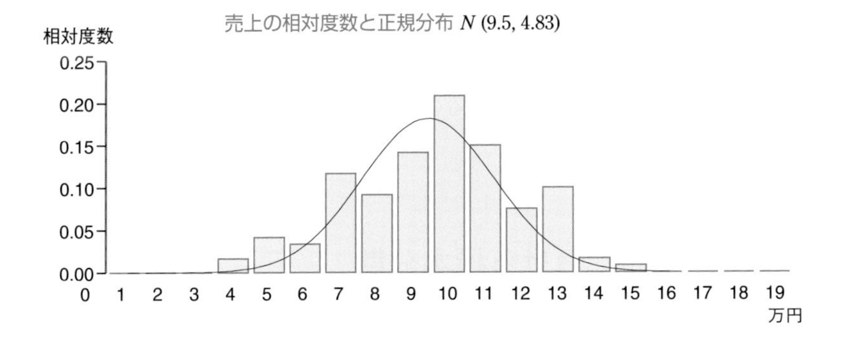

図 6.4　売上高の相対度数と正規分布

とにします。例題 6.3 では母集団の分布がわかりませんでしたから，標本平均を標準化したものに対して中心極限定理を適用しました。しかしここでは母集団は正規母集団を仮定していますから，もとめる確率，すなわち 1 日の売上高 X が 9 万円を下回る確率は

$$P(X<9)=P\left(\frac{X-9.5}{\sqrt{4.83}}<\frac{9-9.5}{\sqrt{4.83}}\right)=P\left(\frac{X-9.5}{2.198}<-0.23\right)$$
$$\simeq\Phi(-0.23)=1-\Phi(0.23)=1-0.5910=0.409$$

となり，例題 6.3 での売上高の平均が 9 万円を下回る確率とくらべて大きな値になっています。上の式の記号 $\simeq$ は，未知の母集団の平均 μ と分散 σ^2 に標本平均と標本分散の実現値 9.5 と 4.83 を代入したことによる近似をあらわしています。

例題 6.4 で本社が日々の売上が 9 万円を下回ったら店長を降格させる，という判断をすると，A さんの店舗ではその確率が 0.409 となり，A さんにとってはかなり厳しい判断になります。例題 6.3 と例題 6.4 のちがいは，$P(\bar{X}<9)$ を考えるか，$P(X<9)$ を考えるかにあります。日々の売上高自体は図 6.4 のヒストグラムが示すようにばらついています。そのようなばら

つきをもった個別のデータや業績で人や企業の評価を行うと，個別のデータがもつばらつきのせいで例題 6.4 のような結果になります。一方，標本平均 $\bar{X}$ を使うと，X の分散が σ^2 であるのに対して，$\bar{X}$ の分散は σ^2/n と標本サイズ n で割った分だけ減少しているのでより安定的な結果が得られることになります。

正規母集団における標本分散

正規母集団からの標本の統計量である標本平均の標本分布については定理 6.4 に示してありますので，ここでは標本分散の標本分布についてみていくことにします。

正規母集団からの標本については $X_i \sim N(\mu, \sigma^2)$ ということがわかっています。この標本 X_i を標準化したものは

$$\frac{X_i - \mu}{\sigma} \sim N(0, 1)$$

で，さらに前章のカイ 2 乗分布のところで説明したように，

$$W = \sum_{i=1}^{n} \left\{ \frac{X_i - \mu}{\sigma} \right\}^2 \sim \chi^2(n) \qquad (6.25)$$

となっています。また確率変数 X_1，X_2，$\cdots$，X_n は互いに独立です。各 X_i から定数 μ を引いたもの $(X_1 - \mu)$，$(X_2 - \mu)$，$\cdots$，$(X_n - \mu)$ についても同様に互いに独立です。独立なものが n 個あったので上の W は自由度 n のカイ 2 乗分布に従っています。

ここで，この確率変数 W の右辺の μ を標本平均 $\bar{X}$ でおきかえたものを W^* とします。

$$W^* = \sum_{i=1}^{n} \left\{ \frac{X_i - \bar{X}}{\sigma} \right\}^2$$

そうすると，確率変数 $(X_1 - \bar{X})$，$(X_2 - \bar{X})$，$\cdots$，$(X_n - \bar{X})$ の間には $\sum_{i=1}^{n}(X_i - \bar{X}) = 0$ という関係式が成立しているので（→**練習問題** 6.5），前章の

5.4 節「自由度について」で説明したように，自由度が関係式の数だけ減少し $n-1$ となります。したがって

$$W^* = \sum_{i=1}^{n} \left\{ \frac{X_i - \bar{X}}{\sigma} \right\}^2 \sim \chi^2(n-1)$$

となります。この確率変数 W^* と標本分散 S^2 の関係を使うことで，標本分散 S^2 について次のことを示すことができます。期待値については前節で示しているので，分散についてみていきます。

標本分散の分散

はじめに W^* と S^2 の関係を整理します。

$$\begin{aligned} W^* &= \sum_{i=1}^{n} \left\{ \frac{X_i - \bar{X}}{\sigma} \right\}^2 = \frac{n-1}{\sigma^2} \times \frac{1}{n-1} \sum_{i=1}^{n} (X_i - \bar{X})^2 \\ &= \frac{n-1}{\sigma^2} \times S^2 \sim \chi^2(n-1) \end{aligned} \tag{6.26}$$

となっています。さらに自由度 $n-1$ のカイ 2 乗分布に従う確率変数 W^* については $E[W^*] = n-1$，$V[W^*] = 2(n-1)$ ということが前章の (5.35) からわかっています。したがって

$$V[W^*] = V\left[\frac{n-1}{\sigma^2} \times S^2\right] = \frac{(n-1)^2}{\sigma^4} \times V[S^2] = 2(n-1)$$

が成立し，これより

$$V[S^2] = \frac{2\sigma^4}{n-1}$$

となります。

▢ 標本分散を使った標本平均の標準化

母集団が正規母集団である場合，標本平均とそれを標準化したものの関係は以下のようになっています。

$$\bar{X} \sim N\left(\mu, \frac{\sigma^2}{n}\right) \quad \Leftrightarrow \quad \frac{\bar{X}-\mu}{\sqrt{\frac{\sigma^2}{n}}} \sim N(0,1) \tag{6.27}$$

次に母集団の分散σ^2に標本分散S^2を代入したものを考えます。これは次のように変形することができます。

$$\frac{\bar{X}-\mu}{\sqrt{\frac{S^2}{n}}} = \frac{\bar{X}-\mu}{\sqrt{\frac{\sigma^2}{n}}} \times \frac{1}{\sqrt{\frac{S^2}{\sigma^2}}} \tag{6.28}$$

右辺に登場するS^2/σ^2は(6.26)より

$$\frac{S^2}{\sigma^2} = \frac{W^*}{n-1} \tag{6.29}$$

となっています。W^*は自由度$n-1$のカイ2乗分布に従っていますので，S^2/σ^2は自由度$n-1$のカイ2乗確率変数を自由度$n-1$で割ったものになっています。また証明はあたえませんが，S^2と$\bar{X}$は独立です。

これまでわかったことを整理すると(6.28)は

$$\frac{\bar{X}-\mu}{\sqrt{\frac{S^2}{n}}} = \frac{\text{標準正規分布に従う確率変数}}{\sqrt{\frac{\text{自由度}\ n-1\ \text{のカイ2乗確率変数}}{\text{自由度}\ n-1}}}$$

となっています。ここで第5章の定義5.12にあるt分布の定義を思い出してください。標本平均を標準化する際に標本分散を使った(6.28)は定義5.12にある式と同じものになっています。したがって，

$$\frac{\bar{X}-\mu}{\sqrt{\frac{S^2}{n}}} \sim t(n-1) \tag{6.30}$$

と示されるように(6.28)は自由度$n-1$のt分布に従っていることがわかります。この(6.28)は次章以降で説明する推定や検定の際に繰り返し使われる非常に重要なものです。

●例題 6.5 顧客満足度

ある飲食店の顧客満足度を客 10 人に，0 から 100 までの点数で採点してもらいました。店のオーナーは調査結果がよくなければその店のマネージャーを交代させようと考えています。ただしオーナーは客の反応にはばらつきがあるので，評価点は平均 50 の正規分布に従っているのが理想的だと考えています。
マネージャーの能力が理想的であれば，10 人の評価点は母集団の平均 50 のまわりにちらばっているはずです。オーナーは，10 人の平均点が 50 点より 1 点でも下回るとマネージャーを交代させるつもりです。10 人分のデータから計算された標本分散の実現値 s^2 は 25 でした。このような判断はどの程度厳しいものなのでしょうか。

解答：客のつける点数を正規母集団 $N(50,\ \sigma^2)$ からの独立なサイズ 10 の標本と考えると，10 人がつける評価点の平均は

$$\bar{X} \ \sim \ N\left(50,\ \frac{\sigma^2}{10}\right)$$

となっています。この標本平均を標準化すれば標準正規分布 $N(0,1)$ に従うのですが，標準化をするには母集団の分散 σ^2 の値が必要になります。この σ^2 は未知ですから，標本分散 S^2 で推定します。推定値 s^2 は 25 なので，この s^2 を σ^2 へ代入したものは自由度 $10-1=9$ の t 分布に従います。

$$\frac{\bar{X}-50}{\sqrt{\frac{25}{10}}} \ \sim \ t(9)$$

もとめる確率は $P(\bar{X} \leq 50-1)$ ですから

$$P(\bar{X} \leq 49) = P\left(\frac{\bar{X}-50}{\sqrt{\frac{25}{10}}} \leq \frac{49-50}{\sqrt{\frac{25}{10}}}\right) = P\left(\frac{\bar{X}-50}{1.58} \leq -0.63\right)$$

となります。付録の t 分布表には対応する点 -0.63 はありませんが，この確率は 0.25 よりも大きいことはわかります(→**練習問題** 6.6)。したがって現在の基準（50 点より 1 点でも下回ると交代）では，たとえマネージャーの能力が理想的なものであったとしても 0.25 以上の確率でマネージャーを交代させ

ることになり，この基準では間違った判断をする可能性が大きいことがわかります。

設問にはありませんが，この基準での判断をより正確にするにはどうすればよいでしょうか。もっとも簡単な方法は標本のサイズを大きくすることです。以下では現在の設定（$s^2 = 25$）のまま標本サイズを 10 から 50 に増やした場合をみていきます。標本サイズを変えるだけですから

$$P(\bar{X} \leq 49) = P\left(\frac{\bar{X} - 50}{\sqrt{\frac{25}{50}}} \leq \frac{49 - 50}{\sqrt{\frac{25}{50}}}\right) = P\left(\frac{\bar{X} - 50}{0.707} \leq -1.414\right)$$

となり，自由度 $50 - 1 = 49$ の t 分布から確率をもとめることができます。巻末の t 分布表よりその確率は 0.05 から 0.1 の間であることがわかります（→**練習問題** 6.6）。したがって，マネージャーの能力が理想的でも間違って交代させる確率は 0.1 もありません。

次に標本サイズは 10 のままで「50 点より 1 点でも下回ったら」という基準を変更することを考えます。現在

$$\frac{\bar{X} - 50}{\sqrt{\frac{25}{10}}} \sim t(9)$$

ということはわかっているので，この確率変数について

$$P\left(\frac{\bar{X} - 50}{\sqrt{\frac{25}{10}}} \leq t_{0.01}\right) = 0.01 \qquad (6.31)$$

となるような点 $t_{0.01}$ をみつけることにします。すなわちこの確率変数が $t_{0.01}$ より小さい確率は 0.01 と非常に少ない可能性しかないという点を表からみつけます。t 分布表より自由度 9 の t 分布に従う確率変数についてそのような点は $t_{0.01} = -2.821$ となります（→**練習問題** 6.6）。したがって，

$$0.01 = P\left(\frac{\bar{X} - 50}{\sqrt{\frac{25}{10}}} \leq -2.821\right) = P\left(\bar{X} - 50 \leq -2.821 \times \sqrt{\frac{25}{10}}\right)$$

$$= P\left(\bar{X} \leq 50 - 2.821 \times \sqrt{\frac{25}{10}}\right) = P(\bar{X} \leq 50 - 4.46)$$

となり，基準を「50点より4.46点でも下回ったら」と変更すると，判断を間違う可能性は0.01と非常に小さくなることがわかります。

■POINT6.5　標本平均の標準化■

正規母集団からのサイズ n の標本による標本平均を標準化したものは $N(0,1)$ に従いますが，母集団の分散 σ^2 のかわりに標本分散 S^2 を使ったものは正規分布ではなく自由度 $n-1$ の t 分布に従います。

$$\frac{\bar{X}-\mu}{\sqrt{\frac{S^2}{n}}} \sim t(n-1)$$

6.4 数学補足

(6.5) および定理6.1の標本平均の分散の導出

平均 μ，分散 σ^2 の母集団 X からのランダム・サンプリングによるサイズ n の標本を $(X_1, \cdots, X_n)$ とします。標本平均 $\bar{X}$ の期待値は μ ですから，分散の定義より

$$V[\bar{X}] = E[\,(\,\bar{X} - E[\bar{X}]\,)^2\,] = E[\,(\bar{X} - \mu)^2\,]$$

となります。ここで

$$(\bar{X} - \mu) = \frac{1}{n}\sum_{i=1}^{n} X_i - \mu = \frac{1}{n}\sum_{i=1}^{n}(X_i - \mu)$$

という関係より，$(\bar{X} - \mu)^2$ は

$$(\bar{X} - \mu)^2 = \left\{\frac{1}{n}\sum_{i=1}^{n}(X_i - \mu)\right\}^2$$

$$= \frac{1}{n^2}\{(X_1-\mu)+(X_2-\mu)+\cdots+(X_n-\mu)\}$$
$$\times\{(X_1-\mu)+(X_2-\mu)+\cdots+(X_n-\mu)\}$$

となります。ランダム・サンプリングされた X_i と X_j $(i \neq j)$ は互いに独立ですから，

$$E[(X_i-\mu)(X_j-\mu)] = E[(X_i-\mu)] \times E[(X_j-\mu)] = 0,\ \ (i \neq j)$$

という式が成立します。したがって

$$E[\ (\bar{X}-\mu)^2\ ] = E\left[\frac{1}{n^2}\{(X_1-\mu)^2+(X_2-\mu)^2+\cdots+(X_n-\mu)^2\}\right]$$
$$= \frac{1}{n^2}\sum_{i=1}^{n} E[(X_i-\mu)^2] = \frac{1}{n^2}\sum_{i=1}^{n}\sigma^2 = \frac{\sigma^2}{n}$$

となります。(6.5) に関しては $E[X_i]=p,\ V[X_i]=p(1-p)$ でしたので，上の式で $\sigma^2 = p(1-p)$ とおいて $V[\hat{p}] = \frac{p(1-p)}{n}$ となります。

6.2 節「標本分散の標本分布」での標本分散の期待値 (6.20) の導出

平均 μ，分散 σ^2 の母集団 X からのランダム・サンプリングによるサイズ n の標本を（$X_1, \cdots, X_n$）とします。

準備 1　標本分散の定義 $\frac{1}{n-1}\sum_{i=1}^{n}(X_i-\bar{X})^2$ にあらわれる $(X_i-\bar{X})$ を

$$(X_i-\bar{X}) = (X_i-\mu)-(\bar{X}-\mu)$$

と分解します。そして $(X_i-\bar{X})^2$ を以下のように分解します。

$$(X_i-\bar{X})^2 = (X_i-\mu)^2 - 2(X_i-\mu)(\bar{X}-\mu) + (\bar{X}-\mu)^2$$

準備 2　次に $(X_i-\bar{X})^2$ の期待値を計算する準備をします。上の式の右辺の 3 つの項の期待値を順にもとめていきます。第 1 項目 $(X_i-\mu)^2$ の期待値は X_i の分散の定義式ですから $E[(X_i-\mu)^2]=\sigma^2$ となります。第 2 項目については $(\bar{X}-\mu) = \frac{1}{n}\sum_{i=1}^{n}(X_i-\mu)$ という関係より

$$(X_i-\mu)(\bar{X}-\mu) = (X_i-\mu)\times\frac{1}{n}\sum_{i=1}^{n}(X_i-\mu)$$
$$= \frac{1}{n}(X_i-\mu)\times\{(X_1-\mu)+\cdots+(X_i-\mu)+\cdots+(X_n-\mu)\}$$

となります。標本平均の分散の導出で示したように $E[(X_i-\mu)(X_j-\mu)]=0$, $(i \neq j)$ をもちいると

$$E[(X_i-\mu)(\bar{X}-\mu)] = E\left[\frac{1}{n}(X_i-\mu)^2\right] = \frac{\sigma^2}{n}$$

を得ます。最後に第3項目の期待値 $E[(\bar{X}-\mu)^2]$ ですが，これは標本平均 $\bar{X}$ の分散ですから $\frac{\sigma^2}{n}$ となります。

準備3　以上をまとめると $(X_i-\bar{X})^2$ の期待値は

$$E[(X_i-\bar{X})^2] = \sigma^2 - 2\frac{\sigma^2}{n} + \frac{\sigma^2}{n} = \frac{n-1}{n} \times \sigma^2$$

となります。さらに $\sum_{i=1}^{n}(X_i-\bar{X})^2$ の期待値は

$$E\left[\sum_{i=1}^{n}(X_i-\bar{X})^2\right] = (n-1) \times \sigma^2$$

となっていることがわかります。

標本分散の期待値

標本分散 $S^2 = \frac{1}{n-1}\sum_{i=1}^{n}(X_i-\bar{X})^2$ の期待値は上で得られた結果を使うと

$$E[S^2] = \frac{1}{n-1}E\left[\sum_{i=1}^{n}(X_i-\bar{X})^2\right] = \frac{(n-1)\times\sigma^2}{n-1} = \sigma^2 \qquad (6.32)$$

となります。

練習問題

6.1　(6.17) を示しなさい。

6.2　例題 4.3 の (1) と (2) では二項分布を使って期待値と確率をもとめていました。同じ設定で正規近似を使って確率をもとめ，結果を比べなさい。

6.3　例題 6.3 で標本平均の実現値 $\bar{x}$ が 9.2，標本分散の実現値 s^2 が 4 である場合に，A さんが店長から降格させられる確率をもとめなさい。

6.4　例題 6.5 で調査した客の人数を 16 人，標本分散の実現値 s^2 は 36 と変更して問題に答えなさい。

6.5　$(X_1-\bar{X})$，$(X_2-\bar{X})$，$\cdots$，$(X_n-\bar{X})$ の間に $\sum_{i=1}^{n}(X_i-\bar{X})=0$ という関係式が成立していることを示しなさい。

6.6　t 分布表について，以下の問に答えなさい。

(1) (6.31) の分位点 $t_{0.01}$ を巻末の t 分布表を使ってもとめると $t_{0.01}=-2.821$ となります。しかし巻末の t 分布表で与えている分位点はすべてプラスの値です。どのようにして $t_{0.01}$ をもとめたかを説明しなさい。

(2) 例題 6.5 では $P\left(\frac{\bar{X}-50}{1.58}\leq -0.63\right)$ をもとめる必要があります。例題の解答にはこの確率は 0.25 より大きいとありますが，なぜそのようなことがわかるのかを説明しなさい。

(3) 例題 6.5 の解答の後に $P\left(\frac{\bar{X}-50}{0.707}\leq -1.414\right)$ に関して，この確率は 0.05 から 0.1 の間であるとしています。この理由を説明しなさい。

参考書

この章は次章以降の推定，検定へ続く準備のための章にもなっています。本章の内容よりさらに深く理解するには前章の参考書にあげた本を読むことを薦めますが，本章の内容が理解できればそれほど深い理解は必要ではないでしょう。

第7章

推　定

第6章では母集団の平均と分散を標本平均と標本分散によって推定する方法を説明しました。本章ではあらためて推定（点推定と区間推定）について説明します。さらに推定量の望ましさという観点からいくつかの基準を説明します。また区間推定を理解すると前章の標本調査で，調査ではどのくらいの標本サイズが必要なのか，という疑問への回答も得ることができます。

◦ *KEY WORDS* ◦

点推定，区間推定，不偏性，一致性，
効率性，平均平方誤差，標準誤差

推定は大きく点推定と区間推定に分けることができます。「明日の為替レートは1ドル何円ですか」と問われたときに，「117円30銭です」と答えることが点推定に対応し，「だいたい116円70銭から117円90銭の間になります」と答えることが区間推定に対応します。後者では「だいたい」とあいまいな表現を使っていますが，区間推定ではこの「だいたい」という表現を「確率0.9で」というように，不確実さの程度を確率で表現します。

7.1 点推定

母集団の未知の平均を μ とします。この μ を標本 $(X_1, \cdots, X_n)$ から推定するには，標本平均 $\bar{X} = \frac{1}{n}\sum_{i=1}^{n} X_i$ が利用できることは前章で説明しました。このときこの標本平均 $\bar{X}$ を未知の μ の推定量とよびます。μ を推定したことを明示的に表現するために記号ハット^をつけて，$\hat{\mu} = \frac{1}{n}\sum_{i=1}^{n} X_i$ と表記することもあります。この推定量は確率変数であり，その実現値は推定値とよばれます。未知の値を推定するにはさまざまの方法を考えることができますが，それらは推定量として望ましいものでなければなりません。以下ではこの推定量の望ましさについて説明します。

▢ 推定量の望ましさ（不偏性と一致性）

未知の値を推定する際にその方法（推定量）が望ましいかどうかは，推定量の性質によってわかります。それらは不偏性，一致性，そして効率性（有効性）とよばれるもので，そのような性質をもつ推定量が望ましいとされます。

不偏性

推定量の期待値がもとめようとしていた未知の母数（パラメータ）になっているとき，その推定量は不偏推定量とよばれます。

定義 7.1 不偏性

未知母数を θ，その推定量を $\hat{\theta}$ とするとき

$$E[\hat{\theta}] = \theta \tag{7.1}$$

となっている $\hat{\theta}$ を θ の不偏推定量とよび，この推定量 $\hat{\theta}$ は不偏性をもつといいます。

前章の母集団の未知の平均 μ の標本平均 $\bar{X}$ による推定量 $\hat{\mu} = \frac{1}{n}\sum_{i=1}^{n} X_i$ は $E[\hat{\mu}] = \mu$ となっており，不偏推定量になっていました。また標本分散 S^2 も母集団の分散 σ^2 の不偏推定量になっていました。

一致性

この一致性は標本サイズが無限に大きくなると，推定量はもとめようとしていた未知母数の値に一致するという性質です。実際には標本サイズが無限に大きくなることは考えにくいので，「一致する」という言葉は「近い値になる」という意味として考えます。

定義 7.2 一致性

未知母数を θ，その推定量を $\hat{\theta}$ とするとき

$$\hat{\theta} \xrightarrow{p} \theta, \quad (n \to \infty) \tag{7.2}$$

となっている $\hat{\theta}$ を θ の一致推定量とよび，この推定量 $\hat{\theta}$ は一致性をもつといいます。

(7.2) は，任意の正数 c に対して

$$P(|\,\hat{\theta} - \theta\,| > c) \;\to\; 0, \quad (n \to \infty)$$

が成立していることをあらわしています。

前章の標本平均も標本分散もともに母集団の平均 μ と分散 σ^2 の一致推定量になっていることは前章のまとめ 6.2 と 6.3 にあるとおりです。

▢ 推定量の望ましさ（効率性と平均平方誤差）

前章では母集団の未知の平均 μ を推定する方法として，サイズ n の標本 $(X_1, \cdots, X_n)$ があったとき，標本平均 $\bar{X}$ を考えました。ここで次のような推定量の候補を考えます。すなわちサイズ n の標本をすべて使うのではなく，そのはじめの半分を使った

$$\bar{X}^* = \frac{1}{n^*}\sum_{i=1}^{n^*} X_i$$

を未知母数 μ の推定量と考えます。ただし n^* は n が偶数のときは $n/2$，奇数のときは $(n+1)/2$ としておきます。

この新しい μ の推定量の期待値は

$$E[\bar{X}^*] = E\left[\frac{1}{n^*}\sum_{i=1}^{n^*} X_i\right] = \frac{1}{n^*}(\,E[X_1] + \cdots + E[X_{n^*}]\,) = \mu$$

となりますから，$\bar{X}^*$ は μ の不偏推定量になっています。またこの $\bar{X}^*$ の分散は

$$V[\bar{X}^*] = V\left[\frac{1}{n^*}\sum_{i=1}^{n^*} X_i\right] = \frac{1}{(n^*)^2}(\,V[X_1] + \cdots + V[X_{n^*}]\,) = \frac{\sigma^2}{n^*}$$

となっています。ここで標本サイズの n を無限大に増加させると，n^* も同様に無限大に増加していきますから，この分散はゼロに近づいていきます。したがって，$\bar{X}^*$ は $\bar{X}$ と同様に μ の一致推定量になっています。

いま手元に 2 種類の推定量 $\bar{X}$ と $\bar{X}^*$ があります。これらは推定量として望ましい性質，不偏性と一致性をともにもっています。この不偏性と一致性だけを推定量の望ましさの基準とすれば，これら 2 つの推定量は同等なものになります。しかし直感的には，標本の一部を使わない推定量よりも，すべて

を使う推定量 $\bar{X}$ の方がより良い推定量と思われます。この直感的な考えに理論的な裏づけをあたえるのが効率性（有効性）という性質です。

効率性（有効性）

未知母数を θ としたとき，不偏性をもつ 2 つの推定量 $\hat{\theta}$ と $\hat{\theta}^*$ について，それら推定量の分散に次の関係

$$V[\hat{\theta}] \le V[\hat{\theta}^*] \tag{7.3}$$

が成立しているとき，推定量 $\hat{\theta}$ は推定量 $\hat{\theta}^*$ に対して効率性が高いといいます。

μ の推定量 $\bar{X}$ と $\bar{X}^*$ の例ではそれぞれの分散の間に

$$V[\bar{X}] = \frac{\sigma^2}{n} < \frac{\sigma^2}{n^*} = V[\bar{X}^*]$$

が成立していますから，推定量 $\bar{X}$ の方が効率性が高いことになります。

効率性が高いということは，推定量の分散がより小さいということです。不偏推定量の分散はもとめようとしている未知母数（ここでは μ）のまわりのちらばりになっています。推定量は確率変数ですからちらばりをともなって実現しますが，真の値のまわりのちらばりはできるだけ小さいほうが望ましいので，効率性が推定量の望ましさの基準になるのです。

定義 7.3 効率性

未知母数 θ に関する，不偏性をもつどのような推定量 $\hat{\theta}^*$ に対しても，

$$V[\hat{\theta}] \le V[\hat{\theta}^*] \tag{7.4}$$

となる不偏推定量 $\hat{\theta}$ を最小分散不偏推定量とよびます。そしてこのとき $\hat{\theta}$ はもっとも効率的な推定量になっています。

前章で説明した母集団の平均 μ の標本平均による推定量は母集団が正規母集団の場合には，最小分散不偏推定量になっていることが知られています。

バイアス

未知母数 θ とその推定量 $\hat{\theta}$ の期待値との差をバイアスとよび，次のように定義します。

定義 7.4　推定量のバイアス

未知母数を θ としたとき，推定量 $\hat{\theta}$ のバイアスは次のように定義されます。

$$b[\hat{\theta}] = E[\hat{\theta}] - \theta \tag{7.5}$$

不偏推定量のバイアスは 0 となります。

最小分散不偏推定量は不偏推定量の中でもっとも分散が小さく，望ましい推定量でした。それでは，未知の θ の推定量として，小さいバイアスをもつが分散も小さい推定量（不偏推定量ではありません）$\tilde{\theta}$ と分散が大きな不偏推定量 $\hat{\theta}$ の 2 つがあったとき，どちらが望ましい推定量なのでしょうか。図 7.1 には $\tilde{\theta}$ と $\hat{\theta}$ の標本分布を示してあります。$\hat{\theta}$ の分布は確かにもとめたい θ を平均（中心）に分布していますが，ちらばりが大きくなっています。と

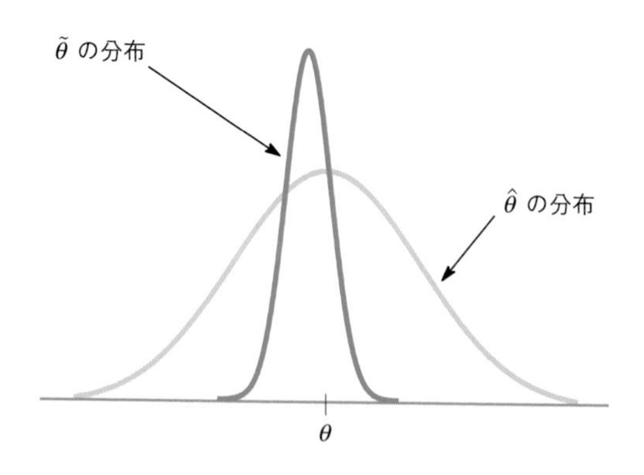

図 7.1　不偏推定量とバイアス推定量の分布

いうことは $\hat{\theta}$ の実現値（θ の推定値）は θ よりもはなれたところで実現する可能性があるということです。一方，$\tilde{\theta}$ は平均の位置が若干，θ からずれていますが，ちらばりが小さいので実現値は θ の近くにあらわれる可能性が $\hat{\theta}$ よりも高いことがわかります。不偏性だけを望ましさと考えるならば，分散が大きくても不偏推定量が望ましいのですが，分散が大きいのならば推定値として実現する値のばらつきは大きいので，真の θ からかけはなれた値が実現する可能性もあります。「バイアスが小さいこと」と「分散が小さいこと」はどちらも推定量の望ましさに要求されることです。これら 2 点をともに考慮した望ましさの基準が次に示す平均平方誤差です。

平均平方誤差

推定量のバイアスと分散の大きさの 2 つの量をあわせて測るには平均平方誤差（Mean Squared Error）を使います。

定義 7.5 平均平方誤差

未知母数を θ としたとき，推定量 $\hat{\theta}$ の平均平方誤差 MSE は次のように定義されます。

$$MSE[\hat{\theta}] = E[(\hat{\theta} - \theta)^2] \tag{7.6}$$

この平均平方誤差は次のように推定量のバイアスの 2 乗と推定量の分散に分解することができます（→**練習問題** 7.2）。

$$MSE[\hat{\theta}] = (b[\hat{\theta}])^2 + V[\hat{\theta}] \tag{7.7}$$

7.2 区間推定

この章の冒頭にある為替レートの例のように，興味のある対象がどのような値をとるかを点でもとめるのではなく，ある特定の確からしさで，どのような区間に入っているかをもとめることがここで説明する区間推定です。

母集団の未知の母数，たとえば母集団の平均 μ がある区間に確率 $1-\alpha$ で含まれるとき，その区間のことを信頼区間とよび，確率 $1-\alpha$ のことを信頼係数とよびます。ここで確率 α はその区間に含まれない確率になっています。このように信頼係数を α ではなく，$1-\alpha$ と表現するのは統計学の慣習です。またこの信頼係数は%表示で $100 \times (1-\alpha)\%$ と表記されることもあります。

▢ 正規母集団の平均の区間推定

母集団の分散が既知の場合

前章の例題 6.5 の設定を変更して，10 人のそれぞれの評価点を平均 μ（未知），分散 25（既知）の正規母集団からのランダム・サンプリングによる標本と考えます。そして以下ではこの未知の母集団の平均 μ についての信頼係数 $1-\alpha=0.95$（95%）の区間推定を考えます。

前章で説明したように標本平均 $\bar{X}$ を標準化したもの（ここでは Z とします）は標準正規分布に従っています。

$$\bar{X} \sim N\left(\mu, \frac{25}{10}\right) \quad \overset{\text{標準化}}{\Rightarrow} \quad Z = \frac{\bar{X}-\mu}{\sqrt{2.5}} \sim N(0,1)$$

標準正規分布は 0 を中心に左右対称な形状をした分布ですから，標準化された確率変数 Z は 0 を中心に左右対称に分布していることがわかります。確率変数 Z が確率 $1-\alpha$ で区間 $[-c,\ c]$ に入っているならば，すなわち

$$1-\alpha = P(-c \ \leq\ Z\ \leq\ c)$$

ならば，その区間の外については図 7.2 の左右の色アミ部分が示しているように $P(Z<-c)=\alpha/2$，$P(Z>c)=\alpha/2$ となっています。

図 7.2 より，$P(Z \leq c)$ は $P(Z<-c)=\alpha/2$ と $P(-c \leq Z \leq c)=1-\alpha$ の合計になっているので

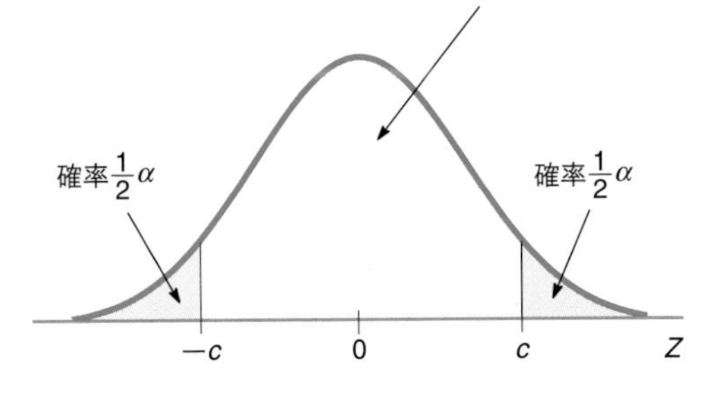

図 7.2　標準正規分布と確率

$$P(Z \leq c) = \Phi(c) = 1 - \frac{\alpha}{2} \tag{7.8}$$

であることがわかります。したがって信頼係数$1-\alpha$=0.95 なら，$\alpha = 0.05$で

$$P(Z \leq c) = 1 - \frac{0.05}{2} = 0.975$$

となります。区間推定をする，すなわち信頼係数$1-\alpha$の信頼区間をつくるということは，(7.8) を満たす点cを決めるということなのです。Zは標準正規分布に従いますから，cは標準正規分布表から探すことになります。

今の例では，平均μ（未知），分散$\sigma^2 = 25$の正規母集団からのサイズ 10 の標本を使って，μについての信頼係数 0.95（95%）の信頼区間をもとめることを考えています。信頼係数 0.95 ですから，$\alpha = 0.05$です。したがって，上に示したように$P(Z < c) = 1 - \frac{0.05}{2} = 0.975$となる$c$は巻末の標準正規分布表より 1.96 となります。

ここまではZについての確率を考えていましたが，目標はμについての信頼係数 0.95 の信頼区間をつくることです。これは次の式が示しているようにμに関する区間に式を変形することでもとめることができます。

$$0.95 = P(-1.96 \le Z \le 1.96) = P\left(-1.96 \le \frac{\bar{X} - \mu}{\sqrt{2.5}} \le 1.96\right)$$
$$= P(\bar{X} - 1.96 \times \sqrt{2.5} \le \mu \le \bar{X} + 1.96 \times \sqrt{2.5}) \qquad (7.9)$$

標本平均 $\bar{X}$ の実現値を $\bar{x}$ とすれば

$$\bar{x} - 1.96 \times \sqrt{\frac{25}{10}} \le \mu \le \bar{x} + 1.96 \times \sqrt{\frac{25}{10}} \qquad (7.10)$$

と信頼区間を構成することができます。たとえば客 10 人の評価点の平均点が 48 点なら，上の式の $\bar{x}$ へ 48 を代入し，μ に関する信頼係数 0.95 の信頼区間を以下のように得ます。

$$44.9 \le \mu \le 51.1$$

■POINT7.1　より正確に表現すると■

信頼区間の対象である未知母数（ここでは μ）は定数であり確率変数ではありません。したがって区間の上下限が定数である区間に確率 0.95 で定数 μ が入っている，という表現は正確ではありません。(7.9) からわかるように区間の上限と下限には確率変数 $\bar{X}$ が含まれています。$\bar{X}$ が実現する値はさまざまなので，実現した値によっては μ を含むことも含まないこともあり得ます。しかし (7.9)，(7.10) のような方法で信頼区間を構成すると 95%の確率で μ を含む，というのが正確な表現になります。

●例題 7.1　株価指数 TOPIX の月次収益率

株価指数 TOPIX の月次収益率の過去 25 カ月分（25 個）の標本平均は −0.35 でした。この月次収益率は平均 μ（未知），分散 $\sigma^2 = 10$（既知）の正規母集団からの標本と仮定します。このとき，母集団の未知の平均 μ の信頼係数 0.90 の信頼区間をもとめなさい。

解答：正規母集団からのサイズ 25 の標本で，母集団の分散 σ^2 の値は 10 とわかっています。信頼係数は 0.90 ですから，$\alpha = 0.1$ です。したがって

$$P(Z \le c) = \Phi(c) = 1 - \frac{0.1}{2} = 0.95$$

となる c は標準正規分布表から 1.645 であることがわかります。分布表では $\Phi(1.64) = 0.9495$，$\Phi(1.65) = 0.9505$ となっていますので，c には 1.64 と 1.65 の中間の値として 1.645 を採用しています。

$$0.90 = P(-1.645 \leq Z \leq 1.645) = P\left(-1.645 \leq \frac{\bar{X} - \mu}{\sqrt{10/25}} \leq 1.645\right)$$
$$= P(\bar{X} - 1.645 \times \sqrt{10/25} \leq \mu \leq \bar{X} + 1.645 \times \sqrt{10/25})$$

が成立していますから，標本平均の実現値 $\bar{x} = -0.35$ を $\bar{X}$ へ代入すると，μ に関する信頼係数 0.90 の信頼区間は

$$-1.39 \ \leq \ \mu \ \leq \ 0.69$$

となり，点推定値は -0.35 とマイナスですが，区間推定の結果から平均収益率 μ はプラスになる可能性があることがわかります。

この例題では正規母集団を仮定しています。さらにその母集団の分散も既知と仮定しています。通常，母集団の分散 σ^2 が既知であるとは考えにくいですから，実際には σ^2 を標本分散で推定した値を使うことになります。この母集団の分散が未知の場合には，これまで説明したことを若干，変更する必要がでてきます。

母集団の分散が未知の場合

これまでは母集団の分散 σ^2 は既知と仮定してきましたが，ここでは σ^2 を未知の値として標本分散によって推定した値を使うことを考えます。基本的には母集団の分散が既知の場合と同じですが，標本分散を使って標準化したものの分布は正規分布にはならないのです。

サイズ n の標本からの標本平均 $\bar{X}$ を標準化する際に標本分散 S^2 を使った場合，標準化されたものは，前章の 6.3 節で説明したように自由度 $n-1$ の t 分布に従っているのです。混乱を避けるために標準化に標本分散を使ったものを Z^* としておきます。

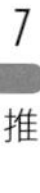

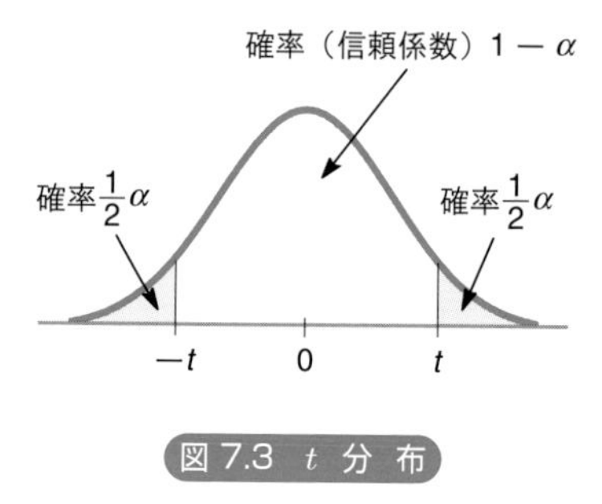

図 7.3 t 分布

$$Z^* = \frac{\bar{X} - \mu}{\sqrt{\frac{S^2}{n}}} \quad \sim \quad t(n-1)$$

ここで確率変数 Z^* が確率 $1-\alpha$ で区間 $[-t, t]$ に入っているならば，

$$1-\alpha = P(-t \leq Z^* \leq t)$$

となります。Z^* は t 分布に従っていますから，点 t をみつけるには標準正規分布表ではなく，t 分布表を使うことになります。

図 7.3 はこの確率変数 Z^* が従っている t 分布をあらわしたものです。付録の t 分布表には分布の上側確率（右裾の確率），$P(Z^* > t)$，に対応した点 t があたえてあります。この図から $1-\alpha = P(-t \leq Z^* \leq t)$ となる点 t は $P(Z^* > t) = \alpha/2$ となる点 t と同じであることがわかります。よって，付録の t 分布表から上側確率 $\alpha/2$ となる点をもとめればよいのです。たとえば信頼係数 0.9 の信頼区間をつくるには，$\alpha = 0.1$ であることから $P(Z^* > t) = 0.1/2 = 0.05$ となる点 t を t 分布表の自由度 $n-1$ の行，$p = 0.05$ の列からみつければよいのです。あとは母集団の分散 σ^2 が既知のときと同様に

$$1-\alpha = P(-t \leq Z^* \leq t) = P\left(-t \leq \frac{\bar{X} - \mu}{\sqrt{S^2/n}} \leq t\right)$$

$$= P\left(\bar{X} - t \times \sqrt{\frac{S^2}{n}} \ \le \ \mu \ \le \ \bar{X} + t \times \sqrt{\frac{S^2}{n}}\right)$$

が成立していますから，分布表からもとめた t，標本平均の実現値 $\bar{x}$，標本分散の実現値 s^2 （σ^2 の推定値）を代入すると，μ に関する信頼係数 $1-\alpha$ の信頼区間

$$\bar{x} - t \times \sqrt{\frac{s^2}{n}} \ \le \ \mu \ \le \ \bar{x} + t \times \sqrt{\frac{s^2}{n}}$$

が得られます。

例題 7.1 で母集団の分散が未知の場合

先の例題 7.1 では母集団の分散 σ^2 を既知としていましたが，ここでは未知として，標本分散で推定することにします。標本分散 S^2 による σ^2 の推定値 s^2 は 10 であったとします。信頼係数は 0.9 なので $P(Z^* > t) = \frac{0.1}{2} = 0.05$ となる点 t は t 分布表の自由度 $25-1=24$ の行，$p=0.05$ の列から 1.711 となります。したがって信頼係数が 0.9 の μ に関する信頼区間は

$$-0.35 - 1.711 \times \sqrt{\frac{10}{25}} \ \le \ \mu \ \le \ -0.35 + 1.711 \times \sqrt{\frac{10}{25}}$$

より $-1.432 \ \le \ \mu \ \le \ 0.732$ となっていることがわかります。母集団の分散を既知（$\sigma^2 = 10$）としていた前の信頼区間よりも，今回の σ^2 を未知として $s^2 = 10$ を代入した信頼区間の方が広くなっています。σ^2 が未知であったためそれを推定した分，σ^2 を既知とした場合よりも不確実さが増したことを反映して信頼区間が広くなっているのです.

標本平均 $\bar{X}$ を使った母集団の平均 μ の信頼区間の構成については次のようにまとめることができます。

❖ まとめ 7.1　信頼区間（正規母集団の分散が既知）

未知の母集団の平均 μ についての信頼係数 $1-\alpha$ の信頼区間は，標本平均 $\bar{X}$ の実現値 $\bar{x}$，標本サイズ n，既知の母集団の分散 σ^2 を使い

$$\bar{x} - c_{\alpha/2} \times \sqrt{\frac{\sigma^2}{n}} \le \mu \le \bar{x} + c_{\alpha/2} \times \sqrt{\frac{\sigma^2}{n}} \quad (7.11)$$

として得ることができます。ただし $c_{\alpha/2}$ は $\Phi(c_{\alpha/2}) = 1 - \frac{\alpha}{2}$ となる点で標準正規分布表からもとめます。

❖ まとめ 7.2　信頼区間（正規母集団の分散が未知）

未知の母集団の平均 μ についての信頼係数 $1-\alpha$ の信頼区間は，標本平均 $\bar{X}$ の実現値 $\bar{x}$，標本サイズ n，母集団の分散 σ^2 の標本分散による推定値 s^2 を使い

$$\bar{x} - t_{\alpha/2} \times \sqrt{\frac{s^2}{n}} \le \mu \le \bar{x} + t_{\alpha/2} \times \sqrt{\frac{s^2}{n}} \quad (7.12)$$

として得ることができます。ただし $t_{\alpha/2}$ は自由度 $n-1$ の t 分布の上側確率 $\frac{\alpha}{2}$ をあたえる点で t 分布表からもとめます。

母集団の分布が未知の場合

これまで母集団には正規母集団を仮定していましたが，必ずしもこのような仮定をすることが適切ではない場合も考えられます。その場合，標本平均を以下のように標準化した

$$\frac{\bar{X} - \mu}{\sqrt{\frac{\sigma^2}{n}}}$$

はどのような分布に従っているかはわかりません。しかし，第 6 章の定理 6.3 の中心極限定理が適用可能ならば，近似的に正規分布に従っていると考え，まとめ 7.1 にある方法で信頼区間をもとめることができます。しかし母集団の分布がわからないにもかかわらず，その分散だけが既知であるとは考えにくいので，実際は次で考える母集団の分散も未知である場合がもっとも現実的な状況となります。

母集団の分布が未知であり，その分散も未知である場合は，標準化に利用した σ^2 を標本分散 S^2 で置き換えた

$$\frac{\bar{X}-\mu}{\sqrt{\frac{S^2}{n}}}$$

の分布が問題となります。標本分散 S^2 は σ^2 の一致推定量ですから，標本サイズが大きいときには S^2 をあたかも σ^2 のように取り扱うことができます。したがって信頼区間については次のようにまとめることができます。

❖ まとめ 7.3　信頼区間（母集団の分布は未知）

未知の母集団の平均 μ についての信頼係数 $1-\alpha$ の区間推定は，n が十分に大きければ，標本平均 $\bar{X}$ の実現値 $\bar{x}$，標本サイズ n，母集団の分散 σ^2 の標本分散による推定値 s^2 を使い，近似的に

$$\bar{x}-c_{\alpha/2}\times\sqrt{\frac{s^2}{n}} \leq \mu \leq \bar{x}+c_{\alpha/2}\times\sqrt{\frac{s^2}{n}} \quad (7.13)$$

として得ることができます。ただし $c_{\alpha/2}$ は $\Phi(c_{\alpha/2})=1-\frac{\alpha}{2}$ となる点で標準正規分布表からもとめます。

▢ 信頼区間の構成法

これまでは区間推定として母集団の平均の信頼区間の構成法を説明してきましたが，以下では信頼区間の構成を一般的に説明します。一般とはいっても不偏推定量の場合に限定します。未知母数を θ，そしてその不偏推定量を $\hat{\theta}$ とすると，その信頼区間は次のように構成することができます。

- **手順 (1)**　推定量 $\hat{\theta}$ の分散 $V[\hat{\theta}]$ をもとめます。
- **手順 (2)**　推定量 $\hat{\theta}$ を次のように標準化します。$(E[\hat{\theta}]=\theta)$

$$\frac{\hat{\theta}-\theta}{\sqrt{V[\hat{\theta}]}}$$

- **手順 (3)**　$V[\hat{\theta}]$ が未知母数 θ を含んでいるときは，その θ を θ の一致推定量で置き換えます。

● **手順 (4)**　標準化された確率変数が従っている分布（ただし分布が対称である場合）から

$$1-\alpha = P\left(-c_{\alpha/2} < \frac{\hat{\theta}-\theta}{\sqrt{V[\hat{\theta}]}} < c_{\alpha/2}\right)$$

となる点 $c_{\alpha/2}$ をもとめます。

標準正規分布に従っているなら標準正規分布表，t 分布に従っているなら t 分布表，分布が未知なら（標本サイズが十分に大きい場合は）中心極限定理を適用して近似的に標準正規分布に従っていると考え標準正規分布表より点 $c_{\alpha/2}$ をもとめることになります。

● **手順 (5)**　未知母数 θ に関する信頼係数 $1-\alpha$ の信頼区間は

$$\hat{\theta} - c_{\alpha/2} \times \sqrt{V[\hat{\theta}]} \le \theta \le \hat{\theta} + c_{\alpha/2} \times \sqrt{V[\hat{\theta}]}$$

となります。

●例題 7.2　視聴率調査

某テレビ局のプロデューサー X 氏は製作番組の視聴率の目標として 20%を想定しています。500 世帯に対する視聴率調査の結果では 15%と目標の数値にとどきませんでしたが，この視聴率調査が標本調査であることを考えれば結果には多少のばらつきがあるはずです。そのばらつきをみるために信頼係数 0.95 の視聴率の信頼区間をもとめなさい。

解答：この例題は第 6 章 6.1 節で説明した比率・割合の調査を理解していれば次のように整理することができます。

X 氏の製作番組の視聴率調査に関する各世帯の回答 X_i，$(i=1,\cdots,500)$ は成功確率 p_x のベルヌーイ分布に従う母集団からの標本と考えることができます。そして標本平均 $\bar{X}$ は未知の成功確率（視聴率）p_x の推定量 $\hat{p}_x$ と考えることができます。

手順 (1)　第 6 章のまとめ 6.1 にあるように推定量 $\hat{p}_x$ は不偏推定量であり，一致推定量でもありました。またこの推定量の期待値，分散は

$$E[\hat{p}_x] = p_x, \qquad V[\hat{p}_x] = \frac{p_x(1-p_x)}{500}$$

となっています。

手順 (2)　上で求めた期待値，分散より推定量 $\hat{p}_x$ を標準化します。

$$\frac{\hat{p}_x - p_x}{\sqrt{\frac{p_x(1-p_x)}{500}}}$$

手順 (3)　推定量 $\hat{p}_x$ の分散 $V[\hat{p}_x]$ には未知母数 p_x（母集団の平均）が含まれています。そこでそれを一致推定量で置き換えます。$\hat{p}_x$ は p_x の一致推定量でしたので，$\hat{p}_x$ の実現値 0.15 を分散の p_x へ代入して，以下の計算をしておきます。

$$\sqrt{\frac{0.15(1-0.15)}{500}} = 0.016$$

そして推定量 $\hat{p}_x$ を標準化したものに対して

$$\frac{\hat{p}_x - p_x}{\sqrt{\frac{p_x(1-p_x)}{500}}} \simeq \frac{\hat{p}_x - p_x}{0.016}$$

という近似を行います。

手順 (4)　標本サイズが 500 と大きいですから，中心極限定理を適用して

$$\frac{\hat{p}_x - p_x}{0.016} \ \sim \ N(0,1)$$

と考えます。そして未知母数 p_x に関して信頼係数 0.95 の信頼区間を構成します。標準化したものの分布を標準正規分布で近似していますから

$$P(Z \leq c_{\alpha/2}) = \Phi(c_{\alpha/2}) = 1 - 0.05/2 = 0.975$$

で，付録の標準正規分布表より $c_{\alpha/2} = 1.96$ となり，95%の信頼区間は

$$0.15 - 1.96 \times 0.016 \leq p_x \leq 0.15 + 1.96 \times 0.016 \Leftrightarrow 0.119 \leq p_x \leq 0.181$$

となっています。X 氏の担当番組の視聴率は調査結果のばらつきを考えても 0.20 という数値にはとどいていないことがわかります。この 0.20 という目標視聴率は信頼係数 0.95 の信頼区間の外側にあります。視聴率調査の結果に

ばらつきがあるにせよ，X 氏の担当番組の視聴率が信頼区間外の値になる確率はわずか 0.05 しかないのです。そのような低い確率では X 氏は目標の視聴率を達成できないでしょう。

7.3 標本サイズの決定

前節まで点推定や区間推定による母集団の未知の平均の推定法について説明してきました。そこでは母集団からの標本（$X_1, \cdots, X_n$）を使うことが前提になっていました。実際，調査を行う際にはあらかじめどのくらいの数のデータを標本としてサンプリングするかを決める必要があります。標本平均は母集団の平均の一致推定量ですから，標本サイズは大きければ大きいほど，その結果は正確になります。しかし時間や費用の点からも，際限なく標本を集めることはできません。それでは最低限，どのくらいの大きさの標本が必要となるのでしょう。ここではどのくらいの大きさの標本があればどれくらいの精度の答えが得られるのか，という疑問に対する回答をあたえます。

これまでも説明しましたが推定量は確率変数です。たとえばベルヌーイ分布に従う母集団の平均（成功確率 p）を推定することを考えます。母集団からの標本（$X_1, \cdots, X_n$）による標本平均 $\bar{X} = \frac{1}{n}\sum_{i=1}^{n} X_i$ を未知の成功確率 p の推定量 $\hat{p}$ とします。この時点で判明していることは

$$E[\,\hat{p}\,] = p, \qquad V[\,\hat{p}\,] = \frac{p(1-p)}{n}$$

です。また分散に関する次の式をみると

$$V[\,\hat{p}\,] = E[\,(\hat{p} - E[\hat{p}])^2\,] = E[\,(\hat{p} - p)^2\,]$$

分散 $V[\,\hat{p}\,]$ は推定量 $\hat{p}$ と真の値 p との差の 2 乗の期待値になっています。この推定量 $\hat{p}$ と真の値 p との差 $(\hat{p} - p)$ は推定を行った際の誤差（標本誤差）と

考えることができます。この標本誤差の大きさをみるために，分散 $V[\hat{p}]$ の平方根である標準偏差 $\sqrt{V[\hat{p}]}$ に注目します。この $\sqrt{V[\hat{p}]}$ は標準誤差とよばれます。一般に標準誤差とは推定量の標準偏差あるいはその推定値のことをさします。

信頼係数 $1-\alpha$ の p についての信頼区間を考えた式

$$1-\alpha = P\left(-c \leq \frac{\hat{p}-p}{\sqrt{V[\hat{p}]}} \leq c\right) = P\left(|\hat{p}-p| \leq c \times \sqrt{V[\hat{p}]}\right)$$

より，確率 $1-\alpha$ で誤差の絶対値が $c \times \sqrt{V[\hat{p}]}$ 以下になることがわかります。$(\hat{p}-p)/\sqrt{V[\hat{p}]}$ が標準正規分布で近似できる場合を例にとると，信頼係数が 0.95 ならば標準正規分布表より $c = 1.96$ となります。

推定を行う際に，いくつのデータを標本としてサンプリングすればよいかという問題には，推定の精度を考える必要があります。たとえば，0.95 以上の確率で「誤差をどんなに大きくても 0.01 以下」にするためには

$$0.95 \leq P(|\ \hat{p}-p\ | \leq\ 0.01) \qquad (7.14)$$

としなければなりません。一方，信頼係数 0.95 の信頼区間に関する式は

$$0.95\ =\ P(|\ \hat{p}-p\ | \leq\ 1.96 \times \sqrt{V[\hat{p}]}) \qquad (7.15)$$

ですから，(7.14) と (7.15) をあわせて考えると

$$P(|\hat{p}-p| \leq 1.96 \times \sqrt{V[\hat{p}]}) \leq P(|\hat{p}-p| \leq 0.01) \qquad (7.16)$$

となっています。ここでこの不等式が成り立つためには

$$1.96 \times \sqrt{V[\hat{p}]} \leq 0.01$$

となっている必要があります。この関係式に含まれている $\sqrt{V[\hat{p}]}$ は未知の値 p を含んでいますが (7.17) であらわされるように

$$\sqrt{V[\hat{p}]} = \sqrt{\frac{p(1-p)}{n}} \leq \frac{0.5}{\sqrt{n}} \qquad (7.17)$$

と，どんなに大きくても $0.5/\sqrt{n}$ を越えません(→**練習問題** 7.3)。したがってこの上限を代入した $1.96 \times \frac{0.5}{\sqrt{n}}$ でも 0.01 以下となる必要があります。

$$1.96 \times \frac{0.5}{\sqrt{n}} \leq 0.01$$

この式を標本サイズ n についてあらわすと

$$1.96 \times \frac{0.5}{\sqrt{n}} \leq 0.01 \quad \Rightarrow \quad n \geq 9604$$

となり，確率 0.95 で誤差を 0.01 以内におさえるには n が 9604 以上であればよいことがわかります。

❖ まとめ 7.4　標本サイズの決定

標本調査において，$(1-\alpha)$ 以上の確率で，所与の誤差水準 ε 以下に推定誤差をおさえるには，すなわち

$$P(|\ \hat{p}-p\ | \leq\ c_{\alpha/2} \times \sqrt{V[\hat{p}]}) = 1-\alpha \leq P(|\ \hat{p}-p\ | \leq\ \varepsilon)$$

となるためには，

$$c_{\alpha/2} \times \frac{0.5}{\sqrt{n}} \leq \varepsilon \tag{7.18}$$

を満たすように標本サイズ n を決定すればよいことになります。ただし $c_{\alpha/2}$ は標準正規分布表より $\Phi(c_{\alpha/2}) = 1-\alpha/2$ となる点です。

有限母集団の場合

ここまでの説明は母集団の大きさが非常に大きい場合（あるいは無限母集団の場合）に関するものでした。一方，母集団の大きさが有限で，さほど大きくない場合には，若干の修正が必要となります。

厳密な導出は省略しますが，標本平均による p の推定量 $\hat{p}$ の分散 $V[\hat{p}]$ は有限母集団の場合，次のようになることがわかっています。母集団の大きさは N で，標本サイズを n とすると推定量 $\hat{p}$ の分散は

$$V[\hat{p}] = \frac{N-n}{N-1} \times \frac{p(1-p)}{n} \tag{7.19}$$

となります。このことを考慮すると (7.17) は次のようになります。

$$\sqrt{V[\hat{p}]} = \sqrt{\frac{N-n}{N-1}} \times \sqrt{\frac{p(1-p)}{n}} < \sqrt{\frac{N-n}{N-1}} \times \frac{0.5}{\sqrt{n}} \qquad (7.20)$$

したがって，有限母集団の場合には (7.18) は次のように変更されます。

$$c_{\alpha/2} \times \sqrt{\frac{N-n}{N-1}} \times \frac{0.5}{\sqrt{n}} \leq \varepsilon \qquad (7.21)$$

●例題 7.3　標本サイズの決定

大手ネットワークのプロバイダー A 社は会員に対して，インターネットを利用して商品を購入したことがあるかどうかを調査することにしました。0.95 以上の確率で利用率 p を誤差 0.05 以下で推定するにはどのくらいの大きさの標本が必要になりますか。

解答：A 社の会員は非常に多いと考えると，設問より $\alpha = 0.05$，$\varepsilon = 0.05$ ですから，まとめ 7.4 より

$$P(|\ \hat{p} - p\ | \leq\ c_{0.025} \times \sqrt{V[\hat{p}]}) = 1 - 0.05 \leq P(|\ \hat{p} - p\ | \leq\ 0.05)$$

となるためには，$c_{0.025} \times \frac{0.5}{\sqrt{n}} \leq 0.05$ を満たすように n を決定すればよいことになります。$c_{0.025}$ は標準正規分布表より $\Phi(c_{0.025}) = 0.975$ となる点ですから，$c_{0.025} = 1.96$ となり，$384.16 \leq n$ となることがわかります。

会員数が有限の場合：たとえば会員数が $N = 1000$ だとします。この場合は (7.21) より

$$1.96 \times \sqrt{\frac{1000-n}{1000-1}} \times \frac{0.5}{\sqrt{n}} \leq 0.05$$

より $277.74 \leq n$ となり，標本サイズは 278 以上であることが要求されます。

練習問題

7.1　第 5 章の例題 5.1 では期待収益率と標準偏差があたえられていました。ここでは以下に収益率のデータがあります。このデータから，2 つの資産の収益率の未知の平均，すなわち期待収益率，さらに収益率の分散，相関係数を推定し，図 5.3 を作成しなさい。ただし相関係数の推定には (2.3) を利用しなさい。

年月	A 社の株式	B 社の社債	年月	A 社の株式	B 社の社債
2018/01	−0.105	0.156	2018/10	0.203	−0.148
2018/02	0.244	0.099	2018/11	0.192	−0.114
2018/03	−0.185	0.062	2018/12	0.264	−0.062
2018/04	−0.158	0.117	2019/01	0.164	0.081
2018/05	−0.122	−0.019	2019/02	−0.055	0.058
2018/06	0.162	−0.041	2019/03	0.141	−0.055
2018/07	0.258	−0.087	2019/04	−0.172	0.143
2018/08	0.269	−0.064	2019/05	−0.127	0.112
2018/09	−0.123	0.102			

7.2　(7.7) を導出しなさい。

7.3　(7.17) を示しなさい。

7.4　例題 7.3 の設問で「0.95 以上の確率で」という箇所を「0.9 以上の確率で」と変更して設問に答えなさい。

参考書

7.3 節「標本サイズの決定」では，有限母集団の際の推定量 $\hat{p}$ の分散については結果のみをあたえています。詳しい導出や関連した内容をさらに理解するには以下の本を読むことを薦めます。

調査法についてもう少し詳しく知るには

- 土屋隆裕『概説　標本調査法』朝倉書店，2009 年

第 8 章

仮説検定の基本

この章は本書でもっとも重要な章になります。仮説検定とは英語で Hypothesis Testing のことであり，分析者が想定していること（仮説）が正しいかどうかをデータに照らし合わせて客観的に判断する手段なのです。本章では，仮説検定とはどのようなアイデアにもとづいて考え出されているのか，そしてどのようなことにこの仮説検定が利用できるのかをいくつかの例をみながら説明していきます。

◦ *KEY WORDS* ◦

帰無仮説，対立仮説，両側検定，片側検定，棄却，
採択，有意水準，臨界値，t 検定，
平均値の差の検定，差の差の分析

8.1 仮説検定とは

消費税率を変更すると，人々の消費に変化があるのか。企業が導入する営業強化研修プログラムによって，社員の営業成績はアップするのか。これらの問いかけはどちらも正しそうにもみえます。しかし，本当に正しいかどうかは実際に消費税率を変更してみなければわかりません。また企業が営業強化研修プログラムを実際に導入してみなければ結果はどうなるかわからないのです。税率を変更したり，強化プログラムを導入しても何の効果もないかもしれません。多大な費用をかけて何の効果ももたらさない政策や企業戦略をとることはできれば避けたいことです。

たとえば税率変更に関しては，事前にアンケート調査で税率が変更された場合の人々の消費動向を調べておくことは可能ですし，研修プログラムの効果に関しては，小規模でも研修プログラムを試験的に実施することもできます。そのようにして集められたデータにもとづいて，税率の変更や研修プログラムが効果を発揮しているかどうかを判断すればよいのです。このようにすれば確かめたいことを検証することができそうです。このとき確かめたいことが仮説（Hypothesis）とよばれるものなのです。仮説検定（あるいは簡単に検定）とは，データを利用して仮説が正しいかどうかを客観的に判断するために考え出された方法なのです。

基本的アイデア

はじめに以下の例題で検定がどのようなアイデアのもとに考え出されているのかをみていきます。

●例題 8.1　研修の効果

起業 5 年目のあるベンチャー企業は，現在は社員研修を行っていませんが，営業強化のために，新たに社員研修を行うことを計画しています。本格実施の前に試験的に一部の社員に研修を受けさせ，効果の有無を確かめることにしました。この会社では営業成績に関連する数値を一つにまとめた会社独自の指標である営業スコアで成績を測っています（高スコアは高成績をあらわします）。以下の表は営業職の社員から無作為に選ばれた 10 人の研修前と後の営業スコアです。この結果から社員研修を行う必要があると判断できるでしょうか。

	1	2	3	4	5	6	7	8	9	10
研修前	56	56	59	56	58	57	58	55	59	57
研修後	57	56	60	58	59	58	59	56	57	58

解説：解答は検定に関する説明を一通り済ませた後にあたえます。ここではこの例題にどのようにアプローチすればよいのかを考えていきます。

研修を実施した場合

(1)　現状は変わらなかった

(2)　プラスかマイナスの効果をあたえた

のうちの (1) でなければ研修は何らかの効果をもっていたことになります。それではどのようにすれば (1) でないことがわかるのでしょうか。以下では (1) でないことを判断するために役に立ちそうな候補を吟味していきます。

個別のデータの利用

研修に効果がない（現状は変わらない）ということであれば，研修の前後でのスコア差を個人ごとにみると，効果がない場合はゼロ，あるいはゼロに近い値になるはずです。実際に表のデータから差を求めると，個別の値はプラスも多いですがゼロもマイナスの値もあり，各個人レベルでははっきりしたことはわかりません。

算術平均の利用

そこで10人の研修後のスコアから研修前のスコアの値を引いたものをx_i $(i=1,\ldots,10)$とし，それらの算術平均を計算すると，

$$\bar{x}=\frac{1}{10}\sum_{i=1}^{10}x_i=0.7$$

とプラスの値になっているので，平均的には効果があるようにもみえます。しかし0.7という値ならばゼロに近いようにも思えます。さらに，たまたま選ばれた10人の結果が全営業職員に対しても同じような結果をもたらすかどうかはわかりません。第6章で説明したように，別の10人が選ばれると彼らのデータから計算される算術平均の値はマイナスになるかもしれません。ここでは標本が変わると算術平均の値も変わるということを考慮する必要があります。

標本平均（確率変数としての算術平均）の利用

第6章の標本調査で考えたように，変化を生み出す母集団（平均μ，分散σ^2）を想定し，各個人のデータはその母集団からの標本の実現値と考えます。

研修の個人に対する効果を母集団（平均μ，分散σ^2）からの標本（確率変数）と考えると，研修の前後でのスコア差にちらばりがでていることも理解できます。母集団の未知の平均について$\mu=0$と仮定した場合，図8.1にあるように標本はゼロを中心にばらついた値で実現するはずです。さらにこのとき，未知の母集団の平均μは標本平均$\bar{X}$によって推定できることは第6章でも説明したとおりです。実際，10人のデータから計算されるμの推定値は$\bar{x}=0.7$とプラスの値です。しかし別の10人を調査することができればこの値はマイナスになるかもしれません。この確率変数としての$\bar{X}$の性質は次の図8.2に要約されています（図は$\mu=0$と仮定した場合）。$\bar{X}$の平均や分散については第6章の定理6.1にあるように

$$E[\bar{X}]=\mu,\ V[\bar{X}]=\frac{\sigma^2}{n} \tag{8.1}$$

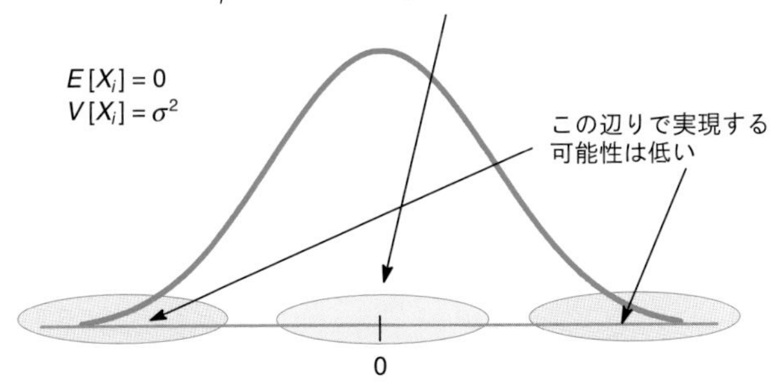

図 8.1　$\mu = 0$ と仮定したときの X_i の分布

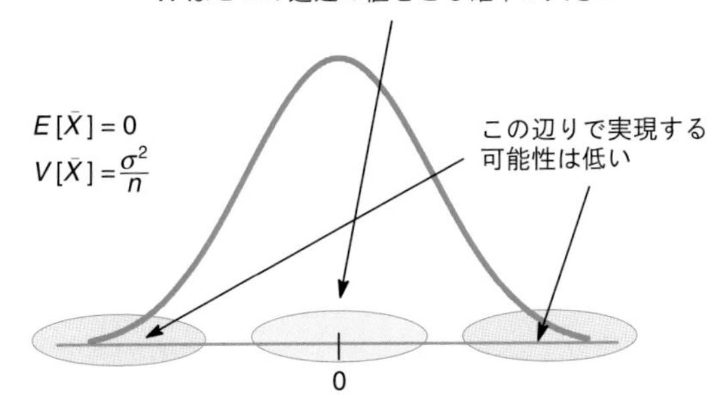

図 8.2　$\mu = 0$ と仮定したときの $\bar{X}$ の分布

となっています。このことが意味するのは，確率変数 $\bar{X}$ は μ を中心に，分散 σ^2/n で分布しているということです。実際には μ の値はわかりませんが，標本平均 $\bar{X}$ はその未知の μ の近くで実現する可能性が高いということが確率変数 $\bar{X}$ の性質からわかります。μ の推定量である標本平均 $\bar{X}$ の実現値をみることで，$\mu = 0$ かどうかの判断をすることができそうです。

μ がゼロかどうかの判断

ここでは未知の母集団の平均 μ がゼロかどうかを判断しようとしています。その判断のためには標本から計算される μ の推定量がどれだけゼロから離れているかをみることができるものさし（尺度）が必要です。現在は，μ の推定量に標本平均 $\bar{X}$ をもちいていますから，$\bar{X}$ がゼロから離れている程度 $(\bar{X}-0)$ を考えます。さらに $(\bar{X}-0)$ が単位に依存しないように

$$T=\frac{\bar{X}\ -\ 0}{\sqrt{\frac{\sigma^2}{n}}} \tag{8.2}$$

と変換した量を「μ の推定量がどれだけゼロから離れているかを測るものさし」と考えます。(8.2) は $\mu=0$ と仮定した際に確率変数 $\bar{X}$ を標準化したものにほかなりません。後に説明しますが，このものさしは検定統計量とよばれるものなのです。ただし説明を簡単にするために，ここでは σ^2 の値はわかっていることにしています。

ものさしの目盛り

何かを測るには目盛りがついたものさしが必要です。ここでも μ の推定量がどれだけゼロから離れているかを判断するためのものさしである検定統計量には目盛りが必要となります。以下ではこの目盛りをどのようにつけるかをみていきます。

μ の値は実際にはわかりませんが，$\mu=0$ と仮定したことが正しければ，図 8.2 からもわかるように，$\bar{X}$ はゼロの近辺の値として実現する可能性が高く，プラスやマイナスの方向に大きな，あるいは小さな値として実現する可能性は逆に低いということになります。

10 人のデータから計算された μ の推定値は 0.7 でした。図 8.2 をみると母集団の平均 μ がゼロだとしても，標本平均 $\bar{X}$ が 0.7 として実現する可能性は十分にありそうにみえます。

また同様に，μ がゼロという仮定が正しければ，そのものさし（検定統計

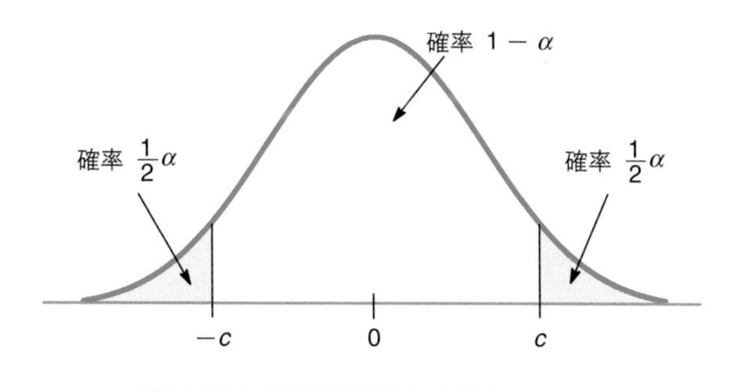

図 8.3　$\mu=0$ と仮定したときの T の分布

量）である確率変数 T がゼロから遠く離れたところで実現する確率は小さいことが図 8.3 からわかります。どれだけ遠く離れているかは，検定統計量 T がゼロから離れたところで実現する確率を使って表現します。たとえば図 8.3 にあるように目盛りの c を決めると，

$$P(\,T\;<\;-c)=\frac{\alpha}{2},\qquad P(\,T\;>\;c)=\frac{\alpha}{2}$$

となり，ものさし（検定統計量）T がゼロから c 以上離れている確率が α になります。

その小さな確率 α に対して決められた目盛りの c を使って $\{\,T\;<\;-c\,\}$ となるか $\{\,T\;>\;c\,\}$ となる場合に，$\mu=0$ ではない，と判断することができます。この理由は以下の仮説検定の考え方で説明します。$\mu=0$ ではないという判断は c という値にもとづいて行われますが，この c の値のことを臨界値（critical value）といいます。実際に臨界値 c をもとめる方法は第 7 章の区間推定のところで説明した考え方と同じです。

仮説検定の考え方

以上のことをふまえ仮説検定では次のように考えます。

(i)　$\mu=0$ が正しいと仮定します。

(ii) 仮定が正しければ，$\bar{X}$ の実現値は図 8.2 が示しているように，ゼロの近くの値で実現するはずです。ただし，$\bar{X}$ とゼロの近さをあらわすためには (8.2) であらわされる確率変数 T を利用します。このものさし T は検定統計量とよばれます。

(iii) 図 8.3 の色アミ部分の領域は

$$P(T < -c) + P(T > c) = \alpha$$

をあらわしています。この確率 α が小さい（T がそのような領域で実現する可能性が低い）とき，データから計算した T の実現値 t が $\{t < -c\}$ となるか $\{t > c\}$ となる場合（可能性が低いにもかかわらず実現してしまった場合）に，そのような可能性の低いことが実現するはずはないと考えます。

(iv) (iii) で「可能性の低いことは実現するはずはない」と考えることにしましたが，実際には実現しています。これは何かが間違っているのです。この場合は，はじめに (i) で仮定した，$\mu = 0$ が間違いであったと考えます。

以下では (iv) の説明を図を使って行います。ただし簡単化のために説明には T ではなく，$\bar{X}$ を使っています。たとえば本当は $\mu = 3$，すなわち $E[\bar{X}] = 3$ が正しい状況を考えます。このとき図 8.4 の右側の分布が正しい $\bar{X}$ の分布をあらわしています。（ゼロを中心とした）左側の分布は間違った仮定のもとでの $\bar{X}$ の分布です。図中の右側の色アミ部分の領域で確率変数 $\bar{X}$ が実現する可能性は，間違った仮定のもとでは小さいので，そのような領域で $\bar{X}$ が実現するとは考えにくいのです。一方，正しい分布のもとで考えると $\bar{X}$ は図中の右側の色アミ部分の領域で実現する確率は高いことがわかります。このように，仮定された分布のもとで実現の可能性（確率）が低い領域で $\bar{X}$ が実現した場合は，実現する確率が小さいにもかかわらず実現したのは仮定したことが間違いだったからだと考えるのです。

検定の基本的なアイデアはこのように少しまわりくどいですが，以下で説明することはすべてこのアイデアにもとづいていますので，ゆっくりと時間

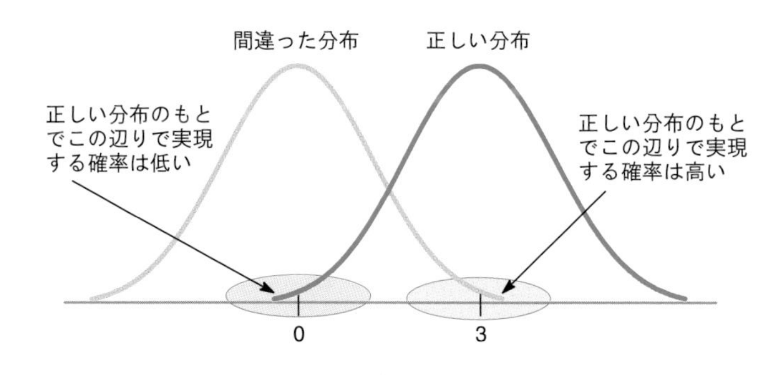

図 8.4　間違った仮定のもとでの分布と正しい分布

をかけて理解をしてください。

■POINT8.1　基本的アイデア■

検定は，はじめに仮定したことに反するような事実が発見できた場合に，そのはじめの仮定を疑う（否定する），というアイデアにもとづいた仮定の検証方法です。逆に仮定に反した事実が出てこなければ，その仮定は否定されません。

仮　説

検定とははじめに仮定したことが正しいかどうかをデータを使って客観的に判断する方法ですが，この「はじめに仮定したこと」は帰無仮説（Null Hypothesis）とよばれ，記号では H_0 と書かれます。その帰無仮説の否定の一部，あるいは否定のすべてを対立仮説（Alternative Hypothesis）とよび，記号で H_1 とあらわします。

例題 8.1 の解説にある (1)「現状は変わらなかった」が帰無仮説であり，(2)「プラスかマイナスの効果をあたえた」が対立仮説になります。これを記

号で表現すれば

$$H_0 : \mu = 0, \quad H_1 : \mu \neq 0 \tag{8.3}$$

となります。上の対立仮説の説明では，対立仮説とは帰無仮説の否定の一部，あるいは否定のすべて，となっていましたが，(8.3) にある対立仮説は帰無仮説の否定のすべて（$\mu > 0$ と $\mu < 0$）になっています。これに対して，帰無仮説の否定の一部としては H_1：$\mu > 0$ や H_1：$\mu < 0$ などを考えることができます。

検定はこの仮説を設定するところからはじまります。自分の想定していることを (8.3) のように正しく記号に翻訳することが重要です。そのためには自分が検証しようとしている仮説は何かをはっきりとさせておく必要があります。例題 8.1 では，新規に導入する研修に効果があるかどうかを検証することが目的です。しかし研修がプラスの効果をあたえるか，マイナスの効果をあたえるかは，実際に，あるいは例題 8.1 にあるように試験的に導入してはじめてわかることですから，仮説の設定の段階では (8.3) のように対立仮説を設定しています。

データを得る前に研修はマイナスの効果をあたえることはない，という確証があるのなら，対立仮説は H_1：$\mu > 0$ と設定することもできます。しかしデータを得てはじめてプラスか，マイナスかがわかるような状況では対立仮説は H_1：$\mu \neq 0$ と設定されます。

仮説が設定されると前項で説明した基本的アイデアにもとづいて，「はじめに仮定されたこと」，すなわち帰無仮説に反するような証拠を得たときに，この帰無仮説は間違っていると判断し帰無仮説を棄却（reject）し，対立仮説が採択（accept）されます。

以下で帰無仮説と対立仮説についての定義をあたえておきます。

定義 8.1　帰無仮説と対立仮説

帰無仮説　はじめに仮定され，最終的に棄却されるかどうか判断されるもの。H_0 と書かれます。

対立仮説　帰無仮説 H_0 の否定の一部，あるいはすべて。H_1 と書かれます。帰無仮説が棄却（reject）された場合に帰無仮説にかわって採択（accept）される仮説のこと。

前項では帰無仮説 H_0： $\mu = 0$ が正しいかどうかを検定統計量 T が実現した値をみて判断できることを説明しました。そこでは小さな確率 α に対して c という値が決められていました。以下では具体的にこの c の値の決め方について説明します。

▢ 検定統計量

図 8.3 にある色アミ部分で示されている領域に検定統計量 T の実現値 t があらわれた場合に帰無仮説は棄却されます。このような領域のことを棄却域とよびます。例題 8.1 ではゼロからプラス，マイナス方向に大きく離れたところにこの棄却域は設定されています。棄却域に確率変数 T の実現値が入ると，帰無仮説を棄却するという考えは，確率変数 T が棄却域で実現する確率は低い，という考えにもとづいています。したがって棄却域を決めるには，まずこの低いという確率の値を決める必要があります。この値は統計学の慣例として，5%（0.05）や 1%（0.01）が選ばれます。またこの低い値のことは有意水準とよばれています。

有意水準を決めると，検定統計量の分布を使って棄却域をもとめることができます。実際の検定統計量の分布がどのような分布に従うかは母集団の従う分布によります。

正規母集団の場合

母集団は $N(\mu, \sigma^2)$ の正規母集団とします。このとき標本平均 $\bar{X}$ の標本分布が

$$\bar{X} \sim N\left(\mu, \frac{\sigma^2}{n}\right)$$

となることは第6章の定理6.4でみたとおりです。確率を求めるには，標本平均を標準化した

$$\frac{\bar{X}-\mu}{\sqrt{\frac{\sigma^2}{n}}} \sim N(0,1) \tag{8.4}$$

を使うことは第5章や第6章で説明しています。さらに実際には母集団の分散 σ^2 も未知ですから，標本分散 S^2 を σ^2 に代入すると第6章POINT6.5にあるように，

$$\frac{\bar{X}-\mu}{\sqrt{\frac{S^2}{n}}} \sim t(n-1) \tag{8.5}$$

となります。そして帰無仮説が正しいと考えたときは $\mu=0$ ですから，(8.5) は

$$\frac{\bar{X}}{\sqrt{\frac{S^2}{n}}} \sim t(n-1) \tag{8.6}$$

となり，自由度 $n-1$ の t 分布に従います。これが前項で説明した検定統計量（帰無仮説が正しいかどうかを測るものさし）になります。

有意水準と棄却域

帰無仮説が正しいという仮定のもとでの検定統計量の分布がわかったので，次は有意水準と対応する棄却域の設定について説明します。図8.5は帰無仮説が正しいという仮定のもとでの検定統計量の分布です。有意水準を α とすれば，第7章の区間推定のまとめ7.2で説明されている $t_{\alpha/2}$ をもとめる方法と同じように

$$\alpha = P\left(\frac{\bar{X}}{\sqrt{\frac{S^2}{n}}} < -t_{\alpha/2}\right) + P\left(t_{\alpha/2} < \frac{\bar{X}}{\sqrt{\frac{S^2}{n}}}\right) \tag{8.7}$$

あるいは

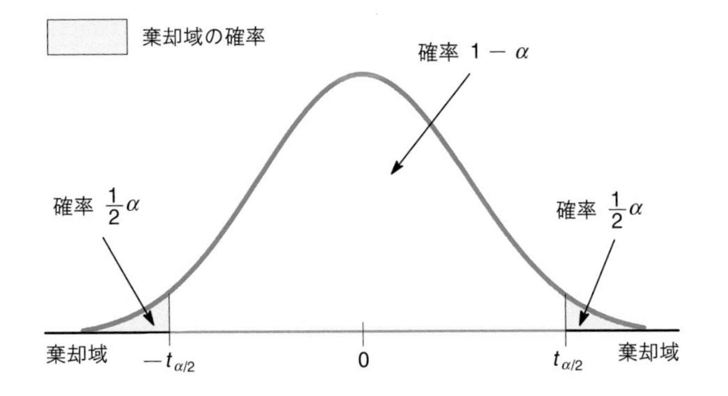

図 8.5　帰無仮説が正しいと仮定したときの分布

$$1-\alpha = P\left(-t_{\alpha/2} \leq \frac{\bar{X}}{\sqrt{\frac{S^2}{n}}} \leq t_{\alpha/2}\right) \tag{8.8}$$

をもとに臨界値 $t_{\alpha/2}$ を自由度 $n-1$ の t 分布表からもとめることができます。

たとえば有意水準 $\alpha = 0.05$ と設定すると

$$\frac{\alpha}{2} = 0.025 = P\left(t_{0.025} < \frac{\bar{X}}{\sqrt{\frac{S^2}{n}}}\right) \tag{8.9}$$

となりますから，巻末付録に掲載されている t 分布表の上側確率 $p = 0.025$ となっている列の中から，$t_{0.025}$ をみつけることになります。たとえば自由度が 10 ならば，$t_{0.025} = 2.228$ となることがわかります。

解答(例題 8.1 の解答)： 例題 8.1 は研修に効果があったかどうかを検証する問題でした。これまでの説明から検定の対象となる帰無仮説と対立仮説は (8.3) で

$$H_0:\ \mu = 0, \qquad H_1:\ \mu \neq 0$$

となっていました。この仮説を検定するための検定統計量は (8.6) より

$$\frac{\bar{X}}{\sqrt{\frac{S^2}{n}}} \sim t(n-1)$$

で，帰無仮説が正しいときは自由度 $n-1$ の t 分布に従っています。問題で与えられたデータの数 n は 10 ですから，検定統計量は自由度 $n-1=9$ の t 分布に従っています。上で説明したように有意水準 5% で検定を行うことにすると，臨界値は巻末付録の t 分布表の上側確率 $p=0.025$ となっている列の中から，自由度が 9 の行の値として $t_{0.025}=2.262$ となります。したがって

$$\frac{\bar{X}}{\sqrt{\frac{S^2}{n}}} < -2.262 \quad \text{あるいは} \quad 2.262 < \frac{\bar{X}}{\sqrt{\frac{S^2}{n}}}$$

ならば，帰無仮説は棄却されます。データから計算される標本平均 $\bar{X}$ と標本分散 S^2 の実現値 $\bar{x}=0.7,\quad s^2=1.122$ を検定統計量 (8.6) に代入すると，検定統計量と臨界値 $t_{0.025}=2.262$ の関係は

$$-t_{0.025}=-2.262 < \frac{\bar{x}}{\sqrt{\frac{s^2}{10}}} = 2.09 < t_{0.025}=2.262$$

となりますから検定統計量の値は棄却域には入りません。調査によって得られたデータからは帰無仮説「研修に効果がない」を棄却することはできなかったことになります。「効果がない」ということを否定できないのですから，結論としては「得られたデータに関しては研修には効果がない」という判断をすることになります。

■POINT8.2　有意水準の設定■

仮説検定ではまずはじめに仮説を設定します。次に有意水準を設定して棄却域を定める臨界値を決めます。最後に検定統計量の値を計算し，その値が棄却域に入っているかどうかで帰無仮説が棄却されるか，されないかという判断を行います。検定統計量の値をみて棄却されるように有意水準を決めるようなことをしてはいけません。

■POINT8.3　帰無仮説が棄却できない場合■

仮説検定では，帰無仮説が正しいという仮定のもとで仮説の検証が行われます。はじめに仮定したことに矛盾することが起きたときに，はじめの仮定を疑う，ということが基本的な方針です。上の例のように帰無仮説が棄却できない場合には，「帰無仮説に反する事実が見つからなかった」という以上に積極的に「帰無仮説が正しい」ということは主張できないことに気をつけてください。帰無仮説が棄却されてはじめて積極的な主張となるのです。例題 8.1 のような場合は，「帰無仮説に反する事実が見つからなかった」という程度の結論しか導くことができません。例題 8.1 の解答はそのような意味を含んだ結論であることに注意をしてください。

TRY8.1　信頼区間をもとめてみると

例題 8.1 では検定統計量を利用して，帰無仮説 ($\mu = 0$) が棄却されるかどうかを判断しましたが，ここでは第 7 章のまとめ 7.2 にあるように，信頼係数 0.95 での μ の信頼区間をもとめてみましょう (→**練習問題** 8.1)。

両側検定・片側検定

例題 8.1 で検証の対象になった仮説は

$$H_0 : \mu = 0, \quad H_1 : \mu \neq 0$$

でした。このとき棄却域は図 8.5 にあるように両側にあります。このような検定を両側検定とよびます。それに対して，仮説が

$$H_0 : \mu = 0, \quad H_1 : \mu > 0$$

と設定されているなら棄却域は右側だけになります。また対立仮説が $H_1 : \mu < 0$ ならば棄却域は左側だけになります。このような検定を片側検定とよびます。片側検定の際は有意水準に対して定められる臨界値の決定が両側検定の場合と異なりますので注意が必要です。その点を考慮したうえで次の片側検定の例をみていきましょう。

●例題 8.2　キャスター交代の効果

テレビ局 A は夜のニュース番組の視聴率をあげることを目的として，キャスターを交代させました。新しいニュースキャスターはこれまでの実績から担当番組の視聴率は最低でも 5%はとれると定評のある人物です。このことを確かめるために全国 10 大都市でキャスター交代後の視聴率を調査した結果が次の表です。新しいニュースキャスターは定評どおりの成果をあげているといえるかどうかを有意水準 5%で検定してみましょう。ただしデータ $x_i, (i=1,\cdots,10)$ はパーセント表示で，平均 μ，分散 σ^2 の正規母集団からの標本（$X_1,\cdots,X_{10}$）の実現値とします。

x_1	x_2	x_3	x_4	x_5	x_6	x_7	x_8	x_9	x_{10}
4.5	5.8	6.3	4.6	6.1	4.9	5.7	4.9	5.2	5.9

解答：仮説の設定からはじめます。新キャスターは最低でも 5%の視聴率をとれるということを検証するわけですから，帰無仮説と対立仮説は次のようになります（表示されているデータは%表示なので 0.05 ではなく 5%の意味で 5 としています）。

$$H_0:\ \mu = 5, \qquad H_1:\ \mu > 5$$

(8.5) において，帰無仮説が正しいと仮定したもの，すなわち $\mu = 5$ とおいたものが検定統計量になります。

$$\frac{\bar{X} - 5.0}{\sqrt{\frac{S^2}{n}}} \ \sim\ t(n-1) \tag{8.10}$$

この検定統計量は帰無仮説が正しいときには図 8.6 のように分布します。もしも $\mu > 5$ ならば，この検定統計量の値は正の方向に大きな値となって実現するはずです。これが棄却域が分布の右方向にある理由です。結果として図中の棄却域が示しているように，この検定統計量の値がゼロから正の方向へ離れて大きな値をとったときに帰無仮説を棄却することになります。データ数 n は 10 ですから t 分布の自由度は $n-1=9$ となっています。有意水準

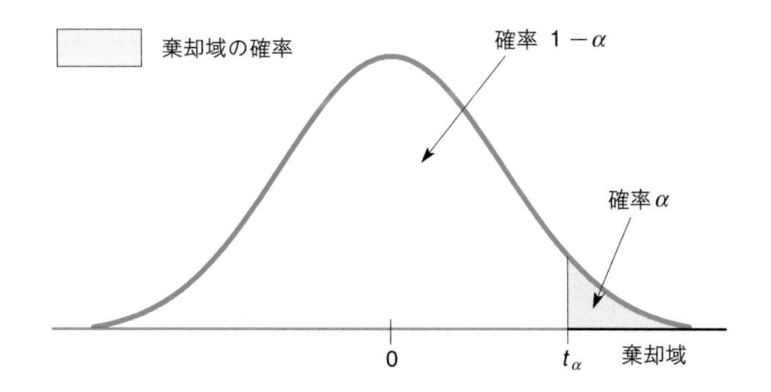

図 8.6　帰無仮説が正しいと仮定したときの分布

は 5%ですが図 8.6 が示しているように片側検定ですから，巻末付録の t 分布表の上側確率は有意水準と同じ $p = 0.05$ となります。したがって，臨界値は t 分布表の $p = 0.05$ の列，自由度 9 の行の値として $t_{0.05} = 1.833$ となります。標本平均 $\bar{X}$ と標本分散 S^2 の実現値

$$\bar{x} = \frac{1}{10}\sum_{i=1}^{10} x_i = 5.39, \qquad s^2 = \frac{1}{10-1}\sum_{i=1}^{10}(x_i - \bar{x})^2 = 0.42$$

を (8.10) へ代入すると，検定統計量と臨界値 $t_{0.05} = 1.833$ の関係は

$$t_{0.05} = 1.833 \ < \ \frac{\bar{x} - 5.0}{\sqrt{\frac{s^2}{10}}} \ = \ 1.90$$

となりますから検定統計量の値は棄却域に入っています。これにより帰無仮説（$\mu = 5.0$）は有意水準 5%で棄却され，対立仮説（$\mu > 5$）が採択されます。したがって，新ニュースキャスターは 5%以上の視聴率をとることができている，と結論することができます。

■POINT8.4　有意水準と棄却域■

両側検定の場合は棄却域が検定統計量の分布の右側と左側に 2 つあります。したがって，8.1 節と 8.2 節で説明している検定統計量の

場合，有意水準を α とすれば，右側にある臨界値 c は図 8.5 にあるように上側確率 $\alpha/2$ となる点になります。そして左側にある臨界値は（分布がゼロを中心に対称なので）$-c$ となります。
片側検定で棄却域が分布の右側にある場合，有意水準を α とすれば，右側にある臨界値 c は図 8.6 にあるように上側確率 α となる点になります。棄却域が左側にある場合は，右側に棄却域があると考えて求めた臨界値 c にマイナスをつけた $-c$ が臨界値になります。

ここで両側検定の場合の結果を定理としてまとめておきます。

定理 8.1　平均に関する仮説検定（t 検定）

平均 μ，分散 σ^2 の正規母集団 X からのランダム・サンプリングによるサイズ n の標本を（$X_1, \cdots, X_n$）とします。帰無仮説と対立仮説を

$$H_0:\ \mu = \mu_0, \qquad H_1:\ \mu \neq \mu_0$$

（μ_0 は分析者があらかじめ決める特定の値）としたとき，検定統計量

$$\frac{\bar{X} - \mu_0}{\sqrt{\frac{S^2}{n}}} \tag{8.11}$$

は帰無仮説が正しいとき，自由度 $n-1$ の t 分布に従います。有意水準を α としたときの臨界値は自由度 $n-1$ の t 分布の上側確率 $\alpha/2$ をあたえる点 $t_{\alpha/2}$ で，

$$\frac{\bar{X} - \mu_0}{\sqrt{\frac{S^2}{n}}} < -t_{\alpha/2} \text{ あるいは } t_{\alpha/2} < \frac{\bar{X} - \mu_0}{\sqrt{\frac{S^2}{n}}} \tag{8.12}$$

と検定統計量が棄却域に入った場合，帰無仮説は有意水準 α で棄却されます。

定理 8.1 の検定は t 分布にもとづいた検定なので t 検定とよばれます。

検定の基本的な考え方は，設定された帰無仮説が正しいかどうかを検定統計量というものさしで測るということにつきます。想定される母集団の分布や設定される帰無仮説によって，利用される検定統計量はさまざまです。こ

れまでの説明は母集団の平均に関する仮説検定でした。次の節では母集団の平均に関するもう一つの代表的な仮説検定を紹介します。

8.2 平均値の差の検定

たとえばホワイトカラーの給与水準に関して男女間で差があるのかを調査する際に日本中の企業のホワイトカラーの人たちの給与水準を調査することは事実上不可能です。このような場合は標本調査を行うことになります。比較の対象となっている集団は男・女ですから，2つの母集団（男・女）を想定し，調査によって得られる標本はその2つの母集団からの2つの標本と考えます。そして2つの母集団のそれぞれの代表値である平均が等しいかどうかを検証することになります。

▢ 問題設定

以下の2つの正規母集団 X と Y を想定します。

$$X \sim N(\mu_x,\, \sigma_x^2), \qquad Y \sim N(\mu_y,\, \sigma_y^2)$$

このとき関心は2つの母集団の平均に差があるのかどうかですから，帰無仮説と対立仮説は

$$H_0:\ \mu_x = \mu_y, \qquad H_1:\ \mu_x \neq \mu_y$$

と設定されます。さらにこの仮説は次のように

$$H_0:\ \mu_x - \mu_y = 0, \qquad H_1:\ \mu_x - \mu_y \neq 0 \tag{8.13}$$

と差の形で書き直すことができ，ここでの問題は $\mu_x - \mu_y$ がゼロなのかどうか，に帰着します。したがって，前節で見たようにこの $\mu_x - \mu_y$ がゼロから離れている程度を測るものさしである検定統計量さえ準備できれば，この仮

説を前節のように検証することができます。

前節でもみたように母集団の平均は未知です。したがって μ_x と μ_y をそれぞれの母集団からの標本（$X_1, \cdots, X_{n_x}$），（$Y_1, \cdots, Y_{n_y}$）による標本平均

$$\bar{X} = \frac{1}{n_x}\sum_{i=1}^{n_x} X_i \ \sim \ N\left(\mu_x,\ \frac{\sigma_x^2}{n_x}\right) \tag{8.14}$$

$$\bar{Y} = \frac{1}{n_y}\sum_{j=1}^{n_y} Y_j \ \sim \ N\left(\mu_y,\ \frac{\sigma_y^2}{n_y}\right) \tag{8.15}$$

によって推定します。

$(\mu_x - \mu_y)$ がゼロから離れている程度を測るには $(\bar{X} - \bar{Y})$ を利用することになりますが，前節 (8.4) と同じようにこの量を標準化する必要があります。$(\bar{X} - \bar{Y})$ の期待値と分散はそれぞれ

$$E[\ \bar{X} - \bar{Y}\ ] = \mu_x - \mu_y \tag{8.16}$$

$$V[\ \bar{X} - \bar{Y}\ ] = \frac{\sigma_x^2}{n_x} + \frac{\sigma_y^2}{n_y} \tag{8.17}$$

となっています（→**練習問題** 8.2）。したがって $\bar{X} - \bar{Y}$ を標準化したものは

$$\frac{(\bar{X} - \bar{Y})\ -\ (\mu_x - \mu_y)}{\sqrt{\frac{\sigma_x^2}{n_x} + \frac{\sigma_y^2}{n_y}}} \ \sim \ N(0, 1)$$

となります。帰無仮説が正しいと仮定すると分子にある $(\mu_x - \mu_y)$ はゼロとなりますから上の式は次のように

$$\frac{\bar{X}\ -\ \bar{Y}}{\sqrt{\frac{\sigma_x^2}{n_x} + \frac{\sigma_y^2}{n_y}}} \ \sim \ N(0, 1) \tag{8.18}$$

と書くことができます。しかしそれぞれの母集団の分散 σ_x^2 と σ_y^2 はやはり未知ですから，標本分散によって推定する必要があります。

ここで検定統計量を準備するには 2 つの状況を考える必要があります。それは 2 つの母集団の分散が等しい場合（$\sigma_x^2 = \sigma_y^2$）と等しくない場合（$\sigma_x^2 \neq \sigma_y^2$）

です。以下ではそれぞれの場合について説明していきます。

▢ 母集団の分散が等しい場合

この場合は2つの母集団で分散の値が共通なので，$\sigma^2 = \sigma_x^2 = \sigma_y^2$ としておきます。そうすると (8.18) は次のように書くことができます。

$$\frac{\bar{X} - \bar{Y}}{\sqrt{\frac{\sigma_x^2}{n_x} + \frac{\sigma_y^2}{n_y}}} = \frac{\bar{X} - \bar{Y}}{\sqrt{\sigma^2\left(\frac{1}{n_x} + \frac{1}{n_y}\right)}} \sim N(0,1) \qquad (8.19)$$

未知の母集団の分散 σ^2 は2つの母集団で共通の値ですから，2つの母集団からの標本を使って次のように求めることができます。

$$S^2 = \frac{1}{n_x + n_y - 2}\left\{\sum_{i=1}^{n_x}(X_i - \bar{X})^2 + \sum_{j=1}^{n_y}(Y_j - \bar{Y})^2\right\} \qquad (8.20)$$

$n_x + n_y - 2$ で割っているのは標本平均 $\bar{X}$ と $\bar{Y}$ を計算するために自由度が2つ下がっているからです。この S^2 を (8.19) の σ^2 に代入したものは

$$\frac{\bar{X} - \bar{Y}}{\sqrt{S^2\left(\frac{1}{n_x} + \frac{1}{n_y}\right)}} \sim t(n_x + n_y - 2) \qquad (8.21)$$

になります。この検定統計量は帰無仮説が正しいとき，自由度 $(n_x + n_y - 2)$ の t 分布に従うことが知られています。そしてこの検定統計量さえ準備できれば後の手続きは8.1節と同じになります。

●例題 8.3　平均賃金の比較

異なる業種間で平均賃金に差があるかどうかを調査するために，一部上場企業の金融業と製造業から総合職（入社5年目）の社員をそれぞれ10名ずつ無作為抽出したところ，彼らの年間賃金のデータ（単位百万円）は次のようになりました。

金融	6.2	5.7	6.5	6.0	6.3	5.8	5.7	6.0	6.0	5.8
製造	5.6	5.9	5.6	5.7	5.8	5.7	6.0	5.5	5.7	5.5

業種間で平均賃金に差があるかどうかを有意水準 5%で検定してみましょう。ただしどちらの業種ともそれぞれの母集団は正規母集団に従い，母集団の分散は等しいと仮定します。

解答：それぞれの母集団を X と Y とします。

$$X \sim N(\mu_x, \sigma^2), \qquad Y \sim N(\mu_y, \sigma^2)$$

またそこからの標本を（$X_1, \cdots, X_{n_x}$），（$Y_1, \cdots, Y_{n_y}$）とします。

このとき関心は 2 つの母集団の平均に差があるのかどうかですから，帰無仮説と対立仮説は

$$H_0 : \mu_x - \mu_y = 0, \qquad H_1 : \mu_x - \mu_y \neq 0 \tag{8.22}$$

となります。この仮説を検定するための検定統計量は (8.21) です。有意水準 5%で両側検定ですから，巻末付録の t 分布表より自由度 18 の t 分布上側確率 0.025 となる点である臨界値は $t_{0.025} = 2.101$ となります。標本平均 $\bar{X}$，$\bar{Y}$，そして両グループのデータから計算される標本分散 S^2 の実現値

$$\bar{x} = \frac{1}{10}\sum_{i=1}^{10} x_i = 6.0, \qquad \bar{y} = \frac{1}{10}\sum_{j=1}^{10} y_j = 5.7$$

$$s^2 = \frac{1}{10+10-2}\left\{ \sum_{i=1}^{10}(x_i - \bar{x})^2 + \sum_{j=1}^{10}(y_j - \bar{y})^2 \right\} = 0.05$$

を (8.21) に代入すると

$$t_{0.025} = 2.101 < \frac{(6.0 - 5.7)}{\sqrt{0.05\left(\frac{1}{10} + \frac{1}{10}\right)}} = 3.0$$

と検定統計量の値は右側の棄却域に入っています。したがって帰無仮説（$\mu_x - \mu_y = 0$）は有意水準 5%で棄却され，一部上場企業の金融業と製造業の総合職（入社 5 年目）の社員の平均賃金には差があることがわかります。

金融，製造それぞれの母集団の平均 μ_x と μ_y の推定値は $\bar{x} = 6.0 > \bar{y} = 5.7$ ですから，金融業の方の賃金が高かったと結論できます。

○ 母集団の分散が異なる場合

(8.18) の母集団の分散 σ_x^2 と σ_y^2 にそれぞれの標本分散

$$S_x^2 = \frac{1}{n_x - 1}\sum_{i=1}^{n_x}(X_i - \bar{X})^2, \quad S_y^2 = \frac{1}{n_y - 1}\sum_{j=1}^{n_y}(Y_j - \bar{Y})^2$$

による推定量を代入した

$$\frac{\bar{X} - \bar{Y}}{\sqrt{\frac{S_x^2}{n_x} + \frac{S_y^2}{n_y}}} \tag{8.23}$$

は母集団の分散が等しい場合と異なって，自由度 $(n_x + n_y - 2)$ の t 分布には従わないことが理論的に判明しています。その理由は本書のレベルをこえますが，基本的には自由度を修正することで t 検定を行うことができるようになっています。その自由度の修正方法はここでは紹介しませんが，統計ソフトの「分散が異なる場合の平均の差の検定」を選択するとその修正を自動的に行ってくれます（例題 8.4 参照）。したがってその修正された自由度のもとで t 検定を行えばよいのです。

別な対処方法もあります。標本サイズが大きくなると t 分布は標準正規分布に近づくという性質（第 5 章 5.4 節参照）を考慮すれば，サイズが大きい標本が利用できるならば検定統計量 (8.23) が従う確率分布は標準正規分布と考えて検定を行うこともできます。そもそも母集団の分布に正規分布を仮定していますが，その仮定が正しくなければ t 分布による検定は正当性を失います。しかし，標本サイズが十分に大きく第 6 章 6.2 節で説明した中心極限定理が成立する状況ならば，検定統計量 (8.23) が従う確率分布を標準正規分布と考えて検定を行うことができます（例題 8.5 参照）。なお母集団の分散が等しいかどうかの検定については 9.1 節で説明します。

●例題 8.4　平均賃金の比較（分散が異なる場合）

例題 8.3 では母集団の分散は等しいと仮定していましたが，この仮定は間違っていて，分散が異なっていることが判明しました。この場合に，業種間で平均賃金に差があるかどうかを有意水準 5%で検定してみましょう。

解答：$n_x = 10$，$n_y = 10$ ですから母集団の分散が等しい場合は自由度 $(10 + 10 - 2 = 18)$ の t 検定になりますが，この場合は先に説明したように自由度の修正を行うことで対処します。

表計算ソフトの Excel で「データ → データ分析 → t 検定：分散が等しくないと仮定した 2 標本による検定」を行うと，自由度は 18 ではなく，15 と修正されます。有意水準 5%で両側検定ですから，巻末付録の t 分布表より自由度 15 の t 分布上側確率 0.025 となる点である臨界値は $t_{0.025} = 2.131$ となります。

母集団の平均 μ_x，μ_y の標本平均による推定値，分散 σ_x^2 と σ_y^2 のそれぞれの標本分散による推定値

$$\bar{x} = \frac{1}{10}\sum_{i=1}^{10} x_i = 6.0, \quad \bar{y} = \frac{1}{10}\sum_{j=1}^{10} y_j = 5.7$$

$$s_x^2 = \frac{1}{10-1}\sum_{i=1}^{10}(x_i - \bar{x})^2 = 0.07, \quad s_y^2 = \frac{1}{10-1}\sum_{j=1}^{10}(y_j - \bar{y})^2 = 0.03$$

を検定統計量 (8.23) に代入すると

$$t_{0.025} = 2.131 < \frac{(6.0 - 5.7)}{\sqrt{\left(\frac{0.07}{10} + \frac{0.03}{10}\right)}} = 3.0$$

となり検定統計量の値は右側の棄却域に入っていることがわかります。したがって結論は母集団の分散が等しい場合と同じになっています。

TRY8.2　表計算ソフト Excel の分析ツール

Excel にはデータ分析というメニューがあります。このメニューをみるとわかりますが，t 検定（平均値の差の検定）だけでなく，後で説明する分散分析，F 検定（分散の検定），回帰分析などを実行

するためのメニューが準備されています。この章で学んだことを実際に試してみるには便利な道具です。自分の理解を深めるためにも一度，使ってみましょう(→**練習問題** 8.3)。

■POINT8.5　分散が等しいかどうかわからない場合■

2 つの正規母集団の分散が等しくない場合の平均値の差の検定は (8.23) を用いると説明しましたが，実は分散が等しい場合でも利用可能です。通常，母集団の分散が同じであるかどうかはわかりません。9.1 節で説明する等分散性の検定を行えば，帰無仮説が棄却されれば分散は等しくないと判断できますが，棄却されない場合は等しくないという証拠がなかったという程度の判断になります。そのような判断に沿って等分散性を仮定した (8.21) による平均値の差の検定を行うより，分散が等しいかどうかに関わらず，(8.23) を使って平均値の差の検定を行う方法が望ましいとする考え方もあります。その意味で，(8.23) を使った平均値の差の検定は等分散性が仮定できない場合の平均値の差の検定とよぶことができます。

●例題 8.5　平均賃金の比較（母集団の分布が不明の場合）

例題 8.3，8.4 では母集団の分布に正規分布を仮定していました。しかし実際にはそのような仮定をすることができない場合もあります。個別のデータは省略しますが，一部上場企業の金融業と製造業から総合職（入社 5 年目）の社員をそれぞれ 50 名ずつ無作為抽出し，金融業 x_i，$(i = 1, \cdots, 50)$，製造業 y_j，$(j = 1, \cdots, 50)$ のデータからそれぞれの標本平均，標本分散の推定値を以下のように得ました。

$$\bar{x} = \frac{1}{50}\sum_{i=1}^{50} x_i = 6.3, \quad \bar{y} = \frac{1}{50}\sum_{j=1}^{50} y_j = 5.9,$$

$$s_x^2 = \frac{1}{49}\sum_{i=1}^{50}(x_i - \bar{x})^2 = 0.24, \quad s_y^2 = \frac{1}{49}\sum_{j=1}^{50}(y_j - \bar{y})^2 = 0.12$$

この場合に，業種間で平均賃金に差があるかどうかを有意水準 5%で検定してみましょう。

解答：母集団の分布が不明ですが，データ数が多い（標本サイズが大きい）ので第 6 章 6.2 節で説明した中心極限定理を適用して検定統計量 (8.23) は標準正規分布に従っていると考えます。

$$\frac{\bar{X}-\bar{Y}}{\sqrt{\frac{S_x^2}{n_x}+\frac{S_y^2}{n_y}}} \overset{\text{近似的に}}{\sim} N(0,1) \tag{8.24}$$

検定は両側検定ですから，有意水準 5%のとき正規分布の上側確率 0.025 となる点 $c_{0.025}$ を分布表からみつける必要があります。第 7 章 7.2 節で説明したように，標準正規分布表の場合は $1-0.025=\Phi(c_{0.025})$ となる $c_{0.025}$ を分布表からみつけます。$\Phi(c_{0.025})=0.975$ ですから，$c_{0.025}=1.96$ になります。

$$c_{0.025}=1.96 \ < \ \frac{(6.3-5.9)}{\sqrt{\left(\frac{0.24}{50}+\frac{0.12}{50}\right)}} \ = \ 4.71$$

計算された検定統計量 (8.23) の値は $c_{0.025}=1.96$ を越えて右側の棄却域に入っています。したがって帰無仮説（$\mu_x-\mu_y=0$）は有意水準 5%で棄却され，例題 8.3，8.4 と同様な結論になります。

❖ まとめ 8.1　平均値の差の検定のまとめ

2 つのグループの平均値の差の検定とは，2 つのグループの代表値である平均値が等しいかどうかを比べることで，そのグループ間に差異があるかどうかを判断する統計的な方法です。いくつかの検定統計量が出てきましたので以下にまとめておきます。

平均値の差の検定

母集団	分散	検定統計量	検定統計量の分布
正規分布	$\sigma_x^2=\sigma_y^2$	(8.21)	t 分布
正規分布	$\sigma_x^2\neq\sigma_y^2$	(8.23)	自由度が修正された t 分布
不明	$\sigma_x^2=\sigma_y^2$	(8.21)	* 標準正規分布
不明	$\sigma_x^2\neq\sigma_y^2$	(8.23)	* 標準正規分布

* はデータ数が多い（標本サイズが大きい）場合

■POINT8.6 「有意である」とは■

例題 8.3，8.4，8.5 では平均値の差がゼロかどうかを判断する方法について説明しました。観測された差がゼロから乖離していた場合，その乖離が偶然なのか，そうでないのかは検定統計量を使って判断されます。偶然でない場合，「有意である」と表現されます。例題 8.1 では平均がゼロから乖離している程度は有意ではありませんでした。この「有意でない」という結果は，帰無仮説（平均 = 0）が正しいと主張しているのではないことは POINT8.3 で述べたとおりです。

8.3 差の差の分析

○ 効果を測る

例題 8.1 では社員研修の効果の有無を無作為に選ばれた 10 人の営業職の社員の研修前後の営業スコアの差のデータにもとづいて検証しました。ここでは，その社員研修が 1 年間にわたって実施された，という状況設定を例題 8.1 の設定に追加して，研修の効果の有無について考えてみます。

この場合，例題 8.1 での解答にある判断は同じままでよいでしょうか。たとえば，研修終了時点での経済状況は開始時点より悪くなっていたかもしれません。そうすると，研修に（例題 8.1 の解答にあるように）有意な効果がみられないのは，その経済状況のせいかもしれません。「もし研修を実施していなかったら」，営業スコアはもっと悪くなっていたかもしれません。このような場合，研修に参加した 10 人の研修前後の営業スコアの変化から，その同じ 10 人が研修に参加しなかった場合のスコアの変化を差し引けば，研

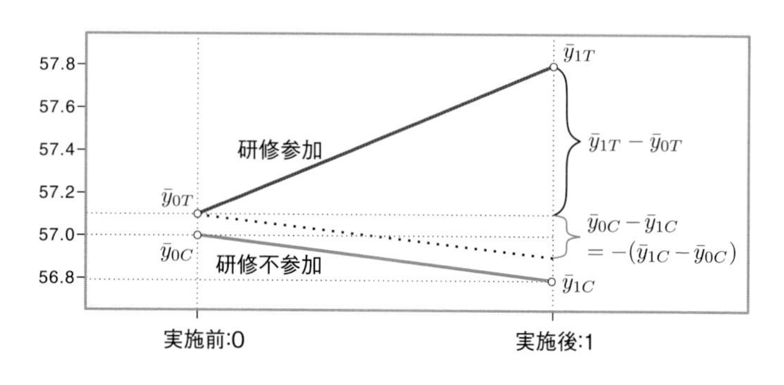

図 8.7　平均処置効果

修の効果の有無をみることができそうです。しかし実際に研修に参加した10人が「もしその研修に参加していなかったら」という仮想的な状況のデータは観測することはできません。そこで，対象となる営業職員から研修に参加する10人と参加しない10人（合計20人）を無作為に選び出すことにします。その彼らの営業スコアを計測した結果が以下の表です。

参加	1	2	3	4	5	6	7	8	9	10	平均
研修前	56	56	59	56	58	57	58	55	59	57	57.1
研修後	57	56	60	58	59	58	59	56	57	58	57.8

不参加	1	2	3	4	5	6	7	8	9	10	平均
研修前	57	57	58	55	58	59	57	55	56	58	57.0
研修後	58	56	58	55	58	58	57	55	56	57	56.8

研修に参加した10人の研修参加前の営業スコアの平均を $\bar{y}_{0T}$，参加後の平均を $\bar{y}_{1T}$，同様に研修に参加しない10人の研修前と後の営業スコアの平均をそれぞれ $\bar{y}_{0C}$，$\bar{y}_{1C}$ とあらわし，関係をあらわしたものが図 8.7 です。

研修に参加した10人の研修前後での営業スコアの変化（差）は $\bar{y}_{1T} - \bar{y}_{0T}$ です。この10人が「もし研修に参加しなかったなら」，営業スコアの平均は研修前の $\bar{y}_{0T}$ からどうなったかは実際にはわかりませんが，図の青線（$\bar{y}_{0C}$ から

$\bar{y}_{1C}$）と平行にひかれた $\bar{y}_{0T}$ からはじまる点線の終点 $\bar{y}_{0T} + (\bar{y}_{1C} - \bar{y}_{0C})$ を仮想的な状況でのスコアの平均とします。そうすると図からわかるように研修の効果（平均処置効果）は，研修に参加した 10 人に関する $\bar{y}_{1T} - \bar{y}_{0T}$ から参加しなかった 10 人に関する $\bar{y}_{1C} - \bar{y}_{0C}$ を引いた差の差 (Difference-in-Difference) である $(\bar{y}_{1T} - \bar{y}_{0T}) - (\bar{y}_{1C} - \bar{y}_{0C})$ によってあらわされることになります。

このように何かの施策の効果を判断するには，実際に起こった結果と実際に起こっていない（反事実）の結果を比較する必要が生じますが，反事実の結果は観測できませんから，何らかの仮定のうえでその代わりとなる結果を観測することで対処します。一般には，施策は処置 (treatment)，とらえようとしている効果は処置効果 (treatment effect)，処置を受けたグループを処置群 (treatment group)，処置を受けなかったグループを対照群 (control group) とよびます。

ここでの例では，研修への参加が処置に相当します。また処置群である研修に参加した人たちが，もし参加していなかった場合の結果が反事実の結果になります。この反事実の結果は観測されませんが，ここでは青線（$\bar{y}_{0C}$ から $\bar{y}_{1C}$）と平行な点線の終点 $\bar{y}_{0T} + (\bar{y}_{1C} - \bar{y}_{0C})$ とみなせる，と考えています。処置群がもし処置を受けていないとすると，対照群の変化と同程度の変化をする，という仮定をおいて分析をおこなっているのです。その仮定が正しいかどうかは実際に観測ができないので確かめることはできませんが，研修に参加する 10 人と参加しない 10 人を無作為に割り当てることで，研修を受けるグループ（処置群）と受けないグループ（対照群）の平均年齢，男女比などのグループの属性を同じように（大きな違いがないように）して，この 2 つのグループの唯一の明確な違いを研修（処置）を受けたかどうかだけにしています。そうすることで，処置群が処置を受けなかった場合の変化を対照群における変化と同等とみなしているのです。実験を行える分野では，このように処置を無作為に割り当て，処置効果を測定できます。この方法はランダム化比較実験とよばれています。

ここまで，研修の効果を差の差 $(\bar{y}_{1T} - \bar{y}_{0T}) - (\bar{y}_{1C} - \bar{y}_{0C})$ によってとら

えることができることを説明してきましたが，次はその効果があったのかどうか，すなわち有意な効果が観測されたのかどうかを前節までに説明した方法で検証することを考えます。

▢ 効果の有無の検証

処置群の第 i 番目の人の研修前の営業スコアを $Y_{i,0T}$，研修後の営業スコアを $Y_{i,1T}$ とします。同様に対照群については研修前後のものをそれぞれ $Y_{i,0C}$，$Y_{i,1C}$ とします。そして，処置群の第 i 番目の人の研修前後でのスコアの変化 $X_{i,T} = Y_{i,1T} - Y_{i,0T}$ は次のような正規分布に従っていると仮定します。

$$X_{i,T} = Y_{i,1T} - Y_{i,0T} \ \sim \ N(\mu_T, \sigma_T^2)$$

また対照群の第 i 番目の人の研修前後でのスコアの変化についても同様に

$$X_{i,C} = Y_{i,1C} - Y_{i,0C} \ \sim \ N(\mu_C, \sigma_C^2)$$

と仮定します。

そうすると，検証したいことは仮定された正規分布の平均 μ_T と μ_C が等しいかどうかを検定する平均値の差の検定に帰着します。すなわち以下の仮説

$$H_0 : \mu_T = \mu_C, \quad H_1 : \mu_T \neq \mu_C$$

を検定することになります。前節では 2 つの正規分布の分散が等しい場合と等しくない場合の平均値の差の検定を説明しましたが，ここでは $\sigma_T^2 = \sigma_C^2$ を支持する根拠が特にありませんから，等分散性を仮定しない方法を採用することにします。等分散性を仮定しない場合の平均値の差の検定は (8.23) にあるように

$$\frac{\bar{X}_T - \bar{X}_C}{\sqrt{\left(\frac{S_T^2}{10} + \frac{S_C^2}{10}\right)}} \tag{8.25}$$

が検定統計量となり，帰無仮説が正しいとき，この検定統計量は自由度が調

整された t 分布に従います。ただし

$$\bar{X}_k = \frac{1}{10}\sum_{i=1}^{10} X_{i,k},\ S_k^2 = \frac{1}{9}\sum_{i=1}^{10}(X_{i,k} - \bar{X}_k)^2, \quad k = T, C$$

です。表計算ソフト Excel のデータ分析「t 検定：分散が等しくないと仮定した 2 標本による検定」での結果は，$\bar{x}_T = 0.7$，$\bar{x}_C = -0.2$，$s_T^2 = 1.122$，$s_C^2 = 0.4$，検定統計量は 2.307，自由度 15 となります。有意水準を 5%としたとき臨界値は ±2.131 なので，帰無仮説は棄却されます。また差の差の推定値は $\bar{x}_T - \bar{x}_C = 0.9$ と正の値ですから，有意水準 5%で研修には正の効果（平均処置効果）があったと判断できます。

ここでは処置群における変化が正，対照群における変化は負，という例で差の差の分析を説明しましたが，それぞれの群における変化の符号が正でも負でも同様に分析できます。またここでは平均値の差の検定を使って処置効果の有無を検証する方法を説明しましたが，計量経済学では回帰分析とよばれる方法を使って，より一般的な検証を行います。詳細は本書の水準をこえますので，章末にあげる参考書を参照してください。

練習問題

8.1　TRY8.1 にあるように信頼区間を使って例題 8.1 に答えなさい。

8.2　(8.16) と (8.17) を導出しなさい。

8.3　表計算ソフトの Excel が利用できるならば例題 8.3 と例題 8.4 を Excel のデータ分析でやってみなさい。

8.4　お菓子メーカーの A 社は，今年の主力商品の売上増加をねらって TV コマーシャルを放映しました。放映の前後での商品売上の変化率は次の表のようになっています。TV コマーシャルによる宣伝効果があったかどうかを有意水準 5%で検定しなさい。ただし標本は正規母集団からの独立な標本と仮定します。

店舗	変化率	店舗	変化率
1	0.5	6	−0.6
2	1.8	7	1.7
3	−0.4	8	1.8
4	−0.7	9	1.2
5	1.8	10	−0.2

参考書

仮説検定の数理的な性質や厳密性をより深くもとめる場合は以下の本がよいでしょう。

- 久保川達也『現代数理統計学の基礎』共立出版，2017 年

差の差の分析を含む処置効果の分析に関して

- 田中隆一『計量経済学の第一歩——実証分析のススメ』有斐閣，2015 年
- James H. Stock, Mark W. Watson 著，宮尾龍蔵（訳）『入門計量経済学』共立出版，2016 年

より一般的に因果推論を含む調査データの分析に関して

- 星野崇宏『調査観察データの統計学　因果推論・選択バイアス・データ融合』岩波書店，2009 年

第 9 章

代表的な検定

本章では第 8 章で説明した検定方法以外で経済，経営の分野で比較的利用することの多い代表的な検定方法について説明します。

◦ *KEY WORDS* ◦

等分散性の検定，成功確率の検定，相関係数の検定
適合度検定，独立性の検定，分散分析，
p 値，第 1 種の誤り，第 2 種の誤り，検出力

9.1 等分散性の検定・成功確率の検定・相関係数の検定

等分散性の検定

2つの母集団の分散が等しいかどうかを検定する方法について説明します。2つの正規母集団 X と Y を想定します。それぞれは

$$X \sim N(\mu_x,\, \sigma_x^2), \qquad Y \sim N(\mu_y,\, \sigma_y^2)$$

となっています。このとき関心は2つの母集団の分散が等しいかどうかです。したがって帰無仮説と対立仮説は

$$H_0:\ \sigma_x^2 = \sigma_y^2, \qquad H_1:\ \sigma_x^2 \neq \sigma_y^2$$

と設定することができます。それぞれの母集団からの標本を $(X_1, \cdots, X_{n_x})$, $(Y_1, \cdots, Y_{n_y})$ とします。母集団の分散 σ_x^2 と σ_y^2 の標本分散による推定量は

$$S_x^2 = \frac{1}{n_x - 1}\sum_{i=1}^{n_x}(X_i - \bar{X})^2, \qquad S_y^2 = \frac{1}{n_y - 1}\sum_{j=1}^{n_y}(Y_j - \bar{Y})^2$$

となります。帰無仮説が正しければ，$\sigma_x^2/\sigma_y^2 = 1$ となりますから，この比 σ_x^2/σ_y^2 に標本分散による推定量（確率変数）を代入したものは1に近い値をとると思われます。このアイデアにもとづいて帰無仮説が正しいかどうかを測るために考案された検定統計量は次のとおりです。

$$F = \frac{S_x^2}{S_y^2} \sim F(n_x - 1, n_y - 1) \tag{9.1}$$

$F(n_x - 1, n_y - 1)$ は自由度 $(n_x - 1, n_y - 1)$ の F 分布をあらわしています。この F 分布は正規分布や t 分布と同じように連続確率変数の分布の一つです。その確率密度関数，分布関数や性質などは説明しませんが，検定統計量 (9.1) の棄却域の決定にはこの F 分布を利用することになります。そしてこ

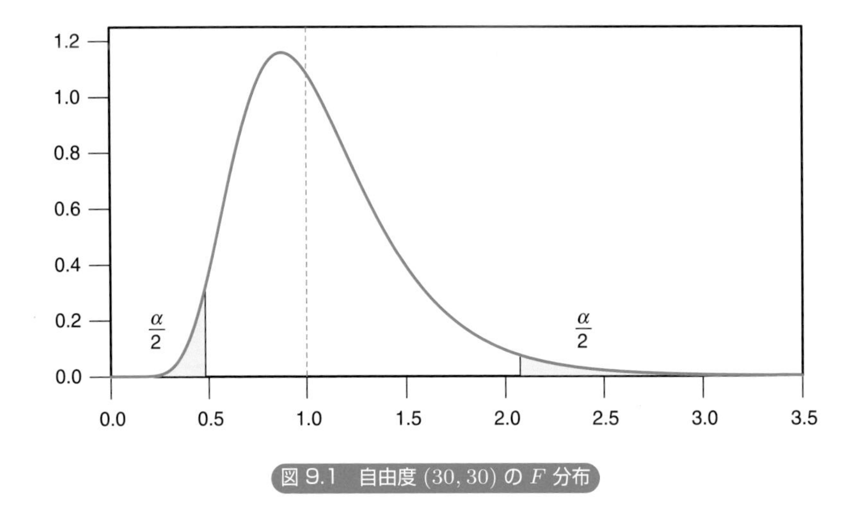

図 9.1　自由度 $(30, 30)$ の F 分布

の F 分布を使った検定を $\boldsymbol{F}$ 検定とよびます。図 9.1 は自由度 $(30, 30)$ の F 分布を描いたものですが，分布の形状が対称でないことがわかります．

有意水準を α とすると検定は両側検定になっていることから棄却域を分布の右側と左側に決める必要があります。これまで検定統計量の分布はゼロを中心に左右対称だったので，右側の棄却域を定める臨界値にマイナスをつけて左側の棄却域を定める臨界値としていました。しかしこの F 分布は左右対称ではないのでこの方法は利用できません。そこで次のような方法をとります。まず，2 つの標本分散の推定値の大きいほうを検定統計量 (9.1) の分子にもってくることにします。そうすると必ず，この F の値は 1 以上になるので，棄却域も右側だけを考えればよくなります。ただし，どちらの標本分散の推定値が大きいかは事前にはわかりません。たとえば，$s_x^2 < s_y^2$ となるかもしれませんし，$s_y^2 < s_x^2$ となるかもしれません。どちらになるか 2 通りですから，有意水準を α としたときは上側確率を $\alpha/2$ として臨界値をもとめることになります。

一方，仮説が以下のように設定されているならば

$$H_0:\ \sigma_x^2 = \sigma_y^2, \qquad H_1:\ \sigma_x^2 < \sigma_y^2$$

検定は片側検定ですから，検定統計量 (9.1) の分子には（対立仮説で大きいとしている）σ_y^2 の推定値をもってきます。有意水準が α ならば臨界値は F 分布の上側確率 α をあたえる点になります。巻末付録には自由度 (m, n) の F 分布の上側確率 0.05，0.025，0.01，0.005 をあたえる分位点の表を掲載しています。

●例題 9.1　例題 8.3 での等分散性の検定

例題 8.4 では母集団の分散は等しくないことがわかっているとしていましたが，実際は検定によって判断します。例題 8.3 のデータを使って業種間で母集団の分散が等しいかどうかを有意水準 5%で検定してみましょう。

解答：母集団の分散 σ_x^2 と σ_y^2 の標本分散による推定値

$$s_x^2 = \frac{1}{n_x - 1}\sum_{i=1}^{n_x}(x_i - \bar{x})^2 = 0.07,\ \ s_y^2 = \frac{1}{n_y - 1}\sum_{j=1}^{n_y}(y_j - \bar{y})^2 = 0.03$$

を検定統計量 (9.1) に代入します。(分子には上の推定値の大きい方を代入)

$$F = \frac{0.07}{0.03} = 2.33$$

検定統計量は自由度（$n_x - 1, n_y - 1$）の F 分布に従っています。有意水準 5%ですが先ほど説明したように臨界値は上側確率 0.025 をあたえる点になります。自由度 (9,9) の F 分布の上側確率 0.025 となる点は分布表には載っていませんが，自由度 (10,9) と自由度 (8,9) の場合の 3.96 と 4.10 の間の値になります。検定統計量の値は 2.33 ですから，いずれにせよ棄却域には入りません。したがって，帰無仮説 $\sigma_x^2 = \sigma_y^2$ は有意水準 5%では棄却されません。

■POINT9.1　帰無仮説が棄却されない理由■

帰無仮説が棄却されない理由として POINT8.3 で「帰無仮説に反する事実がみつからなかった」と説明しました。実際，例題 9.1 では帰無仮説は棄却されませんでしたが，$s_x^2 = 0.07$，$s_y^2 = 0.03$ となっており，s_x^2 は s_y^2 の 2 倍以上の値になっています。2 倍以上も大きさにひらきがあるのに，なぜ帰無仮説は棄却されないのでしょうか。一つの理由としては，データの数が十分でないということが考えられます。仮に $n_x = 31$ と $n_y = 31$ として，推定値は同じままで $s_x^2 = 0.07$，$s_y^2 = 0.03$ だったとします。このとき自由度 $(30, 30)$ の F 分布の上側確率 0.025 となる点は 2.07 となり，このとき帰無仮説は棄却されます。情報が多い（データ数が多い）と少しの違いでも見極めますが，情報が少ない場合は，ある程度違いがあっても判断がつかないということです。

●例題 9.2　リスクの評価

ある証券会社が提示した資料にあった株価に関するハイリスク・ハイリターン（X）とローリスク・ローリターン（Y）という 2 つの企業グループの中から 1 社ずつ選び，過去 15 日間の日々の株価収益率のデータから標本分散を計算したところ

$$s_x^2 = \frac{1}{15-1}\sum_{i=1}^{15}(x_i - \bar{x})^2 = 0.04, \quad s_y^2 = \frac{1}{15-1}\sum_{j=1}^{15}(y_j - \bar{y})^2 = 0.01$$

となりました。(5.20) にあるようにリターンの大きな金融商品は小さいものに比べてリスクが大きいといわれています。このことを実際のデータを使って有意水準 5%で検定してみましょう。

解答：第 5 章 5.3 節で説明したようにファイナンスの分野では，収益率を確率変数と考え，期待収益率をリターン，標準偏差をボラティリティとよんでいます。そしてこのボラティリティはリスクの大きさを測るものになっています。

ここでの問題はハイリスク・ハイリターンの企業の株価収益率のリスク（ボラティリティ）がローリスク・ローリターンの企業のものより大きいことを検証することです。標準偏差 σ_x，σ_y の大小関係はどちらも正の値ですから 2 乗しても変わりません。したがって帰無仮説と対立仮説は次のように設定することができます。

$$H_0:\ \sigma_x^2 = \sigma_y^2, \qquad H_1:\ \sigma_x^2 > \sigma_y^2$$

と設定することができます。検定統計量 (9.1) の分子には対立仮説で大きいとしている σ_x^2 の推定値 $s_x^2 = 0.04$ を，分母には s_y^2 を代入すると

$$F = \frac{0.04}{0.01} = 4$$

となります。検定は片側検定なので，臨界値は有意水準 5%より自由度 $(15-1, 15-1)$ の F 分布の上側確率 0.05 をあたえる点で 2.48 となります。検定統計量の値 F は臨界値 2.48 を越えていますから棄却域に入っています。したがって帰無仮説 $\sigma_x^2 = \sigma_y^2$ は棄却され，対立仮説の $\sigma_x^2 > \sigma_y^2$ が採択されます。このことからリターンの大きな金融商品は小さいものに比べてリスクが大きいということが確かめられたことになります。

▢ 成功確率の検定

第 6 章 6.1 節の比率・割合の調査では市場調査や視聴率調査での特定の商品の購入確率や視聴率といった比率・割合は標本平均によって推定できることを説明しました。そこでは標本は成功確率 p のベルヌーイ確率変数としてとりあつかわれました。すなわち母集団 X については

$$P(X=0) = 1-p, \qquad P(X=1) = p$$

で，そこからランダムに抽出された標本（$X_1, \cdots, X_n$）についても同様に

$$P(X_i=0) = 1-p, \qquad P(X_i=1) = p$$

と考えていました。そして未知の成功確率 p の推定は標本平均

$$\hat{p} = \bar{X} = \frac{1}{n}\sum_{i=1}^{n} X_i \tag{9.2}$$

によってできることも示しました。この標本平均の統計的性質については

$$E[\bar{X}] = p, \qquad V[\bar{X}] = \frac{p(1-p)}{n}$$

となることもわかっています（第 6 章まとめ 6.1）。さらに標本平均 $\bar{X}$ を標

準化したものは (6.16) にあるように中心極限定理によって正規近似できることがわかっています。

$$\frac{\bar{X}-p}{\sqrt{\frac{p(1-p)}{n}}} \xrightarrow{d} N(0,1),\ (n\to\infty) \tag{9.3}$$

ここで未知の成功確率 p に対して次の帰無仮説，対立仮説

$$H_0: p=p_0,\quad H_1: p\neq p_0 \tag{9.4}$$

を検定することを考えます。(9.3) は帰無仮説が正しいときには

$$\frac{\bar{X}-p_0}{\sqrt{\frac{p_0(1-p_0)}{n}}} \xrightarrow{d} N(0,1),\ (n\to\infty) \tag{9.5}$$

となります。この (9.5) が仮説 (9.4) を検定するための検定統計量になります。この検定統計量は帰無仮説が正しいとき標準正規分布に従うので臨界値をもとめるときは標準正規分布表を使うことになります。

第 7 章の例題 7.2 では 500 世帯に対する視聴率調査の結果，推定された視聴率は 15%でした。信頼係数 0.95 の信頼区間をもとめた結果，その信頼区間には目標視聴率 20%は含まれず，目標は達成されていないと判断されていました。このことを仮説検定で考えてみたものが次の例題です。

●例題 9.3　視 聴 率 調 査

某テレビ局のプロデューサー X 氏は製作番組の視聴率の目標を 20%と想定していました。X 氏の製作番組は目標視聴率 20%を達成したかどうかを有意水準 5%で検定しなさい。調査は 500 世帯に対して行われ，その結果，標本平均として得られた平均視聴率は 15%でした。

解答：検定の対象となる帰無仮説，対立仮説は

$$H_0: p=0.2,\qquad H_1: p\neq 0.2$$

です。したがって検定統計量 (9.5) は

$$\frac{\bar{X}-0.2}{\sqrt{\frac{0.2(1-0.2)}{n}}} \xrightarrow{d} N(0,1),\ (n\to\infty)$$

になります。標本サイズ n は 500 で，$\bar{X}$ の実現値は $\bar{x}=0.15$ ですから，検定統計量の値は

$$\frac{0.15-0.2}{\sqrt{\frac{0.2(1-0.2)}{500}}}=-2.8$$

となります。有意水準は 5%で検定は両側検定ですから，臨界値は標準正規分布の上側確率 0.025 をあたえる点になります。付録の標準正規分布表より $c_{\alpha/2}=1.96$ となり，左右の棄却域を定める臨界値はそれぞれ -1.96，1.96 です。検定統計量の値 -2.8 は左側の棄却域に入っていますから，帰無仮説は有意水準 5%で棄却されます。さらに平均視聴率が 0.15 であったことから，X 氏の製作番組の 0.20 という目標視聴率は達成できていなかったことがわかります。

成功確率の差の検定

たとえばある政党の支持率が大都市圏と地方で差があるかどうかや，ある商品の認知度がセールスプロモーションを行った地域とそうでない地域で差があるのかどうかなどを調べる際に，ここで説明する成功確率の差の検定が役立ちます。

2 つの母集団 X，Y の成功確率 p_x と p_y はそれぞれの母集団からの標本（$X_1,\cdots,X_{n_x}$）と（$Y_1,\cdots,Y_{n_y}$）の標本平均

$$\bar{X}=\frac{1}{n_x}\sum_{i=1}^{n_x}X_i, \qquad \bar{Y}=\frac{1}{n_y}\sum_{j=1}^{n_y}Y_j$$

によって推定することができます。それらの統計的性質は

$$E[\bar{X}]=p_x, \qquad V[\bar{X}] = \frac{p_x(1-p_x)}{n_x}$$
$$E[\bar{Y}]=p_y, \qquad V[\bar{Y}] = \frac{p_y(1-p_y)}{n_y}$$

となっています。ここで 2 つの異なる母集団から得られた標本どうしは独立

であることに注意すれば２つの標本平均の差については

$$E[\bar{X}-\bar{Y}]=p_x-p_y,$$
$$V[\bar{X}-\bar{Y}]=\frac{p_x(1-p_x)}{n_x}+\frac{p_y(1-p_y)}{n_y}$$

となることがわかります。

未知の成功確率 p_x と p_y に差があるかどうかは次の帰無仮説，対立仮説

$$H_0:\ p_x-p_y=0,\qquad H_1:\ p_x-p_y\neq 0$$

を検定することで調べることができます。この仮説を検定するには $\bar{X}-\bar{Y}$ を標準化した

$$\frac{(\bar{X}-\bar{Y})-(p_x-p_y)}{\sqrt{\frac{p_x(1-p_x)}{n_x}+\frac{p_y(1-p_y)}{n_y}}}\ \xrightarrow{d}\ N(0,1),\ (n\to\infty)$$

を利用します。帰無仮説が正しければ，分子の p_x-p_y はゼロとなり消えますが分母の p_x と p_y は未知のままです。実際の検定統計量はこの未知の p_x と p_y へ一致推定量である $\bar{X}$ と $\bar{Y}$ を代入した

$$\frac{(\bar{X}-\bar{Y})}{\sqrt{\frac{\bar{X}(1-\bar{X})}{n_x}+\frac{\bar{Y}(1-\bar{Y})}{n_y}}}\ \xrightarrow{d}\ N(0,1),\ (n\to\infty) \tag{9.6}$$

を使います。帰無仮説が正しいとき，この検定統計量の分布は標本サイズが十分に大きいならば正規近似できることが知られています。したがって臨界値をもとめるときは標準正規分布表を使います。

■POINT9.2　同じ母集団からの標本の例■

たとえば１つの地域での政党Ａと政党Ｂの支持率の調査を考えます。この場合，ある人が政党Ａを支持していれば，その人は政党Ｂは支持していないことになります。したがって，同じ母集団からの標本をもちいた場合，政党Ａと政党Ｂそれぞれの支持率の推定量は互いに独立ではありません。

●例題 9.4　商品認知度

家電メーカー A 社は自社製品の認知度を上げるためにセールスプロモーションを行うかどうかを検討しています。効果があるかどうかをみるために試験的に地域 X でセールスプロモーションを行いました。その地域で家電店に来た客 100 人に自社商品の認知度を調査したところ 60 人は知っていると回答しました。セールスプロモーションを行わなかった地域 Y でやはり客 120 人に調査をしたところ 50 人が知っていると回答しました。この結果を使って，セールスプロモーションに効果があるかどうかを有意水準 5%で検定しなさい。ただし地域 X と Y は人口構成などが似ているものとします。

解答：セールスプロモーションを行った地域 X での真の認知度を p_x，行わなかった地域 Y での真の認知度を p_y とします。

検定の対象となる帰無仮説，対立仮説は

$$H_0 : p_x - p_y = 0, \qquad H_1 : p_x - p_y > 0$$

となり検定は片側検定となります。

p_x と p_y は未知の値ですが調査によって $\bar{X}$ と $\bar{Y}$ の実現値としてそれぞれ $\bar{x} = 60/100 = 0.6$, $\bar{y} = 50/120 = 0.42$ と推定されています。また $n_x = 100$, $n_y = 120$ ですから検定統計量 (9.6) に代入すると

$$\frac{0.6 - 0.42}{\sqrt{\frac{0.6(1-0.6)}{100} + \frac{0.42(1-0.42)}{120}}} = \frac{0.18}{0.067} = 2.687$$

となります。有意水準 5%の片側検定ですから臨界値は標準正規分布の上側確率 0.05 をあたえる点として 1.645 となり，検定統計量の値は棄却域に入ります。したがって帰無仮説は有意水準 5%で棄却され，セールスプロモーションに効果があったと結論できます。

■POINT9.3　比べるということ■

例題 9.4 ではセールスプロモーションの実施が製品の認知度を上げるのかどうかを検証しています。2 つの異なる地域での調査なのでプロモーション実施の有無と関係なく，認知度に差がある可能性はありますが，設問ではプロモーションの実施の有無以外について

は「似ている」地域としています。すなわち2つの地域での製品の認知度はプロモーション実施前は差がないと暗に仮定しています。本来このような仮定が正しいかどうかは様々な形で検討されるべきことです。この例のようにプロモーション実施の有無以外については，この2地域は同質でなければ正しい比較にはならないことには注意が必要です。また片側検定とした理由は，知っているかどうかをあらわす認知度という指標はプロモーションにより下がることはない，という判断からです。

▢ 相関係数の検定

表9.1は第2章の表2.5と同じものです。これは，ある会社の前で5人にその人の通勤時間と年間給与を聞いた結果です。通勤時間と年間給与の間にどの程度の関連があるかを相関係数で計算したところ0.877となりました。果たして通勤時間と年間給与の間に関連があったのでしょうか。

通勤時間を X，年間給与を Y とします。そして調査の結果得られたデータは確率変数 X と Y の実現値と考えることができます。確率変数 X と Y は連続確率変数ですから相関係数 ρ は第5章の定義5.7であたえたものになります。そしてこの相関係数の推定値は第2章(2.3)によって得ることができます。

通勤時間と年間給与の間に関連があったのかどうかは，次の帰無仮説，対

表9.1 通勤時間と年間給与

	A	B	C	D	E
通勤時間	1.0	1.2	0.5	1.5	2.0
年間給与	500	550	520	700	730

立仮説

$$H_0:\ \rho = 0, \qquad H_1:\ \rho \neq 0$$

を検定することでわかります。ここでは結果のみを示しますが，この仮説を検定するための検定統計量は相関係数の推定量を $\hat{\rho}$ とすれば

$$\frac{\hat{\rho}\sqrt{n-2}}{\sqrt{1-\hat{\rho}^2}} \overset{\text{近似的に}}{\sim} t(n-2) \tag{9.7}$$

で帰無仮説が正しいとき自由度 $n-2$ の t 分布に従います。有意水準を α とすれば，自由度 $n-2$ の t 分布の上側 $\alpha/2$ をあたえる点が右側の棄却域を定める臨界値になり，その臨界値にマイナスをつけたものが左側の棄却域を定める臨界値になります。

●例題 9.5　通勤時間と年間給与の間に関連はあるか

表 9.1 のデータから通勤時間と年間給与の間に関連があるかどうかを相関係数の検定によって調べなさい。ただし有意水準 5%とします。

解答：検定統計量 (9.7) へ $\hat{\rho}$ の実現値 0.877，データ数 $n = 5$ を代入すると

$$\frac{0.877\sqrt{5-2}}{\sqrt{1-0.877^2}} = 3.161$$

となります。有意水準 5%の両側検定ですから，右側の臨界値は自由度 3 の t 分布の上側確率 0.025 をあたえる点は 3.182，左側の臨界値は -3.182 となり，検定統計量の値は棄却域には入りません。したがって帰無仮説 $\rho = 0$ は有意水準 5%では棄却されず，得られたデータからは通勤時間と年間給与の間に関連があったとはいえないことになります。

9.2 適合度検定・独立性の検定

▢ 適合度検定

統計学では標本を分析する際に，その標本がでてきた母集団の分布を仮定することが多いですが，この理論的な分布の仮定が正しいかどうかを標本の実現値としてあらわれたデータを使って検定する方法が適合度検定です。仮定された理論的な分布から期待される度数（Expectation）と実際に観測された度数（Observation）が適合しているかどうかをみるためのものです。

●例題 9.6 カジノのサイコロ

カジノで使われているサイコロの 6 つの目が出る確率は等しいはずです。理論的には

$$P(1\text{の目}) = P(2\text{の目}) = \cdots = P(6\text{の目}) = \frac{1}{6}$$

となっています。実際に 120 回投げて観測された度数は次のようになりました。はたしてサイコロに不正はあるのでしょうか。有意水準 5%で検定しなさい。

サイコロの目	1	2	3	4	5	6
観測度数 O_i	15	22	17	24	18	24

解答：帰無仮説と対立仮説は

$$H_0 : P(1\text{の目}) = P(2\text{の目}) = \cdots = P(6\text{の目}) = \tfrac{1}{6},$$
$$H_1 : H_0\text{の否定}$$

となっています。帰無仮説が正しいと仮定したもとで理論的に期待される期待度数 E_i を計算すると以下のようになります。

サイコロの目	1	2	3	4	5	6
確率	1/6	1/6	1/6	1/6	1/6	1/6
期待度数 E_i	20	20	20	20	20	20

帰無仮説が正しければ，$O_i - E_i$ は小さいはずです。この考えを利用して作られたのが次の検定統計量です。

検定統計量

一般にカテゴリー数を k とすれば，

$$H_0 : P_1 = p_1, P_2 = p_2, \ldots, P_k = p_k,$$
$$H_1 : H_0\text{の否定}$$

に対して，観測度数 O_i と期待度数 E_i,（$i = 1, \cdots, k$）を利用して検定統計量は

$$\sum_{i=1}^{k} \frac{(O_i - E_i)^2}{E_i} \tag{9.8}$$

であたえられます。この検定統計量は帰無仮説が正しければ自由度 $(k-1)$ のカイ 2 乗分布に従っています。そして有意水準 α の場合，臨界値は自由度 $(k-1)$ のカイ 2 乗分布の上側確率 α をあたえる点になります。

帰無仮説での $p_1, \cdots, p_k$ は分析者が想定しているもので，ここでの例ではカテゴリー数 k は 6，$p_i = 1/6, (i = 1, \cdots, 6)$ で，検定統計量の値は

$$\sum_{i=1}^{6} \frac{(O_i - E_i)^2}{E_i} = 3.7$$

となります。自由度 $(6 - 1 = 5)$ のカイ 2 乗分布の上側確率 0.05 となる点をあたえる臨界値は 11.07 で，帰無仮説は棄却されません。したがって観測されたデータでは「サイコロに不正がないこと」は否定できません。弱い意味でサイコロには不正がないと判断します。

○ 独立性の検定（クロス表）

相関係数の検定では２つの要因の関連性を検定していましたが，その２つの要因はともに数量データでした。ここでは要因がカテゴリーの場合に関連性を検定する方法を説明します。たとえば，「ある俳優が好きか嫌いか」という要因と「男女」という要因に関連があるかどうか，「優れた企業戦略をもつ企業とそうでない企業」と「企業業績が良いか悪いか」という要因に関連があるかといった場合には先の相関係数の検定は利用できません。アンケート調査によって得られるデータを解析する場合にここで説明する方法は非常に役に立つものです。

ある銀行が融資先企業 200 社に対して，その企業の戦略が優れているか，そうでないかを判定しています。さらに各企業の業績が良いグループと悪いグループに選別しました。その結果は表 9.2 にまとめられています。２つの要因を行と列で分類したこのような表はクロス表，または分割表とよばれます。要因「業績」は悪い，良いの２つ，要因「戦略」は優れていない，優れているの２つに分類されますから，2×2 のクロス表（分割表）といいます。一般に分類の数が m と n であれば $m \times n$ のクロス表になります。

このようなクロス表が得られた場合に行と列の要因に関連があるかどうかは次のようにして検定することになります。２つの要因のそれぞれで

表 9.2　企業戦略と業績

戦略＼業績	悪い	良い	計
優れていない	45	45	90
優れている	30	80	110
計	75	125	200

$$P(\text{業績}, \text{戦略}) = P(\text{業績}) \times P(\text{戦略}) \tag{9.9}$$

となっていれば2つの要因は独立になり関連がないことになります（第3章の定義 3.2，第4章の定義 4.8 参照）。検定ではこの (9.9) が帰無仮説になります。(9.9) の右辺の各確率は次のようにしてもとめることができます。

周辺確率をもとめる

$P(\text{業績})$ と $P(\text{戦略})$ が周辺確率とよばれることは第4章の表 4.1 で説明しています。この周辺確率は，クロス表の行和と列和を全データ数で割ることでもとめることができます（表 9.3）。たとえば「企業戦略が優れている」確率と「企業業績が良い」確率はそれぞれ

$$P(\text{戦略} = \text{優れている}) = \frac{110}{200}, \qquad P(\text{業績} = \text{良い}) = \frac{125}{200}$$

となっています。ここでもし帰無仮説が正しいならば，「企業戦略が優れていて，企業業績が良い」という同時確率は

$$\begin{aligned} &P(\text{戦略} = \text{優れている}, \text{業績} = \text{良い}) \\ &\qquad = P(\text{戦略} = \text{優れている}) \times P(\text{業績} = \text{良い}) = \frac{110}{200} \times \frac{125}{200} \end{aligned}$$

ともとめることができます。そしてこの「企業戦略が優れていて，企業業績が良い」という同時確率に全データ数をかけたものは全データ中，「企業戦略が優れていて，企業業績が良い」となる企業数の期待値になっています。残りの組み合わせについても期待値を同じようにしてもとめたものが表 9.4 です。一方，表 9.2 の各セルには実際に観測された観測値が入っています。もし帰無仮説が正しければこの観測値と期待値は近い値になっているはずです。表 9.2 の観測値（Observation）の各セルの値を O_{ij} とあらわします。添え字 i は第 i 行，j は第 j 列のセルであることを意味しています。たとえば O_{21} は第2行第1列のセルですから 30 です。同様に期待値（Expectation）の表 9.4 の各セルの値を E_{ij} であらわすことにします。そうすると観測値と期待値の差は $O_{ij} - E_{ij}$ で表現できます。

表 9.3　企業戦略と業績の周辺確率

戦略＼業績	悪い	良い	P(戦略)
優れていない			$\frac{90}{200}$
優れている			$\frac{110}{200}$
P(業績)	$\frac{75}{200}$	$\frac{125}{200}$	1

表 9.4　企業戦略と業績の期待値

戦略＼業績	悪い	良い
優れていない	33.75	56.25
優れている	41.25	68.75

適合度検定と同様に観測値と期待値の差に着目した独立性の検定は以下であたえられます。

帰無仮説と対立仮説

$$H_0 : P(\text{業績}, \text{戦略}) = P(\text{業績}) \times P(\text{戦略}),$$
$$H_1 : P(\text{業績}, \text{戦略}) \neq P(\text{業績}) \times P(\text{戦略})$$

検 定 統 計 量

$$\sum_{i=1}^{2}\sum_{j=1}^{2}\frac{(O_{ij}-E_{ij})^2}{E_{ij}} \tag{9.10}$$

この検定統計量は帰無仮説が正しければ自由度 (行数 − 1) × (列数 − 1) のカイ 2 乗分布に従っています。この検定統計量は分子も分母も負の値をとりませんから，必ずゼロ以上になります。また帰無仮説が正しい場合はゼロに近い値になります。したがって，有意水準 α の検定ならば，(行数 − 1) × (列数 − 1) のカイ 2 乗分布の上側確率 α をあたえる点を臨界値として右側に棄却域がある検定になります。

検定統計量 (9.10) へ表 9.2 と表 9.4 の値を代入すると

$$\sum_{i=1}^{2}\sum_{j=1}^{2}\frac{(O_{ij}-E_{ij})^2}{E_{ij}}=\frac{(45-33.75)^2}{33.75}+\frac{(45-56.25)^2}{56.25}$$

$$+\frac{(30-41.25)^2}{41.25}+\frac{(80-68.75)^2}{68.75}=10.91$$

となります。クロス表の行数と列数はともに2ですから，カイ2乗分布の自由度は $(2-1)\times(2-1)=1$ です。したがって有意水準5%で検定を行う場合，自由度1のカイ2乗分布の上側確率0.05をあたえる点を臨界値とします。これは巻末付録のカイ2乗分布表より3.84となります。検定統計量の値は棄却域に入るので，行と列の要因は独立であるという帰無仮説は棄却され，企業戦略と業績の間に関連があると判断できます。

■POINT9.4　調査データとクロス表■

表9.2ではあらかじめクロス表があたえられています。しかし調査を行った場合，データは次のような状態です。

企業	戦略	業績
1	優れている	良い
2	優れていない	悪い
⋮	⋮	⋮
200	優れていない	良い

あらかじめクロス表があるわけではありません。クロス表は作成しなければならないのです。

●例題9.7　都市と商品の好みに関連はあるか

ある市場調査会社が東京，大阪，福岡の3都市で，都市と商品の好みに関連はあるかどうかを調べるため，4つの商品A，B，C，Dのどれが一番好きかという調査を行いました。都市と商品の好みに関連はあるのでしょうか。有意水準5%で検定しなさい。調査の結果は次の 4×3 クロス表です。

商品＼都市	東京	大阪	福岡	計
A	36	14	14	64
B	10	10	10	30
C	21	14	15	50
D	18	27	11	56
計	85	65	50	200

解答：帰無仮説と対立仮説は

$$H_0 : P(\text{都市}, \text{商品}) = P(\text{都市}) \times P(\text{商品}),$$
$$H_1 : P(\text{都市}, \text{商品}) \neq P(\text{都市}) \times P(\text{商品})$$

になります。検定統計量はすぐ後で説明する (9.11) より

$$\sum_{i=1}^{4}\sum_{j=1}^{3}\frac{(O_{ij}-E_{ij})^2}{E_{ij}} = 2.847 + 2.223 + 0.250 + 0.593 + 0.006 + 0.833$$
$$+ 0.003 + 0.312 + 0.500 + 1.413 + 4.255 + 0.643 = 13.878$$

となります。この検定統計量は帰無仮説が正しければ自由度 $(4-1)\times(3-1) = 6$ のカイ 2 乗分布に従っています。したがって有意水準 5%で検定を行う場合，自由度 6 のカイ 2 乗分布の上側確率 0.05 をあたえる点を臨界値とします。これは巻末付録のカイ 2 乗分布表より 12.59 となります。検定統計量の値は棄却域に入るので，行と列の要因は独立であるという帰無仮説は有意水準 5%で棄却され，都市と商品の好みには関連があると判断できます。

❖ まとめ 9.1 独立性の検定

2 つの要因 A と B について次の $m \times n$ クロス表が得られたとき

A \ B	B_1	$\cdots$	B_n	計
A_1	O_{11}	$\cdots$	O_{1n}	$\sum_{j=1}^{n} O_{1j}$
A_2	O_{21}	$\cdots$	O_{2n}	$\sum_{j=1}^{n} O_{2j}$
$\vdots$	$\vdots$	$\vdots$	$\vdots$	$\vdots$
A_m	O_{m1}	$\cdots$	O_{mn}	$\sum_{j=1}^{n} O_{mj}$
計	$\sum_{i=1}^{m} O_{i1}$	$\cdots$	$\sum_{i=1}^{m} O_{in}$	$\sum_{i=1}^{m}\sum_{j=1}^{n} O_{ij}$

行と列の要因の独立性を検定する場合，帰無仮説と対立仮説は

$$H_0 : P(\text{行の要因}, \text{列の要因}) = P(\text{行の要因}) \times P(\text{列の要因}),$$
$$H_1 : P(\text{行の要因}, \text{列の要因}) \neq P(\text{行の要因}) \times P(\text{列の要因})$$

で，検定統計量は

$$\sum_{i=1}^{m}\sum_{j=1}^{n} \frac{(O_{ij} - E_{ij})^2}{E_{ij}} \tag{9.11}$$

であたえられます。この検定統計量は帰無仮説が正しければ自由度 $(m-1) \times (n-1)$ のカイ 2 乗分布に従っています。有意水準 α の場合，臨界値は自由度 $(m-1) \times (n-1)$ のカイ 2 乗分布の上側確率 α をあたえる点になります。またこの独立性の検定はカイ 2 乗分布を利用するためカイ 2 乗検定ともよばれています。

9.3 分散分析

8.2 節では 2 つのグループの平均値の差の検定を説明しましたが，グループ数が 3 つ以上になった場合はここで説明する分散分析 (Analysis of Variance) とよばれる方法を使います。

○ 一元配置

説明を簡単にするためにグループの数を3つとします。母集団，母集団の平均，ランダム・サンプリングによって得られた標本，およびその実現値に関する記号の定義を以下のようにします。

母集団	母集団の平均	標本	実現値
1	μ_1	$X_{11}, X_{12}, \cdots, X_{1n_1}$	$x_{11}, x_{12}, \cdots, x_{1n_1}$
2	μ_2	$X_{21}, X_{22}, \cdots, X_{2n_2}$	$x_{21}, x_{22}, \cdots, x_{2n_2}$
3	μ_3	$X_{31}, X_{32}, \cdots, X_{3n_3}$	$x_{31}, x_{32}, \cdots, x_{3n_3}$

グループの平均が等しいかどうかを検定しますから，帰無仮説と対立仮説は次のように設定されます。

$$H_0: \ \mu_1 = \mu_2 = \mu_3, \qquad H_1: \ H_0\text{の否定}$$

第 i グループの第 j 番目のデータは x_{ij},（$i = 1, 2, 3$, $j = 1, \cdots, n_i$）ですから，全体の平均 $\bar{x}$ と第 i グループの平均 $\bar{x}_i$ は

$$\text{全体の平均:} \ \bar{x} = \frac{1}{n_1 + n_2 + n_3}\left(\sum_{j=1}^{n_1} x_{1j} + \sum_{j=1}^{n_2} x_{2j} + \sum_{j=1}^{n_3} x_{3j}\right)$$

$$\text{第 } i \text{ グループの平均:} \ \bar{x}_i = \frac{1}{n_i}\sum_{j=1}^{n_i} x_{ij}$$

となります。次に全変動 S_T，グループ間変動 S_G，グループ内変動 S_E の定義をします。

$$\text{全変動:} \quad S_T = \sum_{i=1}^{3}\sum_{j=1}^{n_i}(x_{ij} - \bar{x})^2$$

$$\text{グループ間変動:} \quad S_G = \sum_{i=1}^{3} n_i(\bar{x}_i - \bar{x})^2$$

$$\text{グループ内変動:} \quad S_E = \sum_{i=1}^{3}\sum_{j=1}^{n_i}(x_{ij} - \bar{x}_i)^2$$

変動とは平均からのばらつきの程度をあらわすものです。そして全変動は，個別のデータ x_{ij} が全体の平均 $\bar{x}$ からどの程度ばらついているかをすべて合計したもの，グループ間変動は，グループの代表値であるグループの平均 $\bar{x}_i$ が全体の平均 $\bar{x}$ からどの程度ばらついているかをあらわすもの，そしてグループ内変動は，グループの個別のデータ x_{ij} がグループの平均 $\bar{x}_i$ からばらついている程度をグループごとにもとめ合計したもの，となっています。

そうすると導出は省略しますが以下の式が成立します。

$$\text{全変動 } S_T = \text{グループ間変動 } S_G + \text{グループ内変動 } S_E$$

全データの変動はグループ間の変動とグループ内での変動に分解することができるのです。グループ間変動はグループの平均が全体の平均からちらばっている程度をあらわすものですから，もし帰無仮説 $\mu_1 = \mu_2 = \mu_3$ が正しければこのちらばりをあらわすグループ間変動 S_G はゼロに近い小さな値になります。逆に帰無仮説が正しくなくてグループの平均が異なっているならば，このグループ間変動 S_G はゼロでない大きな値をとります。

一般にグループ数を g とし，各グループのデータ数を n_i，($i = 1, \cdots, g$)，全データ数 $n = n_1 + n_2 + \cdots + n_g$ と定義すれば変動に関して表 9.5 のようにまとめることができます。

この表は分散分析表とよばれるものです。この分散分析表の最終列の F はグループ間とグループ内のばらつきの大きさ（不偏分散）を相対的にもとめたものになっています。この F が大きな値になったとき，グループ間のばらつきはゼロではないと判断されます。したがって，有意水準 α の検定は，表であたえられる F を検定統計量，臨界値を自由度 $(g-1, n-g)$ の F 分布の上側確率 α をあたえる点として行います。検定統計量の値が臨界値を越えれば帰無仮説は棄却されます。

この分析を一元配置の分散分析とよびます。たとえば次の例で見るようにある商品の価格のばらつきを，チェーン店の違いという 1 つの要因によってグループ分けしているので一元配置とよばれるのです。要因が 2 つの場合は

表 9.5 分散分析表

変動要因	平方和（2乗和）	自由度	不偏分散	F
グループ間変動	S_G	$g-1$	$\frac{S_G}{g-1}$	$\frac{\frac{S_G}{g-1}}{\frac{S_E}{n-g}}$
グループ内変動	S_E	$n-g$	$\frac{S_E}{n-g}$	
全変動	S_T	$n-1$		

二元配置とよばれますが本書では取り扱いません。

●例題 9.8 家電量販チェーン店での値段

全国展開している家電量販チェーン店の大手4社 A, B, C, D はそれぞれの出店地域で互いに価格競争をしています。4社とも自分のチェーン店の店舗の価格が一番安いと宣伝をしていますが実際はどうなのでしょうか。今年の夏に，特定メーカーの特定機種のエアコンの価格を各店舗（A社は7店舗，B社は9店舗，C社は7店舗，D社は9店舗）で調査したところ次のようになりました。

（単位：万円）

A	7.1	7.5	7.4	7.7	7.8	7.0	7.5		
B	7.2	7.7	7.3	7.8	7.7	7.1	7.6	7.7	7.6
C	7.5	7.8	7.4	7.9	7.8	7.3	7.8		
D	7.0	7.3	7.0	7.4	7.5	6.9	7.3	7.5	7.4

このデータから分散分析表を作成して，4社のエアコンの価格は同じであるという仮説を有意水準 5%で検定しなさい。

解答：A, B, C, D のそれぞれの平均を μ_A, μ_B, μ_C, μ_D とすると帰無仮説と対立仮説は

$$H_0: \mu_A = \mu_B = \mu_C = \mu_D, \quad H_1: H_0\text{の否定}$$

となります。データから計算された各グループの平均は

$$\bar{x}_A = 7.43,\ \bar{x}_B = 7.52,\ \bar{x}_C = 7.64,\ \bar{x}_D = 7.26$$

でした。そして分散分析表は次のようにもとめることができます。

変動要因	平方和	自由度	不偏分散	F
グループ間	0.650	$4-1=3$	0.217	3.39
グループ内	1.789	$32-4=28$	0.064	
全変動	2.440	$32-1=31$		

巻末の F 分布表には自由度 $(3,28)$ の F 分布の上側確率 0.05 をあたえる点はありませんが，自由度 $(3,25)$ なら 2.99，自由度 $(3,30)$ なら 2.92 となっています。検定統計量 F の値 3.39 はいずれにせよそれらの値を越えていますから結果として帰無仮説 $\mu_A = \mu_B = \mu_C = \mu_D$ は有意水準 5%で棄却され，4 社のエアコンの価格は同じではないと結論できます。

▢ 線形モデル

一元配置の分散分析ではデータの変動を 1 つの要因によってグループ分けし，そのグループ間での変動とグループ内での変動の大きさに着目して分析を行います。ここではこのデータの変動を何らかの要因で表現するという方法を数式によって行います。

データ x_{ij} として実現する前の確率変数を X_{ij} とします。この X_{ij} はランダム・サンプリングによって標本として得られるもので，それらは互いに独立です。したがって ε_{ij}（イプシロン）を平均ゼロで分散 σ^2 の互いに独立な確率変数とするとこの X_{ij} は次のようにあらわすことができます。

$$X_{ij} = \mu + a_i + \varepsilon_{ij} \tag{9.12}$$

ただし μ と a_i は定数です。この X_{ij} の期待値と分散は $E[X_{ij}] = E[\mu + a_i] + E[\varepsilon_{ij}] = \mu + a_i$，$V[X_{ij}] = \sigma^2$ となります。左辺の変数の変動を右辺の各項の要因で説明する方程式 (9.12) は線形モデルとよばれます。この線形モ

デルは左辺の変数の動きを正確にあらわしたものではなく，近似したものです。(9.12) にあらわれる変数は次の表のように要約することができます。

左辺の変数	右辺の変数		
X_{ij}	μ グループ 共通の平均	a_i グループに 固有な平均	ε_{ij} 確率的な要因 （平均ゼロ）

各グループの平均の違いは a_i によって表現されています。この a_i がゼロ（または共通）でなければ各グループの平均は等しくないことになります。

このように線形モデルは変数の関係を方程式であらわすものです。ここでは (9.12) が示しているように，X_{ij} を平均部分 $\mu + a_i$ と平均がゼロである確率変数 ε_{ij} で表現していますが，次章で説明する回帰分析で登場する線形回帰モデルでは，消費支出を所得で説明するというようにより具体的な変数間の関係式を使うことになります。

9.4 補 足 事 項

この節では仮説検定に関して 2 つのことを補足します。一つは p 値（p-value）とよばれるものに関して，あと一つはやや統計理論的な話になりますが検定を行う際におかす可能性がある 2 つの誤りについてです。

▢ 統計ソフトと p 値

これまでの例題をみてもわかるように実際に検定を行うには，検定統計量が従っている分布から有意水準に対応する臨界値を調べるための表（統計分布表）が必要でした。しかしながら統計分布表をいつも手元に用意している人はいないでしょう。また本章で説明したさまざまな検定統計量を実際に計算する場合，ほとんどの人はパーソナルコンピュータ上の統計ソフト，あるいは表計算ソフトの統計分析のツールを使うことになると思います。これまで説明しませんでしたが，そのような統計分析のツールは**p 値**（P 値と大文字で表記されることも多い）という便利な数値を計算してくれます。この p 値は統計分布表のかわりに帰無仮説を棄却するか，しないかについての判断材料を提供してくれます。

定義 9.1 p 値

検定統計量を T，そしてデータから計算される T の実現値を t とします。両側検定の場合，p 値（probability value）は帰無仮説が正しいときの T の分布が 0 を中心に対称である場合に

$$p\text{ 値} = P(T < -|t|) + P(T > |t|) \qquad (9.13)$$

と定義されます。ただし $|t|$ は t の絶対値です。また片側検定の場合，帰無仮説が正しいときの T の分布にもとづき

$$p\text{ 値} = \begin{cases} P(T > t) & \text{棄却域が分布の右側の場合} \\ P(T < t) & \text{棄却域が分布の左側の場合} \end{cases} \qquad (9.14)$$

となります。

上の定義よりも図 9.2 の方がより理解しやすいでしょう。図 9.2 には有意水準 α の両側検定の場合の左右の臨界値 $-c$，c と計算された検定統計量の値 t の関係が示してあります（$t > 0$ のときの例）。この図では検定統計量の値は右側の棄却域に入っています。したがって，$c < t$ となっています。このとき

p 値	$<$	有意水準 α
$P(T < -t) + P(T > t)$	$<$	$P(T < -c) + P(T > c)$

(9.15)

となっていることがわかります。これは図中の斜線部の面積の大きさを比べれば明らかです。

臨界値がわからない場合でも，計算された p 値が有意水準 α よりも小さければ，検定統計量の値は棄却域に入っていることがわかるのです。p 値と有

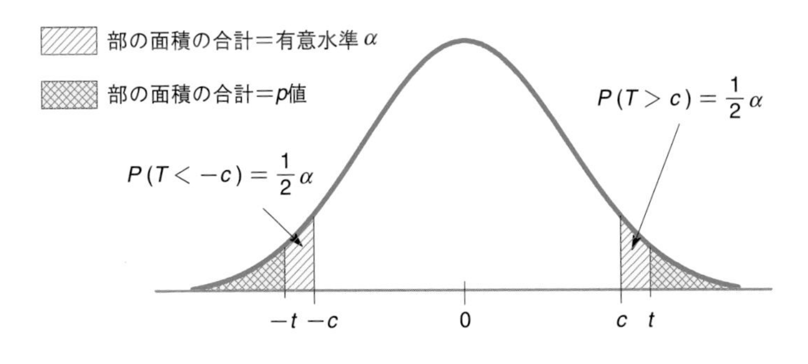

図 9.2　検定統計量 T の分布と p 値・有意水準

意水準の大小関係から検定統計量の値が棄却域に入っているかどうかを判断する方法は両側検定でも片側検定でも同様です。ただし統計ツールによっては両側検定のもとで p 値を計算しているのか，片側検定のもとで p 値を計算しているのかがわかりにくいものもありますから，注意してください。

■POINT9.5　p 値と有意水準■

検定を行う際には最初に有意水準を決めています。その有意水準と p 値の大小関係をみると実際に臨界値を分布表で調べなくても検定統計量の値が棄却域に入っているかどうかを判断できます。有意水準を α とすると判断は以下のようになります。

大小関係	判　断
p 値 $< \alpha$	帰無仮説を有意水準 α で棄却
p 値 $\geq \alpha$	帰無仮説を有意水準 α で棄却できない

以下は例題 8.3 と例題 9.8 を表計算ソフトの Excel のデータ分析によって行ったものです。

統計ツールの例 1：例題 8.3

表 9.6 は例題 8.3 を Excel のデータ分析「t 検定：等分散を仮定した 2 標

表 9.6　例題 8.3 の Excel の実行結果

t 検定 : 等分散を仮定した 2 標本による検定

	変数 1	変数 2	解説
平均	6.00	5.70	
分散	0.07	0.03	
観測数	10.00	10.00	
プールされた分散	0.05		(8.20) を計算したもの
仮説平均との差異	0.00		
自由度	18.00		
t	3.034		計算された検定統計量 (8.21)
P(T <= t) 片側	0.004		片側検定のときの p 値
t 境界値 片側	1.734		片側検定のときの臨界値
P(T <= t) 両側	0.007		両側検定のときの p 値
t 境界値 両側	2.101		両側検定のときの臨界値

表 9.7　例題 9.8 の Excel の実行結果

分散分析表

変動要因	変動	自由度	分散	観測された分散比	P-値	F 境界値
グループ間	0.650	3	0.22	3.39	0.03	2.95
グループ内	1.789	28	0.06			
合計	2.440	31				

本による検定」によって行ったものです。表には Excel の実行結果にあるものをそのままのせてあります。たとえば「プールされた分散」とは (8.20) を計算したものです。また「仮説平均との差異」というのは (8.13) の帰無仮説で $\mu_x - \mu_y$ をゼロとしていますので，ここでもゼロとなっています。検定統計量の値は t で示されています。検定の有意水準は 5%になっています。p 値の表記は「P(T <= t)」となっていますが，正確には定義 9.1 にあるとおり

です。

統計ツールの例 2：例題 9.8

例題 9.8 を Excel のデータ分析「分散分析：一元配置」によって行った結果です。検定の有意水準は 5%です。表 9.7 にある「F 境界値」が臨界値のことです。臨界値 2.95 と検定統計量の値（観測された分散比）3.39 より帰無仮説を棄却すると結論することもできますし，先ほど説明した p 値をみることでもこの判断ができます。表の p 値は 0.03 になっています。有意水準を 5%としているならばこの p 値との大小関係から，帰無仮説は有意水準 5%で棄却されることがわかります。

2 種類の誤り

有意水準にもとづいて決められた棄却域に検定統計量の値が入った場合，帰無仮説をその有意水準で棄却することになります。この場合，（誰も知ることはできないのですが）本当に帰無仮説が間違っていれば正しい判断をしたことになります。しかしその一方で，もし帰無仮説が正しいならば，誤って帰無仮説を棄却していることになります。また逆のこともいえます。たとえば，帰無仮説が間違っているにもかかわらず，帰無仮説を採択してしまう場合も誤った判断をしていることになります。このような帰無仮説の真・偽の状態と判断の結果の関係をあらわしたものが表 9.8 です。表中にあるよう

表 9.8 仮説検定における 2 種類の誤り

判断＼帰無仮説	真	偽
採択（accept）	○	×（第 2 種の誤り）
棄却（reject）	×（第 1 種の誤り）	○

に，第1種の誤りは帰無仮説が正しいにもかかわらず，誤って帰無仮説を棄却してしまう誤りをさします。一方，第2種の誤りは帰無仮説が間違っているにもかかわらず，帰無仮説を採択してしまう誤りをさしています。

第1種の誤りをゼロにする簡単な方法は帰無仮説が正しくても間違っていてもいつも帰無仮説を採択しておけばよいのです。しかしそうすると帰無仮説が間違っているときにも採択してしまいますから第2種の誤りを大きくすることになります。この2つの誤りはどちらかを小さくすれば残りが大きくなるというトレード・オフの関係にあります。統計理論では第1種の誤りをおかす確率を有意水準として低い水準に固定したうえで，なるべく第2種の誤りをおかす確率が低くなるように検定統計量を作成しています。

帰無仮説が間違っている場合に正しく帰無仮説を棄却できる確率のことを検出力とよびます。

$$検出力 = 1.0 - 第2種の誤りの確率$$

となりますから，第2種の誤りをおかす確率が低ければそれだけ検出力は高いということもわかります。同一の仮説を検定する場合に複数の検定統計量があった際にはより検出力が高い検定統計量が望ましいとされます。他にも検定統計量の望ましさの基準はありますがいずれも本書の水準をこえるので省略します。

■POINT9.6　p 値を見ればそれで十分ということはありません■

p 値はその値を見るだけで，帰無仮説を棄却できるかどうか，有意差があるかどうかを判断できるわかりやすい数値です。しかし有意であることを判断するだけが目的ではありません。たとえば，ある広告によって売り上げが増えるかどうかを検証して，広告実施の有無で売り上げに有意な差があったという結果を得たとしましょう。しかしその有意な差が微々たるものなら広告を実施しても満足な収益をあげられないかもしれません。差（効果）が有意であったということだけでなく，有意となったのなら，その効果の大きさも知りたいと考えるのは自然なことです。しかし p 値はその効果を測る指標ではありません。信頼区間を使えば広告の効果がどの程度の大きさなのかを推量することは可能です。分析で何を明らかにしたいのか，これを見失わないようにしましょう。

練習問題

9.1　例題 9.3 の解答では対立仮説 $H_1 : p \neq 0.2$ を設定し，両側検定を行っていましたが，対立仮説を $H_1 : p > 0.2$ とすると検定の結果はどうなりますか。またそのような対立仮説の設定が適切であるのかどうかを検討しなさい。

9.2　ある大手銀行が融資先企業の中から 250 社を選び財務内容を検討した結果，問題なし，問題ありと分類した調査があります。その後その 250 社の中で倒産してしまった会社が 100 社出ました。その結果をまとめたものが以下の表です。銀行審査と企業倒産の間に関連があるかどうか有意水準 5%で検定しなさい。

企業状態＼審査結果	問題あり	問題なし	計
存　続	30	120	150
倒　産	65	35	100
計	95	155	250

参考書

本書では取り扱わなかった検定に**ノンパラメトリック検定**があります。この検定や分散分析の二元配置などさらに詳しく知りたい人は以下の本を読むことを薦めます。

ノンパラメトリック検定，分散分析（二元配置）

● 加納悟，浅子和美，竹内明香『入門　経済のための統計学』［第 3 版］日本評論社，2011 年

第 10 章

回 帰 分 析

2つの変数間の関係は相関係数によってみることができました。しかしそれだけでは十分ではありません。たとえば前章で簡単に説明した線形モデルのように，ある変数の動きを別の変数によって説明することができると，そこから明らかにできることは数多くあります。そしてそれを可能にするものが，ここで説明する回帰分析なのです。

◦ *KEY WORDS* ◦

最小2乗推定法，決定係数，不偏性，一致性，
効率性，係数の有意性検定

10.1 線形回帰モデル

○ データの線形関係

たとえば所得が増加すれば消費支出も増加すると考えられます。次の表にある消費支出 y と所得 x のデータ，またそのデータを散布図にした図 10.1 から変数 y と x の間に何らかの線形関係（直線であらわすことができる関係）が成立しているようにみえます。

y	59	69	50	83	71	57	76	57	63	71	60	61
x	70	74	60	93	81	66	84	63	75	89	75	78

消費支出 y と所得 x の本当の関係はどうなっているかはわかりませんが，この 2 つの変数の間に次のような関係式を想定してみましょう。

$$y = b_0 + b_1 x \tag{10.1}$$

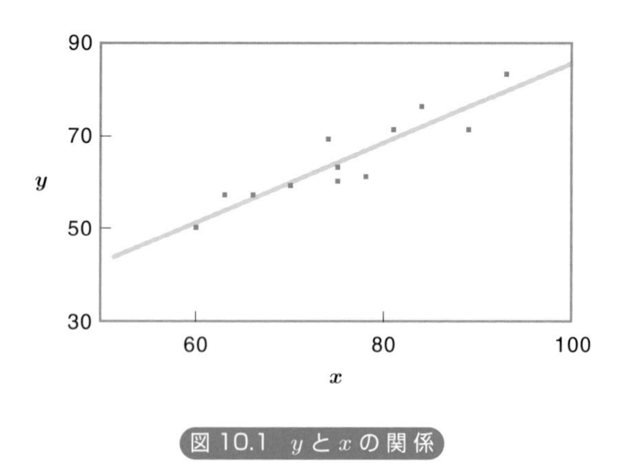

図 10.1 y と x の関係

私たちの「所得が増えると消費支出も増加する」という考えは (10.1) で $b_1 > 0$ と考えることで表現できます。図 10.1 に書かれている直線はこの (10.1) で $b_0 = 0.241$, $b_1 = 0.853$ とした

$$y = 0.241 + 0.853x \tag{10.2}$$

です。どうやって b_0 と b_1 の値を決めたかは後で説明しますが，方針としては y と x の関係をもっともよくあらわすように b_0 と b_1 を決めるということです。この式から所得が 1 単位増加したとき，消費支出が 0.853 だけ増加することがわかります。

では表中のデータ (x_i, y_i), $i = 1, \cdots, 12$, を (10.1) のように表現してもよいでしょうか。答えは No です。なぜならすべてのデータは同じ 1 つ直線の上にのらないからです。図 10.1 にあるように直線と各データは完全に一致することはないのです。したがって次のように (x_i, y_i) をあらわすことにします。

$$y_i = b_0 + b_1 x_i + e_i \tag{10.3}$$

e_i は各データが直線から離れている部分をあらわしています。このことを示しているのが図 10.2 です。直線によって説明できなかった部分 e_i は残差と

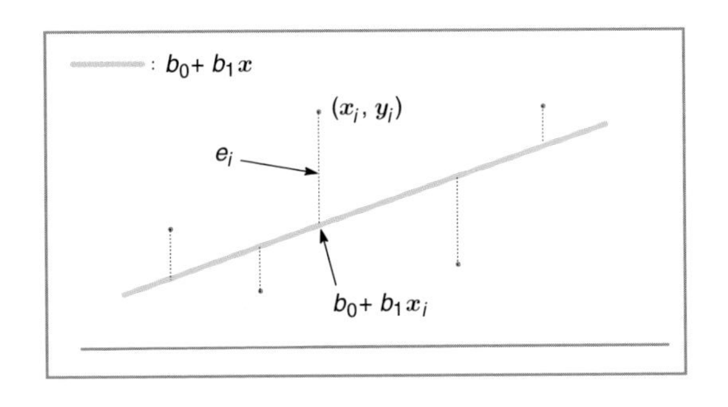

図 10.2　データ (x_i, y_i) と e_i

よばれます。

いま2つの変数 y と x の関係を直線であらわそうとしています。この直線のことを線形モデルとよびます。現実の真の関係を正確に記述することは不可能ですが，私たちはその関係を近似したモデルを作成することは可能なのです。その線形モデルが(10.3)です。そして残差は線形モデルで説明できない部分をあらわしています。

このモデルでは，モデルで説明される変数 y を被説明変数，あるいは従属変数とよび，説明に利用する変数 x を説明変数，あるいは独立変数とよびます。

▢ 確 率 の 導 入

残差 e_i はモデルによって説明できなかった部分です。この残差 e_i には，何か規則的な動きをするとか，その動きに何らかの法則，さらに他の変数との関係などがあるのでしょうか。もしそのような法則や関係があるのならば，その法則や変数関係はモデルにとりこむべきものです。そうすることでモデルの正確さは向上するはずです。逆に考えると，残差とは何ら規則的な動きをしない，不規則な動きをする部分といえます。そのような不規則な動きをする要因は確率変数によって表現することができます。ここでは残差 e_i を確率変数の実現値と考えます。そしてその確率変数のことを誤差，あるいは誤差項とよび ε_i と定義します。そうすると誤差項 ε_i が，誤差としてもつべき性質は

(1) 誤差項はモデルの大体の傾向をつかむときには無視する要因ですからその平均はゼロである

(2) 誤差項は平均ゼロのまわりにちらばって実現するが，そのちらばりの度合いをあらわす分散は ε_i に関しても ε_j，$(i \neq j)$ に関しても同じである。すなわち分散は一定の値である

(3) 誤差はゼロの近辺で実現しやすく，ゼロからプラス，マイナス方向に大きく離れて実現する可能性は低いと考えれられます。そこで誤差項 ε_i

は平均ゼロ，分散 σ^2 の正規分布に従っていると考える

(4) 誤差項どうし ε_i と ε_j，$(i \neq j)$ には関連がないはずですから，誤差項 ε_i と ε_j は互いに独立である

(5) 誤差項は説明変数と関連がない（無相関）

というように要約できます。これらを確率・統計の用語で表すと

(1) $E[\varepsilon_i] = 0$

(2) $V[\varepsilon_i] = \sigma^2$

(3) $\varepsilon_i \sim N(0, \sigma^2)$

(4) $E[\varepsilon_i \varepsilon_j] = E[\varepsilon_i]\,E[\varepsilon_j] = 0$

(5) $E[X_i \varepsilon_i] = E[X_i]\,E[\varepsilon_i] = E[X_i] \times 0 = 0$

となります。これらが誤差項 ε_i に関する仮定です。このような仮定をしたうえで私たちは線形モデル

$$Y_i = \beta_0 + \beta_1 X_i + \varepsilon_i \tag{10.4}$$

を考えます。b_0 と b_1 は実際には未知の値ですから，β_0 と β_1 とおいています。そしてこの β_0 と β_1 を回帰係数とよびます。また回帰係数の中でも β_0 は定数項とよばれます。

ここで説明変数 X_i は確率変数であっても，そうでなくてもどちらでも良いのですが，説明を簡単にするために説明変数は非確率変数として以降は x_i としておきます。この (10.4) は線形回帰モデル（あるいは単に回帰モデル）とよばれています。

被説明変数 Y_i は確率変数ですから，その平均（期待値）をもとめてみましょう。これは (10.4) の両辺に期待値をとればよいので

$$E[Y_i] = \beta_0 + \beta_1 x_i + E[\varepsilon_i] = \beta_0 + \beta_1 x_i \tag{10.5}$$

となります。この (10.5) は $E[Y_i]$ と x_i の関係を直線であらわしたものになっています。はじめの (10.1) で考えたような変数間の線形関係をあらわす直線というのは Y_i の平均的な動きをあらわすものだったのです。また簡単な計算より Y_i の分散は $V[Y_i] = \sigma^2$ となり，各データは平均をあらわす直線のま

わりで分散 σ^2 で実現していると考えることができます。図 10.1 をながめてみると確かにそのようになっていることが確認できるでしょう。

■POINT10.1　線形回帰モデルとは■

(10.4)，(10.5) が示しているように，線形回帰モデルとは被説明変数の平均的な動きを説明するモデルです。

10.2　回帰係数の推定

線形回帰モデル (10.4) の回帰係数 β_0 と β_1 は実際には未知の値です。この未知の回帰係数の値をデータから推定する方法がここで説明する最小 2 乗法（**O**rdinary **L**east **S**quares 法）で簡単に OLS ともよばれます。

○ 最小2乗法

前節で説明したように各データに直線をあてはめるわけですが，1 本の直線ではすべてのデータをあてはめることはできません。あてはめることができなかった部分の誤差が回帰モデルで説明できない部分をあらわすことになります。すべてのデータがなるべくあてはまるように回帰係数を決めることができれば，個別のデータからの誤差も小さいものになります。このアイデアにもとづいて最小 2 乗推定法は以下で定義される誤差の 2 乗和を最小にするように回帰係数を推定します。

誤差項を ε_i，データ数を n とすると ε_i は (10.4) より $\varepsilon_i = Y_i - (\beta_0 + \beta_1 x_i)$ となりますから，誤差の 2 乗和は

$$\sum_{i=1}^{n} \varepsilon_i^2 = \sum_{i=1}^{n} \{\, Y_i - (\beta_0 + \beta_1 x_i)\,\}^2 \qquad (10.6)$$

と未知の β_0 と β_1 の関数としてあらわすことができます。β_0 や β_1 の値によって誤差の 2 乗和 (10.6) は大きくも小さくもなるということです。この (10.6) を最小にするには未知の β_0 と β_1 に関して (10.6) を偏微分してゼロとおいた式を解けばよいのです。実際に以下の連立方程式を満足する解を $\hat{\beta}_0$, $\hat{\beta}_1$ とすると

$$\left.\frac{\partial \sum_{i=1}^{n} \varepsilon_i^2}{\partial \beta_0}\right|_{\beta_0=\hat{\beta}_0, \beta_1=\hat{\beta}_1} = -2 \sum_{i=1}^{n} \{ Y_i - (\hat{\beta}_0 + \hat{\beta}_1 x_i) \} = 0$$

$$\left.\frac{\partial \sum_{i=1}^{n} \varepsilon_i^2}{\partial \beta_1}\right|_{\beta_0=\hat{\beta}_0, \beta_1=\hat{\beta}_1} = -2 \sum_{i=1}^{n} x_i \{ Y_i - (\hat{\beta}_0 + \hat{\beta}_1 x_i) \} = 0$$

となります。この連立方程式は

$$n\hat{\beta}_0 + \hat{\beta}_1 \sum_{i=1}^{n} x_i = \sum_{i=1}^{n} Y_i$$

$$\hat{\beta}_0 \sum_{i=1}^{n} x_i + \hat{\beta}_1 \sum_{i=1}^{n} x_i^2 = \sum_{i=1}^{n} x_i Y_i$$

と整理することができます。この連立方程式は正規方程式とよばれています。これを解いて $\hat{\beta}_0$, $\hat{\beta}_1$ をもとめます。最終的にもとめられた $\hat{\beta}_0$ と $\hat{\beta}_1$ は次のとおりです。

$$\hat{\beta}_0 = \bar{Y} - \hat{\beta}_1 \bar{x} \tag{10.7}$$

$$\hat{\beta}_1 = \frac{\sum_{i=1}^{n} (x_i - \bar{x})(Y_i - \bar{Y})}{\sum_{i=1}^{n} (x_i - \bar{x})^2} \tag{10.8}$$

$$\bar{x} = \frac{1}{n} \sum_{i=1}^{n} x_i, \quad \bar{Y} = \frac{1}{n} \sum_{i=1}^{n} Y_i$$

この (10.7) と (10.8) が未知の回帰係数 β_0 と β_1 の最小 2 乗推定量です。さらに誤差 ε_i に関しては

$$\hat{\varepsilon}_i = Y_i - (\hat{\beta}_0 + \hat{\beta}_1 x_i) \tag{10.9}$$

ともとめることができます。またこの $\hat{\varepsilon}_i$ に関しては証明はしませんが，

$$\sum_{i=1}^{n} \hat{\varepsilon}_i = 0 \quad \Rightarrow \quad \bar{\hat{\varepsilon}} = \frac{1}{n}\sum_{i=1}^{n} \hat{\varepsilon}_i = 0$$

$$\sum_{i=1}^{n} \hat{\varepsilon}_i x_i = 0$$

という性質があります。

誤差の分散の推定

未知の回帰係数が最小 2 乗法によって推定できると，回帰モデルで未知なものは誤差項の分散 σ^2 だけになります。この σ^2 の推定量は

$$\hat{\sigma}^2 = \frac{1}{n-2}\sum_{i=1}^{n}(\hat{\varepsilon}_i - \bar{\hat{\varepsilon}})^2 = \frac{1}{n-2}\sum_{i=1}^{n}\hat{\varepsilon}_i^2 \tag{10.10}$$

によってもとめられます。$n-2$ で割っているのは不偏分散をもとめるためで，未知の β_0 と β_1 を推定するために利用した正規方程式（2 本）の数だけ自由度が下がるからです。不偏分散ですから当然 $E[\hat{\sigma}^2] = \sigma^2$ となっています。

最小 2 乗推定値

β_0 と β_1 の最小 2 乗推定量 (10.7) と (10.8) の (x_i, Y_i) にデータ (x_i, y_i) を代入したものが以下の最小 2 乗推定値になります。

$$b_0 = \bar{y} - b_1\bar{x} \tag{10.11}$$

$$b_1 = \frac{\sum_{i=1}^{n}(x_i - \bar{x})(y_i - \bar{y})}{\sum_{i=1}^{n}(x_i - \bar{x})^2} \tag{10.12}$$

$$\bar{x} = \frac{1}{n}\sum_{i=1}^{n} x_i, \quad \bar{y} = \frac{1}{n}\sum_{i=1}^{n} y_i$$

そして回帰モデルによる被説明変数の推定値は

$$\hat{y}_i = b_0 + b_1 x_i \tag{10.13}$$

とあらわすことができます。そうすると実際のデータ y_i と回帰モデルによる推定値 $\hat{y}_i$ との差は残差 e_i として次のようにあらわすことができます。

$$e_i = y_i - \hat{y}_i = y_i - (b_0 + b_1 x_i) \tag{10.14}$$

▢ モデルの説明力

実際の被説明変数 y_i の動き（変動）を回帰モデルによってどこまで説明できているかをあらわす尺度について説明します。

被説明変数 y_i の変動 $\sum_{i=1}^{n}(y_i - \bar{y})^2$ は以下のように分解できます。

$$\begin{aligned}\sum_{i=1}^{n}(y_i - \bar{y})^2 &= \sum_{i=1}^{n}\{\,(\hat{y}_i - \bar{y}) + (y_i - \hat{y}_i)\,\}^2 \\ &= \sum_{i=1}^{n}(\hat{y}_i - \bar{y})^2 + \sum_{i=1}^{n} e_i^2\end{aligned}$$

ここで $\sum_{i=1}^{n}(\hat{y}_i - \bar{y})^2$ は $\hat{y}_i$ の変動をあらわしていますが，これは被説明変数 y_i の変動のうちでモデルによって説明されている部分にあたります。したがってこの式は被説明変数 y_i の変動を次のように

$$y_i\text{の変動} = \text{モデルで説明できる部分} + \text{説明できない部分} \tag{10.15}$$

に分解したものになります。(10.15) の両辺を（y_i の変動）で割ると

$$1 = \frac{\text{モデルで説明できる部分}}{y_i\text{の変動}} + \frac{\text{説明できない部分}}{y_i\text{の変動}}$$

となりますから，モデルによって被説明変数 y_i の変動がどれくらい説明できたかは以下で定義される決定係数 R^2 によって測ることができます。

$$\begin{aligned}R^2 &= \frac{\text{モデルで説明できる部分}}{y_i\text{の変動}} \\ &= \frac{\sum_{i=1}^{n}(\hat{y}_i - \bar{y})^2}{\sum_{i=1}^{n}(y_i - \bar{y})^2} = 1 - \frac{\sum_{i=1}^{n} e_i^2}{\sum_{i=1}^{n}(y_i - \bar{y})^2}\end{aligned} \tag{10.16}$$

この決定係数がとりうる範囲は

$$0 \leq R^2 \leq 1$$

で，1に近いほどモデルの説明力が高いことになります。

自由度修正済み決定係数

モデルの説明力をあらわす決定係数 R^2 には次のような欠点があります。これまで説明変数は x_i と1つだけでしたが，一般に回帰モデルには複数の説明変数が使われます。ところが決定係数 R^2 は説明変数の数を増やすと必ず増やす前より大きくなります。したがって説明変数の数が多いモデルの方が必ず説明力が高いモデルという結論をもたらします。このことを避けるために考案されたものが自由度修正済み決定係数 $\bar{R}^2$ です。（定数項をのぞく）説明変数の数を k，データ数を n とすると $\bar{R}^2$ は以下のように定義されます。

$$\bar{R}^2 = 1 - \frac{\dfrac{\sum_{i=1}^{n} e_i^2}{n-(k+1)}}{\dfrac{\sum_{i=1}^{n} (y_i - \bar{y})^2}{n-1}} \tag{10.17}$$

通常はこの $\bar{R}^2$ によってモデルの説明力をみることになります。

■POINT10.2　(10.7), (10.8) について■

最小2乗推定量 (10.7) や (10.8) を覚える必要はありません。このような式を導出している理由は次節でみる最小2乗推定量の性質を調べるためなのです。データを使った実際のモデル推定はこの章の最後の部分で示しているようにコンピュータ上の統計ソフトや表計算ソフトにさせるため，公式のように (10.7) や (10.8) を覚える必要はないのです。大事なのは，誤差の2乗和 (10.6) を最小にするように最小2乗推定量は決められているという考え方です。

○ 最小 2 乗推定量の性質

(10.7) と (10.8) で未知の回帰係数 β_0 と β_1 の最小 2 乗推定量をあたえました。そこにはデータが実現する前の確率変数 Y_i が入っていますから最小 2 乗推定量は確率変数です。以下ではその確率変数としての性質をみていきます。回帰モデルは

$$Y_i = \beta_0 \ + \ \beta_1 x_i \ + \ \varepsilon_i$$

です。この式をみてわかるように被説明変数 Y_i は誤差項 ε_i を含んでいますから最小 2 乗推定量の確率変数としての性質は誤差項 ε_i の性質に依存しています。この誤差項 ε_i に対する仮定を再度まとめておきます。

誤差項 ε_i に関する仮定

(1) $E[\varepsilon_i] = 0$

(2) $V[\varepsilon_i] = \sigma^2$

(3) $\varepsilon_i \ \sim \ N(0, \sigma^2)$

(4) $E[\varepsilon_i \varepsilon_j] = E[\varepsilon_i] \ E[\varepsilon_j] = 0,\ (i \neq j)$

(5) $E[X_i \varepsilon_i] = E[X_i] \ E[\varepsilon_i] = E[X_i] \times 0 = 0$

以上の仮定のもとで確率変数 $\hat{\beta}_0$ と $\hat{\beta}_1$ は

$$\hat{\beta}_0 \sim N\left(\beta_0,\ \sigma^2 \left\{ \frac{1}{n} + \frac{\bar{x}^2}{\sum_{i=1}^{n} (x_i - \bar{x})^2} \right\}\right) \tag{10.18}$$

$$\hat{\beta}_1 \sim N\left(\beta_1,\ \frac{\sigma^2}{\sum_{i=1}^{n} (x_i - \bar{x})^2}\right) \tag{10.19}$$

と正規分布に従っていることがわかっています。この最小 2 乗推定量は

不偏性　$E[\hat{\beta}_0] \ = \ \beta_0,\ E[\hat{\beta}_1] \ = \ \beta_1$

一致性　$\hat{\beta}_0 \ \xrightarrow{p} \ \beta_0,\ \hat{\beta}_1 \ \xrightarrow{p} \ \beta_1$

という推定量として望ましい性質をもっています(→**練習問題** 10.1)。さらに誤差項に関する仮定が正しいときには最小 2 乗推定量 $\hat{\beta}_0$ と $\hat{\beta}_1$ は，他の推定法によってえられた不偏推定量よりも小さい分散をもつことが知られています。すなわち最小 2 乗推定量は効率的な推定量なのです（比較する推定量は線形不偏推定量ですが，その定義と効率性の導出は本書の水準をこえますので省略します)。不偏性，一致性，効率性については第 7 章 7.1 節を参照のこと。

(10.18) と (10.19) に示されている回帰係数 β_0 と β_1 の最小 2 乗推定量の分散は

$$V[\hat{\beta}_0] = \sigma^2 \left\{ \frac{1}{n} + \frac{\bar{x}^2}{\sum_{i=1}^{n}(x_i - \bar{x})^2} \right\}, \quad V[\hat{\beta}_1] = \frac{\sigma^2}{\sum_{i=1}^{n}(x_i - \bar{x})^2}$$

となります。その平方根をとったものは回帰係数の β_0 と β_1 の最小 2 乗推定量の標準誤差（Standard Error）になります。

実際には (10.10) の $\hat{\varepsilon}_i$ へ e_i を代入してもとめた σ^2 の推定値を σ^2 に代入して平方根をとった

$$SE[\hat{\beta}_0] = \sqrt{\hat{\sigma}^2 \left\{ \frac{1}{n} + \frac{\bar{x}^2}{\sum_{i=1}^{n}(x_i - \bar{x})^2} \right\}} \tag{10.20}$$

$$SE[\hat{\beta}_1] = \sqrt{\frac{\hat{\sigma}^2}{\sum_{i=1}^{n}(x_i - \bar{x})^2}} \tag{10.21}$$

を標準誤差とよんでいます。

消費と所得の例

この章のはじめにあった表のデータから線形回帰モデル

$$Y_i = \beta_0 + \beta_1 x_i + \varepsilon_i \tag{10.22}$$

を最小 2 乗法によって推定した結果は次のとおりです。

$$\begin{array}{ccccc} \hat{y}_i & = & 0.241 & + & 0.853 & x_i \\ & & (8.98) & & (0.12) & \end{array} \qquad (10.23)$$

$$R^2 = 0.84, \quad \bar{R}^2 = 0.82, \quad \hat{\sigma}^2 = 15.46$$

括弧の中の数値は推定値の標準誤差です。推定された回帰モデルの決定係数 R^2 も自由度修正済み決定係数 $\bar{R}^2$ も 0.8 をこえており，消費支出を所得で説明できていることがわかります。しかし定数項の推定値の標準誤差が大きく，モデルとしては改良の余地があるようです。この点に関しては次節 9.3 の係数の有意性検定のところで説明します。

○ 仮定が満たされていない場合

回帰係数の最小 2 乗推定量は不偏性，一致性，効率性と推定量として望ましい性質をもっていますが，この性質が成り立つためには誤差項 ε_i に関する先の仮定 (1) から (5) が満たされている必要があります。これらの仮定が満たされていない場合にどのようなことが起こるかを代表的な場合に限定して以下に説明します。

仮定 (5) が満たされない場合

この状況がもっとも深刻なものです。この仮定 (5) が成立しないとき，回帰係数の最小 2 乗推定量の望ましい性質，不偏性，一致性，効率性のすべてが失われます。

仮定 (2)，(4) が満たされない場合

この場合は一致性や不偏性は保っていますが，効率性が成立しません。

仮定が満たされているかどうかのチェック

誤差項に対する仮定が満たされていないとき，特に仮定 (5) が満たされていない場合は最小 2 乗推定量から望ましい性質がすべて失われます。したがってこのような仮定を検証することは重要な問題でもあります。ただ一般

には説明変数 X_i は確率変数と考えていない場合が多いので，その場合は仮定(5) は自動的に成立します。しかしながら被説明変数の過去の値を説明変数にもつようなモデルなど複雑なモデルを考えた場合には仮定の (5) のチェックが必要となります。このような問題は計量経済学の分野で詳細に検討されていますので関連のテキスト，文献を読むことを薦めます。

2つ以上の説明変数

これまでは説明変数が 1 つの回帰モデルについてみてきましたが，実際の応用では 2 つ以上の説明変数をもつ回帰モデルをもちいる機会が多いのです。次の回帰モデルは定数項と k 個の説明変数をもつモデルです。

$$Y_i = \beta_0 + \beta_1 x_{1i} + \beta_2 x_{2i} + \cdots + \beta_k x_{ki} + \varepsilon_i, \quad (10.24)$$
$$\varepsilon_i \sim N(0, \sigma^2)$$

この回帰モデルの回帰係数 β_j，$(j = 0, 1, \cdots, k)$ の最小 2 乗法による推定量 $\hat{\beta}_j$ の明示的な表現はここではあたえません。このような複数の説明変数をもつ回帰モデルの推定を自分で計算して行うことはまずありません。このような回帰モデルの推定はほとんどの統計ツールによって行うことが可能ですから実際の計算はコンピュータにさせることになります。Excel のデータ分析にも「回帰分析」としてこのような回帰モデルを最小 2 乗法によって推定する手段が用意されています。そのような統計ツールは回帰係数の最小 2 乗推定値 b_j，その標準誤差 $SE[\hat{\beta}_j]$ などを計算してくれます。

❖ まとめ 10.1　最小2乗推定量の性質

誤差項に関する仮定 (1) から (5) が満たされているとき，最小 2 乗推定量は推定量として望ましい以下の性質をもっています。

不偏性，一致性，効率性（最小分散）

これらの性質については第 7 章 7.1 節を参照。

10.3 係数の有意性検定

前節の最後に 2 つ以上の説明変数をもつ回帰モデルが登場しました。しかし回帰モデルに入っている説明変数の中には必要かどうかがわからないものも含まれています。ここではそれらを検定によって選択する方法を説明します。この方法は係数の有意性検定とよばれています。

(10.24) の回帰係数 β_j に対して次の帰無仮説と対立仮説を考えます。

$$H_0: \ \beta_j = 0, \qquad H_1: \ \beta_j \neq 0 \tag{10.25}$$

この仮説は第 j 番目の説明変数の回帰係数がゼロかどうか，という仮説ですが，もしその回帰係数がゼロの場合，その回帰係数がかかっている説明変数は回帰モデル (10.24) には必要ないことになります。たとえば第 1 番目の回帰係数 β_1 がゼロなら

$$\begin{aligned} Y_i &= \beta_0 \ + \ 0 \times x_{1i} \ + \ \beta_2 x_{2i} \ + \ \cdots \ + \ \beta_k x_{ki} \ + \ \varepsilon_i \\ &= \beta_0 \ + \ \beta_2 x_{2i} \ + \ \cdots \ + \ \beta_k x_{ki} \ + \ \varepsilon_i \end{aligned}$$

と第 1 番目の説明変数は回帰モデルからおとすことができます。このように各回帰係数がゼロであるかどうかを検定することで対応する説明変数が回帰モデルに必要であるかどうかを確かめます。帰無仮説（その回帰係数がゼロ）が棄却された場合は対応する説明変数は回帰モデルにのこされます。逆に棄却できない場合は対応する説明変数を回帰モデルからおとすことになります。

検定統計量

回帰係数の最小 2 乗推定量 $\hat{\beta}_j$ は不偏推定量ですから $E[\hat{\beta}_j] = \beta_j$ となります。ここで推定量を標準化します。

$$\frac{\hat{\beta}_j - \beta_j}{\sqrt{V[\hat{\beta}_j]}} \sim t(n-(k+1)) \tag{10.26}$$

なぜここで t 分布が出てくるかは第 6 章 6.3 節の「標本分散を使った標本平均の標準化」での説明を思い出してください。

この標準化を行ったものは帰無仮説 $(H_0 : \beta_j = 0)$ が正しい場合は

$$t = \frac{\hat{\beta}_j}{\sqrt{V[\hat{\beta}_j]}} = \frac{\hat{\beta}_j}{SE[\hat{\beta}_j]} \sim t(n-(k+1)) \tag{10.27}$$

となります。t 分布の自由度が $n-(k+1)$ となっているのは，σ^2 を（実際には $\beta_0, \beta_1, \cdots, \beta_k$ を）推定するために $(k+1)$ 本の正規方程式が必要だったからです。(10.27) は仮説 (10.25) を検定するための検定統計量で t 値とよばれるものです。したがって係数の有意性検定は t 検定になっています。統計ツールでは自動的にこの t 値を計算してくれます。またもし t 値が計算されていなくても，t 値の分子も分母も統計ツールによって計算されていますので自分で t 値を計算することもできます。この t 値は帰無仮説が正しいとき自由度 $n-(k+1)$ の t 分布に従います。検定は両側検定ですから有意水準 α のとき，自由度 $n-(k+1)$ の t 分布の上側確率 $\alpha/2$ をあたえる点 $t_{\alpha/2}$ に関して

$$|t| > t_{\alpha/2}$$

となったとき帰無仮説は棄却され，対応する説明変数は回帰モデルにのこされます。またこの判断は p 値を使って行うこともできます。

Excel による結果

消費支出を説明するモデル (10.22) を Excel のデータ分析の「回帰分析」を使って推定した結果は表 10.1 のようになります。表中の用語で「重決定 R2」は決定係数 R^2，「補正 R2」は自由度修正済み決定係数 $\bar{R}^2$，「重相関 R」は $\sqrt{R^2}$ をあらわし，「切片」は定数項，「X値1」は 1 番目の説明変数をあらわしています。

表 10.1 (10.22) の推定結果

回帰統計	
重相関 R	0.916
重決定 R2	0.840
補正 R2	0.824
標準誤差	3.93
観測数	12

	係数	標準誤差	t	P-値
切片	0.241	8.976	0.027	0.98
X値1	0.853	0.118	7.245	0.00

有意水準 5%で係数の有意性検定を行うと定数項（切片）がゼロであるという帰無仮説は棄却されません。しかし定数項がないモデルは説明変数（所得）がゼロのとき被説明変数もゼロになることを意味しますから，定数項をモデルから取り除くかわりに新しい説明変数として預金残高を追加することにします(→**練習問題** 10.2)。

●例題 10.1　消費支出を説明する

消費支出を説明するモデルとして次のモデルを考えます。

$$Y_i = \beta_0 + \beta_1 x_{1i} + \beta_2 x_{2i} + \varepsilon_i$$

誤差項 ε_i には先の (1) から (5) を仮定します。Excel のデータ分析の「回帰分析」のような統計ソフトを活用してモデルを推定し，結果を吟味しなさい。データは次にあるとおりです（y は消費支出，x_1 は所得，x_2 は預金残高)。

y	59	69	50	83	71	57	76	57	63	71	60	61
x_1	70	74	60	93	81	66	84	63	75	89	75	78
x_2	271	388	213	450	363	288	425	304	283	304	250	225

解答：Excel のデータ分析「回帰分析」による結果は

回帰統計	
重相関 R	0.999
重決定 R2	0.998
補正 R2	0.997
標準誤差	0.485
観測数	12

	係数	標準誤差	t	P-値
切片	3.283	1.114	2.947	0.016
X値1	0.553	0.019	29.598	0.000
X値2	0.063	0.002	25.454	0.000

となります。定数項，所得，預金残高の係数の推定値ともに有意性検定の結果，帰無仮説（係数 $=0$）を有意水準 0.05 で棄却できます（この判断は p 値が有意水準 0.05 より小さいことによります）。したがって，どの変数も回帰モデルには必要であることがわかります。また所得，預金残高の係数の推定値は正の値ですから，それらの変数が増加すれば，消費支出を増加させることがわかります。

練習問題

10.1　(10.8) にある β_1 の最小 2 乗推定量 $\hat{\beta}_1$ が不偏推定量であることを示しなさい。

10.2　回帰モデル (10.22) の推定結果の説明のところで，定数項がゼロのモデルは採用されずに別な説明変数を加えたモデルを作成することを勧めています。その理由を考えなさい。

10.3　例題 10.1 の推定結果を使って，所得が 76，預金残高が 284 の人の消費支出を予測しなさい。

10.4　$\sum_{i=1}^{n}(\hat{y}_i - \bar{y})e_i = 0$ を示しなさい．この式より以下が導かれます．

$$\sum_{i=1}^{n}(y_i - \bar{y})^2 = \sum_{i=1}^{n}(\hat{y}_i - \bar{y})^2 + \sum_{i=1}^{n} e_i^2$$

10.5　例題 10.1 の Excel の結果から説明変数 x_1（所得）の係数 β_1 に関して次

の仮説

$$H_0: \beta_1 = 0.5, \qquad H_1: \beta_1 \neq 0.5$$

を有意水準 5%で検定しなさい。

ヒント：例題 10.1 の解答にある Excel による結果の表の数値を使えば検定を行うことができます。

10.6　次の表は最小 2 乗法を行った結果をまとめたものです。空欄の t 値の部分を計算しなさい。

	係数	標準誤差	t 値
切片	1.55	0.35	
X値1	0.87	0.38	
X値2	−0.38	1.88	

練習問題

参考書

ここで説明した回帰分析は「計量経済学」で中心的な役割を果たす分析方法です。誤差項の仮定が成立しているかどうかを検定する方法や成立していない場合にどのようにモデルを推定すればよいかということなどに関しては以下にあげる計量経済学のテキストを参考にしてください。

- 田中隆一『計量経済学の第一歩——実証分析のススメ』有斐閣，2015 年
- 大森裕浩『コア・テキスト計量経済学』新世社，2017 年

第 11 章

最尤推定法と統計モデル

前章では回帰モデルとその推定法である最小 2 乗法を説明しました。ここでは最小 2 乗法とならんで重要な推定法である最尤法について説明していきます。

◦ *KEY WORDS* ◦

尤度，質的選択モデル

11.1 最尤推定法

最尤法あるいは最尤推定法は前章の最小2乗法では必ずしも推定できないモデルを推定する際によく利用される推定法です。ただし確率変数が従う確率分布がわかっている場合にのみ適用可能であること，データ数が少ない場合はその正当性が保証されていないことに注意する必要があります。

尤　度

最尤法 (the method of maximum likelihood) は尤度(ゆうど)とよばれるものを最大にする推定法です。この尤度とはもっともらしさのことをさし，英語では Likelihood といいます。すなわち手元にあるデータに対して想定しているモデルのもっともらしさを測るのです。そのもっともらしさを測る関数が尤度関数です。

定義 11.1　尤度（離散確率変数の場合）

$x = (x_1, x_2, \cdots, x_n)$ を確率変数 $X = (X_1, X_2, \cdots, X_n)$ の実現値とします。またこの確率変数の同時確率関数（確率分布）を

$$P(X_1 = x_1, \cdots, X_n = x_n \mid \theta) = P(X = x \mid \theta) \tag{11.1}$$

とします。ここで θ はこの確率分布を規定する未知パラメータです。このとき尤度は (11.1) を未知パラメータ θ の関数とみなした

$$L(\theta \mid x) = P(X = x \mid \theta) \tag{11.2}$$

によってあたえられます。この (11.2) は実現したデータ x に対して，θ のもっともらしい値をみつけるための関数になっています。そしてこの $L(\theta \mid x)$ を尤度関数とよびます。

連続確率変数の場合は確率密度関数を未知パラメータ θ の関数とみなしたものが尤度関数になります(→**練習問題** 11.1)。

定義 11.2 最尤推定量

(11.2) で定義された尤度 $L(\theta \mid x)$ は実現したデータ x のもとで θ の関数になっていました。ここで x を X におきかえた $L(\theta \mid X)$ を最大にする θ を $\hat{\theta}$ とします。この $\hat{\theta}$ が θ の最尤推定量となります。

すなわち最尤推定量 $\hat{\theta}$ は任意の θ に対して

$$L(\hat{\theta} \mid X) \geq L(\theta \mid X) \tag{11.3}$$

となります。

以下で具体的な例をみていきます。成功確率 p が未知であるベルヌーイ試行を考えます(第 4 章 4.4 節参照)。独立な n 回の試行を X_i, $(i = 1, \cdots, n)$ とします。

$$X_i = \begin{cases} 0 & \text{失敗} \quad P(X_i = 0) = 1 - p \\ 1 & \text{成功} \quad P(X_i = 1) = p \end{cases} \tag{11.4}$$

ここでの問題は，未知の成功確率 p を n 回の実際の試行結果 x_i, $(i = 1, \cdots, n)$ から推定することです。

第 i 回目の試行 X_i の確率関数は

$$\begin{aligned} P(X_i = x_i \mid p) &= p^{x_i}\,(1-p)^{1-x_i} \\ &= \begin{cases} p^0(1-p)^1 = 1 - p, & x_i = 0 \text{ の場合} \\ p^1(1-p)^0 = p, & x_i = 1 \text{ の場合} \end{cases} \end{aligned}$$

とあらわすことができます。n 回の試行全体でみると $X = (X_1, X_2, \cdots, X_n)$ の同時確率関数は

$$\begin{aligned} P(X = x \mid p) &= P(X_1 = x_1 \mid p) \times P(X_2 = x_2 \mid p) \times \cdots \times P(X_n = x_n \mid p) \\ &= p^{x_1}(1-p)^{1-x_1} \times p^{x_2}(1-p)^{1-x_2} \times \cdots \times p^{x_n}(1-p)^{1-x_n} \\ &= p^{x_1+x_2+\cdots+x_n}(1-p)^{n-(x_1+x_2+\cdots+x_n)} \end{aligned}$$

となります。この同時確率関数は「確率変数 $X = (X_1, X_2, \cdots, X_n)$ が実際に $x = (x_1, x_2, \cdots, x_n)$ となる確率」をあらわしています。この式の中で未知なものは成功確率の p だけになっています。この式を p の関数とみなしたものが以下の尤度関数です。

$$L(p \mid x) = p^{x_1+x_2+\cdots+x_n}\ (1-p)^{n-(x_1+x_2+\cdots+x_n)} \tag{11.5}$$

この尤度関数を最大にする p が最尤法による推定値となります。

たとえば 100 回の試行を行った場合の成功回数が 100 だったときには直感的には成功確率 p を 1 と考えることがもっともらしいことになります。いいかえると，100 回とも成功したというデータを得たのなら，そのようなデータを生み出す確率分布を規定するパラメータ（成功確率）は 1 と考えるのがもっともらしい，ということです。

このことを尤度関数を使ってみていきます。すべて成功ですから，$x_i = 1,$ $(i = 1, \cdots, 100)$，すなわち $x_1 + x_2 + \cdots + x_{100} = 100$ です。したがって尤度関数は

$$L(p \mid x) = p^{1+1+\cdots+1}\ (1-p)^{100-(1+1+\cdots+1)}\ =\ p^{100}\ (1-p)^0 = p^{100}$$

となります。未知の成功確率 p は確率なので $0 \leq p \leq 1$ ということを考慮すれば，この尤度関数は p が 1 のときに最大になることがわかります。すなわち p が 1 のときにもっともらしさが一番大きくなるのです。よって最尤法による推定値は $\hat{p} = 1$ となります。

100 回の試行を行った場合の成功回数が 50 だったときには半分が成功ですから直感的には成功確率 p を 0.5 と考えることがもっともらしく思えます。先ほどと同じように尤度関数で考えると，半分が成功ですから，$x_1 + x_2 + \cdots + x_n = 50$ となります。したがって尤度関数は

$$L(p \mid x) = p^{50}\ (1-p)^{100-50}\ =\ p^{50}\ (1-p)^{50}$$

で，p が 0.5 のときに最大となり p の推定値は $\hat{p} = 0.5$ となります。

上の2つの例より，もっともらしさを最大にすることと，尤度関数を最大化することがうまく対応しているようすが確認できたと思います。これらの例は実現したデータ $x = (\ x_1, x_2, \cdots, x_n\ )$ をすべて1とか，半分は1というように具体的にあらわした場合のものでした。以下では尤度関数 (11.5) の x を $X = (X_1, X_2, \cdots, X_n)$ でおきかえたものを p に関して最大化します。この最大化は (11.5) の対数（ HELP11.1 参照）をとった次の関数

$$\begin{aligned}\ln L(p \mid X) &= \ln p^{X_1+X_2+\cdots+X_n} \ + \ \ln(1-p)^{n-(X_1+X_2+\cdots+X_n)} \\ &= (\sum_{i=1}^{n} X_i) \ln p \ + \ (n - \sum_{i=1}^{n} X_i) \ln(1-p) \qquad (11.6)\end{aligned}$$

を最大化することと同じなのです。この対数をとった尤度関数を対数尤度関数とよびます。対数をとる理由は微分計算が簡単になるからです。

この (11.6) を p に関して偏微分します。

$$\frac{\partial}{\partial p} \ln L(\ p \mid x\ ) = (\sum_{i=1}^{n} X_i) \frac{1}{p} \ - \ (n - \sum_{i=1}^{n} X_i) \frac{1}{1-p} \qquad (11.7)$$

そしてこの式の右辺をゼロとおいて p について解くと最尤推定量 $\hat{p}$ は

$$\hat{p} = \frac{1}{n} \sum_{i=1}^{n} X_i \qquad (11.8)$$

となり，標本平均と同じであることがわかります。

▢ 最尤推定量の性質

最尤法を行うためには，データが従っている確率分布が具体的にわかっている必要があります。そのとき尤度関数，あるいは対数尤度関数を最大化することで得られる最尤推定量は適切な条件のもとで漸近的にすぐれた推定量であることがわかっています。漸近的とはデータ数が多い（標本サイズが大

きい）場合という意味です。また適切な条件については数学的に難解になりますのでここでは省略しますが，通常のテキストに登場してくる状況ではその条件は満たされています。そしてすぐれた推定量というのは次の性質をもつということです。

一致推定量，漸近不偏推定量，漸近有効推定量

最尤法の利点はさまざまな統計モデルに対応できるということと，上に述べたように漸近的にすぐれた推定量であることがわかっていることです。

一方，欠点としてはデータが従っている確率分布が具体的にわかっていないと最尤法を適用することができないことです。前章の回帰分析で説明した最小 2 乗法は誤差項の確率的な性質に対していくつかの仮定が必要でしたが，分布がわかっていなくても最小 2 乗法自体は適用可能なのです。

もう一つの点は最近のコンピュータと統計ソフトの発展からもはや欠点ではなくなりましたが，尤度の最大化を行う計算が容易ではなく，コンピュータを使った数値計算による最大化の方法に頼らなければならないことが多いという点もあげられます。

11.2 統計モデル

前節で最尤法の利点としてあげたさまざまな統計モデルに対応できるということを，回帰モデルと質的選択モデルを例にみていきます。

○ 回帰モデル

前章では回帰モデルを最小 2 乗法によって推定する方法を説明しました。ここでは以下の回帰モデルの推定を最尤法によって行います。

$$Y_i = \beta_0 + \beta_1 x_i + \varepsilon_i, \quad \varepsilon_i \sim N(0, \sigma^2) \qquad (11.9)$$

被説明変数 Y_i は確率変数でその分布は

$$Y_i \sim N\left(\beta_0 + \beta_1 x_i, \sigma^2\right) \tag{11.10}$$

となっています。この分布を規定する未知パラメータは β_0, β_1, σ^2 です。

Y_i の確率密度関数 $f(y_i)$ は

$$f(y_i) = \frac{1}{\sqrt{2\,\pi\,\sigma^2}} \exp\left(-\frac{1}{2\sigma^2}\left\{y_i - (\beta_0 + \beta_1 x_i)\right\}^2\right) \tag{11.11}$$

となります。ただし $\exp(a)$ は e^a をあらわしています。ここで $Y = (Y_1, Y_2, \cdots, Y_n)$ の同時確率密度関数は

$$\begin{aligned} f(y) &= \prod_{i=1}^{n} f(y_i) \\ &= \prod_{i=1}^{n} \frac{1}{\sqrt{2\,\pi\,\sigma^2}} \exp\left(-\frac{1}{2\sigma^2}\left\{y_i - (\beta_0 + \beta_1 x_i)\right\}^2\right) \end{aligned} \tag{11.12}$$

です。ただし $y = (y_1, y_2, \cdots, y_n)$ としています。尤度関数 $L(\beta_0, \beta_1, \sigma^2 \mid y, x)$ はこの同時確率密度関数 (11.12) を未知パラメータ β_0, β_1, σ^2 の関数とみなしたものになります。記号 $\prod_{i=1}^{n}$ については HELP11.2 を参照。

未知パラメータの β_0, β_1, σ^2 の最尤推定値は (11.12) の対数をとったものとして定義される以下の対数尤度関数

$$\begin{aligned} \ln L(\beta_0, \beta_1, \sigma^2 \mid y, x) = &-\frac{n}{2}\ln 2\,\pi - \frac{n}{2}\ln\sigma^2 \\ &-\frac{1}{2\sigma^2}\sum_{i=1}^{n}\left\{y_i - (\beta_0 + \beta_1 x_i)\right\}^2 \end{aligned} \tag{11.13}$$

を $\beta_0, \beta_1, \sigma^2$ に関して偏微分してゼロとおいた式よりもとめることができます。この β_0, β_1, σ^2 の最尤推定量の導出は練習問題とします(→**練習問題** 11.2)。

○ 質的選択モデル

これまで強調しませんでしたが，回帰モデルの被説明変数は消費支出のよ

うに数量をとる変数でした。それでは自動車を購入するかしないか，あるいは税制改革に賛成か反対か，という人々の意思決定を説明するモデルはどうなるでしょう。説明される被説明変数は，「自動車を購入する，しない」，「税制改革に賛成，反対」と数量データではありません。このようなデータは質的データとよばれます。そしてこの質的データを被説明変数にもつモデルは，この場合人々の意思決定で選択された結果を説明するモデルですから質的選択モデルとよばれます。

質的データの数量化

質的データはそのままでは数値ではないのでこれまで説明してきたような分析を行うことはできません。「株式を保有している，いない」という質的データを例にとって考えていきます。n 人に「株式を保有しているか，いないか」を調査します。そして第 i 番目の人の回答を次のように変数 Y_i で定義します。

$$Y_i = \begin{cases} 0, & \text{株式を保有していない} \\ 1, & \text{株式を保有している} \end{cases} \tag{11.14}$$

この変数 Y_i は数値をとる変数になっていますが，その値は0と1の2つの値なので2値データともよばれます。この Y_i を被説明変数にしたモデルを考えます。

最小2乗法によるアプローチ

この被説明変数 Y_i を説明する変数はさまざまなものが考えられますが，ここでは説明を明確にするために個人の年間所得 x_i だけを考えます。するとモデルは前章で説明したように

$$Y_i = \beta_0 + \beta_1 x_i + \varepsilon_i, \quad \varepsilon_i \sim N(0, \sigma^2) \tag{11.15}$$

とあらわすことができます。ただし誤差項 ε_i に対しては前章の仮定 (1) から (5) を仮定します。このようにモデルをあらわすとデータ (x_i, y_i), $(i = 1, \cdots, n)$ を使って最小2乗法によってこのモデルを推定することがで

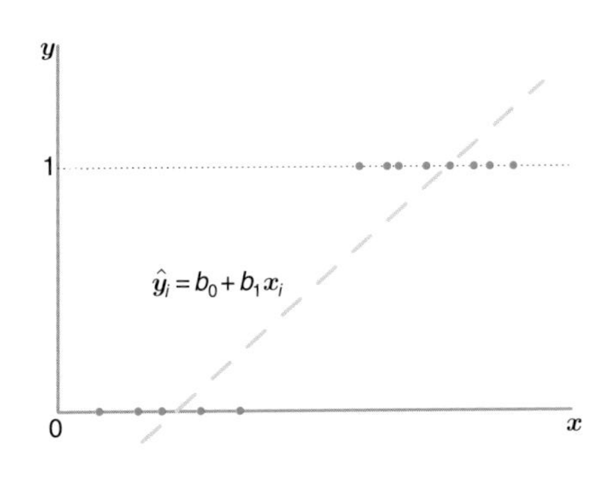

図 11.1　データと推定された直線

きます。回帰係数 β_1 が正の値なら，年間所得が高い人ほど株式を保有している，ということが主張できそうです。しかしここで被説明変数 Y_i が 0 と 1 という値しかとらないことに注意すると実はこの (11.15) では上の主張は正確ではありません。モデル (11.15) を最小 2 乗法で推定した結果

$$\hat{y}_i = b_0 + b_1 x_i$$

（b_0 と b_1 は β_0 と β_1 の最小 2 乗推定値）は図 11.1 をみるとわかるように，0 と 1 という値しかとらない y_i の動きをうまく説明するモデルにはなっていません。さらに説明変数の値が大きくなるとモデルから計算される $\hat{y}_i$ は 1 をこえ，説明変数の値が小さくなると $\hat{y}_i$ の値は 0 より小さくなります。したがってモデル (11.15) を考え直す必要があります。

別なアプローチ

結果が 0 か 1 となるような標本に対する統計的なアプローチとしてはこれまでベルヌーイ確率変数とその成功確率を考えてきました。成功確率 p とは標本が，0 と 1 という値のうち 1 をとる確率でした。ここで $Y_i = 1$ というのは「株式を保有する」ということをあらわしていますから，成功確率 p のよ

うなものを推定することができれば，人々が「株式を保有する」という選択を行う確率の推定ができます。したがって以下では $Y_i = 1$ か $Y_i = 0$ となるかを説明するモデルをつくるのではなく，$Y_i = 1$ となる確率を説明するモデルを作成することを目指します。

準備 1

はじめに潜在変数 Y_i^* を考えます。この潜在変数とは実際には観測することはできない変数のことで，ここでは人々の意思決定に影響をあたえる変数とします。この潜在変数 Y_i^* に関して以下の線形モデルを考えます。

$$Y_i^* = \beta_0 + \beta_1 x_i + \varepsilon_i, \quad \varepsilon_i \sim N(0, \sigma^2) \tag{11.16}$$

そしてこの潜在変数 Y_i^* が閾値（いきち，しきいち）c をこえると「株式を保有する」という意思決定を行うと考えます。逆にこえなければ「株式を保有しない」という意思決定になります。これを整理すると

$$Y_i^* > c \quad \Leftrightarrow \quad Y_i = 1$$

$$Y_i^* \leq c \quad \Leftrightarrow \quad Y_i = 0$$

となります。したがって，第 i 番目の人が「株式を保有する」という意思決定を行う確率は $P(Y_i = 1)$，あるいは $P(Y_i^* > c)$ となります。

準備 2

潜在変数 Y_i^* が c をこえる確率 $P(Y_i^* > c)$ について考えます。これは (11.16) から

$$\begin{aligned} Y_i^* > c &\Leftrightarrow \beta_0 - c + \beta_1 x_i + \varepsilon_i > 0 \\ &\Leftrightarrow \beta_0^\dagger + \beta_1 x_i + \varepsilon_i > 0 \\ &\Leftrightarrow \varepsilon_i > -\beta_0^\dagger - \beta_1 x_i \end{aligned}$$

となります。ただし $\beta_0^\dagger = \beta_0 - c$ としています。最後の不等式は確率変数 ε_i が $-\beta_0^\dagger - \beta_1 x_i$ より大きな値になったとき，潜在変数 Y_i^* が c をこえ，第 i 番目の人が「株式を保有する」という意思決定を行う，ということをあら

わしています。したがって第 i 番目の人が「株式を保有する」という意思決定を行う確率は次のようにあらわすことができます。

$$
\begin{aligned}
P(Y_i = 1) &= P(Y_i^* > c) = P(\varepsilon_i > -\beta_0^\dagger - \beta_1 x_i) \\
&= 1 - P(\varepsilon_i \le -\beta_0^\dagger - \beta_1 x_i)
\end{aligned}
$$

$\varepsilon_i \sim N(0, \sigma^2)$ を使うと

$$
\begin{aligned}
&= 1 - \Phi\left(\frac{-\beta_0^\dagger - \beta_1 x_i}{\sigma}\right) = 1 - \Phi(-\beta_0^\ddagger - \beta_1^\ddagger x_i) \\
&= \Phi(\beta_0^\ddagger + \beta_1^\ddagger x_i) \qquad (11.17)
\end{aligned}
$$

$\Phi(\cdot)$ は第 5 章の (5.27) にある標準正規分布の累積分布関数です。ただし，$\beta_0^\ddagger = \beta_0^\dagger/\sigma$，$\beta_1^\ddagger = \beta_1/\sigma$ としています。また最後の等号では (5.28) を使っています.

逆に第 i 番目の人が「株式を保有しない」という意思決定を行う確率は

$$
P(Y_i = 0) = 1 - P(Y_i = 1) = 1 - \Phi(\beta_0^\ddagger + \beta_1^\ddagger x_i) \qquad (11.18)
$$

となります。

準備 3

11.1 節では第 i 番目の標本に対して (11.4) を考え，尤度関数 (11.5) を導きました。そのときと同じように考えれば

第 i 番目の人の意思決定 Y_i に関して

$$
\begin{aligned}
&P(Y_i = y_i \mid \beta_0^\ddagger, \beta_1^\ddagger) \\
&\quad = \left\{\Phi(\beta_0^\ddagger + \beta_1^\ddagger x_i)\right\}^{y_i} \left\{1 - \Phi(\beta_0^\ddagger + \beta_1^\ddagger x_i)\right\}^{1-y_i}
\end{aligned}
$$

とあらわすことができます。したがって n 人全体では

$$
\begin{aligned}
P(Y = y \mid \beta_0^\ddagger, \beta_1^\ddagger) &= \prod_{i=1}^{n} P(Y_i = y_i \mid \beta_0^\ddagger, \beta_1^\ddagger) \\
&= \prod_{i=1}^{n} \left\{\Phi(\beta_0^\ddagger + \beta_1^\ddagger x_i)\right\}^{y_i} \left\{1 - \Phi(\beta_0^\ddagger + \beta_1^\ddagger x_i)\right\}^{1-y_i} \qquad (11.19)
\end{aligned}
$$

とあらわすことができます。

観測される質的選択の結果 Y_i に対して，それぞれの確率を (11.17), (11.18) とモデル化したものはプロビット・モデルとよばれています。またこのモデルの $\Phi(\cdot)$ の部分をロジスティック分布とよばれる分布の分布関数でおきかえたものはロジスティック・モデルとよばれるモデルになります。これら 2 つのモデルの特徴，違いなどについては章末にあげている参考書をみてください。

最尤推定法

(11.19) を $\beta_0^\ddagger$, $\beta_1^\ddagger$ の関数とみなしたものが尤度関数になります。そしてその尤度関数を最大化する $\beta_0^\ddagger$, $\beta_1^\ddagger$ がそれぞれの最尤推定値となります。しかしこのような尤度関数は数値計算によって最大化を行う必要があり，Excel などの表計算ソフトでは推定値を簡単にもとめることはできません。計量経済学用の統計ソフトを使うと簡単にこのようなモデルを推定することができます。

例：株式保有

2000 人に株式を保有しているかどうか y_i, 年収（単位：十万円）x_i を調査した結果から次のプロビット・モデルを推定しました。

$$Y_i^* = \beta_0 + \beta_1 x_i + \varepsilon_i, \quad \varepsilon_i \sim N(0, \sigma^2)$$

$$Y_i^* > c \Leftrightarrow Y_i = 1$$

$$Y_i^* \leq c \Leftrightarrow Y_i = 0$$

次の表が推定結果です。表中の定数項，年収の係数の推定値は (11.17), (11.18) にある $\beta_0^\ddagger$, $\beta_1^\ddagger$ の最尤推定値です。年収の係数推定値が正の値であることから，「株式を保有する」という意思決定に年収が正の影響をあたえていることがわかります。

線形回帰モデルでは説明変数の係数の値自体が，説明変数が 1 単位増加した場合の被説明変数にあたえる影響をあらわしていたのに対して，ここでのモデルは非線形モデルとなっており，係数の値そのものの意味は明白ではありません。よってここでは係数の符号で影響の方向をみています。詳細は章末にあげる参考書をみてください。

説明変数	係数推定値	標準誤差	t 値	p 値
定数項	−1.238	0.0606	−20.42	0.00
年収	0.008	0.0007	11.42	0.00

実際に観測されたデータへのモデルの適合の程度は次の表からわかります。説明変数が 1 つだけのモデルでは「株式を保有する」という意思決定を説明するには十分ではなく，他に金融資産残高などの関連する要因をモデルに追加する必要がありそうです。

	モデルによる予測		
データ	保有しない	保有する	計
保有しない	1451	35	1486
保有する	461	53	514
計	1912	88	2000

最尤法を使って推定を行うことができるモデルはここでみた質的選択モデルに限りません。計量経済学の分野ではさまざまなモデルが現実の経済現象を説明するために考案されており，その中には最尤法によって推定を行うモデルが数多くあります。

本書の第 10 章までに説明した統計的な分析法を利用することで十分に興味深い分析を行うことができますが，人々の意思決定や行動，また経済現象や企業行動をモデル化し，その統計モデルを推定することでさらに詳しいことを明らかにすることができます。

練習問題

11.1　平均 μ，分散 σ^2 の正規母集団 X からのサイズ n の標本 X_1，X_2，$\cdots$，X_n より，最尤法によって母集団の平均をもとめなさい。

11.2　(11.13) の対数尤度関数から β_0，β_1，σ^2 の最尤推定量を導出しなさい。

参考書

質的選択モデルに関して，より詳しくは次の本が参考になります。

- 大森裕浩『コア・テキスト計量経済学』新世社，2017 年

最尤法を含む推定量一般に関しては以下の 2 冊をあげておきます。前者は簡潔に，後者は理論的に詳細に説明されています.

- 久保川達也，国友直人『統計学』東京大学出版会，2016 年
- 久保川達也『現代数理統計学の基礎』共立出版，2017 年

HELP11.1　対数記号 ln とその演算規則

（自然）対数をとるという記号 ln についての説明をします。

$y = e^x$ は指数関数とよばれます。この式の両辺に自然対数 ln をとったものは

$$\ln y = \ln e^x = x \ln e = x$$

となります。ただし $\ln e = 1$ という規則を使っています。一般に ln に関しては次のような性質があります。

(1)　$\ln e = 1$

(2)　$\ln x^a = a \ln x$

(3)　$\ln xy = \ln x + \ln y$

(4)　$\ln x/y = \ln x - \ln y$

(5)　$\frac{d}{dx} \ln x = \frac{1}{x}$

(6)　$\frac{d}{dx} \ln(1-x) = -\frac{1}{1-x}$

記号 d/dx は x で微分することをあらわしています。

HELP11.2 積記号 $\prod_{i=1}^{n}$ について

たとえば $x_1 \times x_2 \times x_3$ という掛け算は，積記号 $\prod$（パイ）を使って，$\prod_{i=1}^{3} x_i$ と書くことができます。本文中では $f(y_1) \times f(y_2) \times \cdots \times f(y_n)$ という掛け算を積記号で表現していますが，その意味は次のとおりです。

$$\prod_{i=1}^{n} f(y_i) = f(y_1) \times f(y_2) \times \cdots \times f(y_n)$$

練習問題略解

第 1 章

1.1　表 1.3 の階級の階級値は以下の表のとおりです。

階級(単位　円)	度数	階級幅	階級値
80 以上 81 未満	3	1.0	80.5
81 以上 82 未満	7	1.0	81.5
82 以上 83 未満	15	1.0	82.5
83 以上 84 未満	28	1.0	83.5
84 以上 85 未満	18	1.0	84.5
85 以上 86 未満	13	1.0	85.5
86 以上 88 未満	9	2.0	87.0
88 以上 90 未満	3	2.0	89.0
90 以上 94 未満	4	4.0	92.0

階級の高さを調整したヒストグラムは図 1.5 の左のヒストグラムが 90 以上の階級を 2 つにわけている以外は作成するものと同じものになっています。

1.2　略

1.3　各自で確認すること。

1.4　平均の定義 (1.1) と $y_i = 2x_i$ より

$$\bar{y} = \frac{1}{n}\sum_{i=1}^{n} y_i = \frac{1}{n}\sum_{i=1}^{n} 2x_i = 2\bar{x}$$

分散の定義 (1.3) より

$$s_y^2 = \frac{1}{n-1}\sum_{i=1}^{n}(y_i - \bar{y})^2 = \frac{1}{n-1}\sum_{i=1}^{n}(2x_i - 2\bar{x})^2 = 4 \times \frac{1}{n-1}\sum_{i=1}^{n}(x_i - \bar{x})^2 = 4s_x^2$$

したがって $s_y = 2s_x$

1.5　各自で確認すること。

1.6　(1) A 大学の周辺に限定してしまうと大学から離れた賃貸アパートに住んでいる学生がはずれるので，母集団は文字通り「A 大学の学生が実際に賃貸契約をむすんでいるアパートの家賃」となります。

(2) 調査目的が B 電気でのエアコンの売り上げ台数を調べることにあるのならば，母集団は「長期間にわたるB電気でのエアコンの売り上げ台数」となります。
(3) C銀行の行員の残業時間が調査対象ならば，母集団は「C銀行の全本・支店での行員の残業時間」となります。

1.7　国勢調査に関しては総務省統計局のホームページ

https://www.stat.go.jp/

で調べることができます。

1.8　(1) ランダム・サンプリングではない。理由：教室の最前列にすわっている学生と後ろにすわっている学生は授業にのぞむ意気込みが違うと思われるからです(ただし事前に座席をランダムに割り当ててあれば最前列の10名でもランダム・サンプリングになります)。
(2) ランダム・サンプリングではない。理由：電話調査で電話番号をランダムに作成しても調査は昼間に限定しているので，昼間に電話で応対できる人だけがサンプルとして選ばれるからです。
(3) ランダム・サンプリングですが，A社の顧客だけでは調査として不十分です。この場合は化粧品の利用者全体を母集団と考えた調査を考える必要があります。

第2章

2.1　プラン2に関する表は以下のようになります。

順位	相対順位	年間給与	相対給与	累積相対給与
1	0.25	200	0.05	0.05
2	0.50	400	0.10	0.15
3	0.75	800	0.20	0.35
4	1.00	2600	0.65	1.00

2.2　ラスパイレス指数(2.1)と同じ記号を使うと，パーシェ指数は

$$\frac{\displaystyle\sum_{i=1}^{n} p_{ti}q_{ti}}{\displaystyle\sum_{i=1}^{n} p_{0i}q_{ti}}$$

で定義され，比較時の消費のパターンを基準時の価格で評価したときと比較時の価格で評価したものの比になっています。購入数量に関しては，ラスパイレス指数は基準年のものだけがわかればよいですが，パーシェ指数では比較するすべての期間での購入数量が必要とされます。

2.3　2015年基準の2017年のラスパイレス指数は(2.1)より

$$L_{2017} = \frac{190 \times 50 + 215 \times 40 + 150 \times 25}{160 \times 50 + 200 \times 40 + 140 \times 25} = 1.1205$$

となり，基準年を 100 とすると 112.05 となります。

パーシェ指数は前問の解答にある定義より，2016 年は

$$P_{2016} = \frac{180 \times 50 + 210 \times 30 + 140 \times 20}{160 \times 50 + 200 \times 30 + 140 \times 20} = 1.0774$$

同様に 2017 年は 1.1180 となり，基準年を 100 とすれば，それぞれ 107.74 と 111.80 となります。

2.4　米国の代表的な株価指数には S&P500，NASDAQ 総合指数，ダウ工業株 30 種平均などがあります。それぞれの特徴については各自で確認してください。

2.5　TOPIX と日経平均株価の大きな違いは，TOPIX が東証 1 部上場の全銘柄を使っているのに対して，日経平均株価は全銘柄ではなく，代表的な銘柄を選択しているという点です。

2.6　先行系列では，新設住宅着工床面積，東証株価指数など，一致系列では，生産指数（鉱工業），鉱工業用生産財出荷指数，商業販売額（小売業，卸売業）など，遅行系列では，第 3 次産業活動指数，常用雇用指数（製造業），実質法人企業設備投資（全産業），完全失業率などがあります。

2.7　略

2.8　相関係数の定義 (2.3) にデータを代入して計算すると相関係数の値は 0 になります。これは相関係数が直線的な関係しかとらえられない代表的な例です。

第 3 章

3.1　$P(A \mid B) = P(A) \Rightarrow P(A \cap B) = P(A) \times P(B)$ を示す。

$P(A \mid B) = (A \cap B)/P(B)$ より，$P(A \cap B) = P(A \mid B) \times P(B)$ となります。ここで $P(A \mid B) = P(A)$ ならば，$P(A \cap B) = P(A) \times P(B)$ となります。

$P(A \cap B) = P(A) \times P(B) \Rightarrow P(A \mid B) = P(A)$ を示す。

これは $P(A \mid B) = P(A \cap B)/P(B)$ より明らか。

3.2　例題 3.1 の解答より $P(B) = 4/13$。事象 C に関しては $P(C) = 24/52 = 6/13$ です。事象 $B \cap C$ はカードの数字が 10 以上の偶数ということなので，それを満たす数字は全部で 8 枚。したがって $P(B \cap C) = 8/52 = 2/13$ である。よって $P(B \cap C) \neq P(B) \times P(C)$ より，事象 B と事象 C は互いに独立ではありません。

3.3　(3.17) の右辺を導く。(3.16) を代入すればよい。

$${}_nC_r = \frac{{}_nP_r}{r!} = \frac{n!}{(n-r)!\,r!}$$

また ${}_nC_r = {}_nC_{n-r}$ であることもこの式から明らか。

3.4　「商品の販売個数」(離散的),「対米ドル為替レート」(連続的),「ビールの消費量」(本数なら離散的, リットルなどの量なら連続的),「あるテレビ番組の視聴率」(連続的)

3.5　(3.15) の右辺の分母を整理する。

$$P(B \mid A)P(A) + P(B \mid A^c)P(A^c) = P(A \cap B) + P(A^c \cap B)$$

となります。ここで (3.9) と同様に考えれば $P(A \cap B) + P(A^c \cap B) = P(B)$ になっていることがわかります。一方, (3.15) の右辺の分子は $P(B \mid A)P(A) = P(A \cap B)$ ですから, (3.15) の右辺は $P(A \cap B)/P(B)$ となり, (3.15) の左辺の定義と同じになります。

3.6　例題 3.3 のケース 2 で $P(B \mid A^c) = 1/3$, $P(B^c \mid A^c) = 1 - 1/3 = 2/3$ と考えたものです。もとめる確率はベイズの定理 (3.15) より

$$\begin{aligned} P(A^c \mid B) &= \frac{P(B \mid A^c)P(A^c)}{P(B \mid A^c)P(A^c) + P(B \mid A)P(A)} \\ &= \frac{1/3 \times 1/5}{1/3 \times 1/5 + 1 \times 4/5} = \frac{1}{13} \end{aligned}$$

となります。さらに $P(A \mid B) = 12/13$ になっています。ケース 2 では 2 台に 1 台の割合で不正価格がついていましたが, ここでは 3 台に 1 台という割合に下がっています。したがって予想通り, この場合の $P(A \mid B)$ (100 万円という値段がついた車が良品である確率) はケース 2 のときの $P(A \mid B)$ よりも若干, 大きな値になっています。

第 4 章

4.1　はじめに $p_X(x_i) = 0$ を排除する理由。x_i は定義から離散確率変数 X がとりうる値ですから $p_X(x_i) = 0$ をみとめると, x_i は離散確率変数 X がとりえない値になってしまいます。次に $p_X(x_i) = 1$ を排除する理由。$i = 1, \cdots, n$ のどれか 1 つで $p_X(x_i) = 1$ が成立すると残りの $j \neq i$ では $p_X(x_j) = 0$ となっていなければならなくなるからです。

4.2　所得をあらわす変数を X とします。確実な所得 36 万円とは, 確率 1 で所得 X が 36 万円になり, その他の値になる確率は 0 ということを意味しています。したがって期待値所得は次のように 36 となります。

期待所得: $E[X] = 36 \times P(X = 36) = 36 \times 1 = 36$ 期待効用についても同様に

$$\text{期待効用: } E[u(X)] = \sqrt{36} \times P(X = 36) = 6 \times 1 = 6$$

となります。

4.3 $V[X] = E[(X - E[X])^2] = E[X^2 - 2XE[X] + (E[X])^2] = E[X^2] - 2E[XE[X]] + E[(E[X])^2]$ より $V[X] = E[X^2] - (E[X])^2$

$Cov[X, Y]$ については

$$Cov[X,Y] = E[(X-E[X])(Y-E[Y])] = E[XY - XE[Y] - E[X]Y + E[X]E[Y]]$$
$$= E[XY] - E[XE[Y]] - E[E[X]Y] + E[E[X]E[Y]]$$
$$= E[XY] - E[X]E[Y] - E[X]E[Y] + E[X]E[Y] = E[XY] - E[X]E[Y]$$

4.4 $100\times0.3+50\times0.3+(-30)\times0.4 = 33$ より期待業績は 33 億円になります。$(100-33)^2\times0.3+(50-33)^2\times0.3+(-30-33)^2\times0.4 = 1346.7+86.7+1587.6 = 3021$ より標準偏差は 54.96 になります。

4.5 相関係数 (4.8) の分子 $Cov(X,Y)$ に着目します。離散確率変数の場合この $Cov(X,Y)$ の定義は (4.7) です。X と Y が独立に分布しているとき

$$E[\,XY\,] = \sum_{i=1}^{m}\sum_{j=1}^{n} x_i\, y_j\, p_{X,Y}(x_i, y_j) = \sum_{i=1}^{m}\sum_{j=1}^{n} x_i\, p_X(x_i)\, y_j\, p_Y(y_j)$$
$$= \sum_{i=1}^{m} x_i p_X(x_i) \sum_{j=1}^{n} y_j p_Y(y_j) = E[X]\,E[Y]$$

となります。$Cov(X,Y)$ の定義 (4.7) から X と Y が独立に分布しているとき $Cov(X,Y)$ は 0 であることがわかります。したがって分子に $Cov(X,Y)$ をもつ相関係数も 0 になります。

4.6 前問で示しました。

4.7 例題 4.2 の解答と定義 4.6 より

$$E[X] = (-1)\times0.4 + 0\times0.2 + 1\times0.4 = 0$$
$$E[Y] = (-1)\times0.3 + 0\times0.25 + 1\times0.45 = 0.15$$
$$E[XY] = (-1)\times(-1)\times0.2 + (-1)\times1\times0.1 + 1\times(-1)\times0.05 + 1\times1\times0.3$$
$$= 0.2 - 0.1 - 0.05 + 0.3 = 0.35$$

したがって $Cov(X,Y)$ は $E[XY] - E[X]\,E[Y]$ より $0.35 - 0\times0.15 = 0.35$ となります。$V[X]$，$V[Y]$ については定義 4.4 より

$$V[X] = (-1-0)^2\times0.4 + (0-0)^2\times0.2 + (1-0)^2\times0.4 = 0.8$$
$$V[Y] = (-1-0.15)^2\times0.3 + (0-0.15)^2\times0.25 + (1-0.15)^2\times0.45 = 0.7275$$

となりますから，相関係数は $0.35/\sqrt{0.8\times0.7275} = 0.459$ になります。

4.8 ベルヌーイ試行の結果 x_i は 0 と 1 としていますが，試行の結果（成功と失敗）を区別するだけならば，0 と 10 でも，-1 と 1 でもかまいません。しかし，100

回の試行中で成功回数は？，という問題意識で考えれば，$\sum_{i=1}^{100} x_i$ が成功回数をあらわすように x_i は，成功で 1，失敗で 0 としなければなりません。そうすると確率変数として $\sum_{i=1}^{100} X_i$ は二項分布に従う確率変数として表現できます。

4.9　例題 4.3 の 30 日を 25 日に変更すると確率変数 X は $B(25, 0.8)$ に従っていることになります。

(1) は (4.22) より $25 \times 0.8 = 20$,

(2) は $P_X(25) = 0.8^{25} \times 0.2^0 = 0.0038$,

(3) は $F(10) = P(X \leq 10)$ をもとめればよい。しかし巻末付録の二項分布の表には $n = 25$ の表はありますが，その表には $p = 0.8$ の列はありません。このような場合は次のように対処します。$n = 25$ で成功確率 0.8 の二項確率変数 X に対して，失敗する回数 Y を $Y \sim B(25, 0.2)$ と考えます。$n = 25$ で $X = 25$ ならば失敗回数は $Y = 0$，$X = 10$ ならば $Y = 15$ となります。このように考えれば

$$F(10) = P(X \leq 10) = P(Y \geq 15) = 1 - P(Y \leq 14) = 1 - 1 = 0$$

となり，そのような確率はゼロであることがわかります。

4.10　10 時間で 2 名の学生がやってきていますので，40 時間ならば 8 名の学生が質問にくると考えます。したがってポアソン分布の定義 (4.24) にある μ を 8 とおきます。質問にくる学生数を X とすれば問題は $P(X \geq 10)$ をもとめることになります。

$$P(X \geq 10) = 1 - P(X \leq 9) = 1 - \sum_{i=0}^{9} P(X = i) = 1 - 0.718 = 0.282$$

がもとめる確率になります。ただし $\sum_{i=0}^{9} P(X = i)$ は巻末のポアソン分布表より，$0.000+0.003+0.011+0.029+0.057+0.092+0.122+0.140+0.140+0.124 = 0.718$ ともとめています。

第 5 章

5.1　各資産の収益率の期待値（期待収益率）は $E[X] = \mu_X$，$E[Y] = \mu_Y$，分散は $V[X] = \sigma_X^2$，$V[Y] = \sigma_Y^2$，相関係数は

$$\rho = \frac{Cov[X, Y]}{\sigma_X \sigma_Y}$$

である。ウエイトが α，$(1 - \alpha)$ となっているポートフォリオを

$$Z = \alpha \times X \; + \; (1 - \alpha) \times Y$$

としているので，期待収益率は $E[Z] = \alpha \times \mu_X + (1-\alpha) \times \mu_Y$ です。分散は

$$
\begin{aligned}
\sigma_Z^2 = V[Z] &= V[\,\alpha \times X + (1-\alpha) \times Y\,] \\
&= E[\,\{\,(\alpha \times X + (1-\alpha) \times Y) - E[\,\alpha \times X + (1-\alpha) \times Y]\}^2\,] \\
&= E[\,\{\,\alpha(X-\mu_X) + (1-\alpha)(Y-\mu_Y)\,\}^2\,] \\
&= \alpha^2 E[\,(X-\mu_X)^2\,] + (1-\alpha)^2 E[\,(Y-\mu_Y)^2\,] \\
&\qquad\qquad + 2\alpha(1-\alpha)E[\,(X-\mu_X)(Y-\mu_Y)\,] \\
&= \alpha^2 V[X] + (1-\alpha)^2 V[Y] + 2\alpha(1-\alpha)Cov[X,Y] \\
&= \alpha^2 \sigma_X^2 + (1-\alpha)^2 \sigma_Y^2 + 2\alpha(1-\alpha)\,\rho\,\sigma_X\sigma_Y
\end{aligned}
$$

で，この σ_Z^2 の平方根が (5.23) になります。

5.2　略

5.3　$X \sim N(\mu, \sigma^2)$ のとき，

$$
P(|\,X-\mu\,| < k\sigma) = P\left(\frac{|\,X-\mu\,|}{\sigma} < k\right) = P\left(-k < \frac{X-\mu}{\sigma} < k\right)
$$

$$
= \begin{cases} \Phi(1) - \Phi(-1) = 0.6826, & k=1 \\ \Phi(2) - \Phi(-2) = 0.9544, & k=2 \\ \Phi(3) - \Phi(-3) = 0.9974, & k=3 \end{cases}
$$

5.4　$X \sim N(30, 100)$ のとき

$$
\begin{aligned}
P(20 < X < 50) &= P\left(\frac{20-30}{\sqrt{100}} < \frac{X-30}{\sqrt{100}} < \frac{50-30}{\sqrt{100}}\right) \\
&= P\left(-1 < \frac{X-30}{10} < 2\right) = \Phi(2) - \Phi(-1) \\
&= \Phi(2) - (1-\Phi(1)) = 0.9772 - 1 + 0.8413 = 0.8185
\end{aligned}
$$

5.5　例題 5.4 の (1) と同様に為替レート X に関して $110 \le X \le 120$ となる確率をもとめればよい。

$$
\begin{aligned}
P(110 \le X \le 120) &= P\left(\frac{110-105}{4} \le \frac{X-105}{4} \le \frac{120-105}{4}\right) \\
&= P\left(1.25 \le \frac{X-105}{4} \le 3.75\right) = \Phi(3.75) - \Phi(1.25) \\
&= 1.00 - 0.8944 = 0.106
\end{aligned}
$$

$\Phi(3.75)$ は分布表にはありませんがほぼ 1 なので，ここでは 1.00 としています。

5.6　連続確率変数 X と Y の確率密度関数をそれぞれ $f_x(x)$ と $f_y(y)$ とします。同時密度関数は X と Y が独立なので $f_{x,y}(x,y)=f_x(x)f_y(y)$ となっています。

$$E[\,XY\,]=\int_{-\infty}^{\infty}\int_{-\infty}^{\infty}xy\ f_{x,y}(x,y)dxdy$$
$$=\left\{\int_{-\infty}^{\infty}xf_x(x)dx\right\}\left\{\int_{-\infty}^{\infty}yf_y(y)dy\right\}=E[X]\,E[Y]$$

5.7　a, b を定数とする。

$$V[\,aX+b\,]=E[\,\{(aX+b)-E[aX+b]\}^2\,]=E[\,(aX-E[aX])^2\,]=V[aX]$$
$$=E[\,a^2(X-E[X])^2\,]=a^2E[\,(X-E[X])^2\,]=a^2V[X]$$

第6章

6.1　(6.17) を示す。

$$\frac{\bar{X}-p}{\sqrt{\frac{p(1-p)}{n}}}\sim N(0,1)\quad\Leftrightarrow\quad\bar{X}-p\sim N\left(0,\frac{p(1-p)}{n}\right)$$
$$\Leftrightarrow\quad\bar{X}\sim N\left(p,\frac{p(1-p)}{n}\right)\quad\Leftrightarrow\quad n\times\bar{X}\sim N(\,np,np(1-p)\,)$$

6.2　例題 4.3 では，晴れ $X_i=1$，雨 $X_i=0$，$P(X_i=1)=0.8$ となっています。そして (1) では $\sum_{i=1}^{30}X_i\sim B(30,0.8)$ より期待日数は $30\times0.8=24$ 日でした。ここでは正規近似 (6.18) を使うと

$$\sum_{i=1}^{30}X_i\sim B(30,0.8)\ \Rightarrow\ \sum_{i=1}^{30}X_i\sim N(30\times0.8,\ 30\times0.8\times0.2)$$

で，正規近似からの期待日数も同じく $30\times0.8=24$ 日となります。ちなみに分散は $30\times0.8\times0.2=4.8$ です。(2) では $P(\sum_{i=1}^{30}X_i=30)=0.0012$ でした。離散確率変数を正規近似します。連続確率変数での近似ですから連続性補正を使うと

$$P(\sum_{i=1}^{30}X_i=30)\simeq P(\sum_{i=1}^{30}X_i\le 30+0.5)-P(\sum_{i=1}^{30}X_i\le 29+0.5)$$
$$=P\left(\frac{\sum_{i=1}^{30}X_i-24}{\sqrt{4.8}}\le\frac{30+0.5-24}{\sqrt{4.8}}\right)-P\left(\frac{\sum_{i=1}^{30}X_i-24}{\sqrt{4.8}}\le\frac{29+0.5-24}{\sqrt{4.8}}\right)$$
$$=\Phi(2.97)-\Phi(2.51)=0.9985-0.9940=0.0045$$

となります。

6.3　例題 6.3 で $\bar{x}=9.2$, $s^2=4$ とすると

$$P(\bar{X}<9)=P\left(\frac{\bar{X}-9.2}{\sqrt{\frac{4}{120}}}<\frac{9-9.2}{\sqrt{\frac{4}{120}}}\right)=P\left(\frac{\bar{X}-9.2}{\sqrt{\frac{4}{120}}}<-1.1\right)$$
$$\simeq\Phi(-1.1)=1-\Phi(1.1)=1-0.8643=0.1357$$

となります。

6.4　例題 6.5 で $n=16$, $s^2=36$ とすると

$$P(\bar{X}\le 49)=P\left(\frac{\bar{X}-50}{\sqrt{\frac{36}{16}}}\le\frac{49-50}{\sqrt{\frac{36}{16}}}\right)=P\left(\frac{\bar{X}-50}{1.5}\le -0.67\right)$$
$$=P\left(\frac{\bar{X}-50}{1.5}\ge 0.67\right)=P\left(\frac{\bar{X}-50}{1.5}>0.67\right)$$

自由度 $(16-1=15)$ の t 分布の上側確率 0.25 をあたえる点が 0.691 ですから，上の確率は 0.25 より大きいことがわかります。

6.5　$\sum_{i=1}^{n}(X_i-\bar{X})=0$ を示す。

$$\sum_{i=1}^{n}(X_i-\bar{X})=\sum_{i=1}^{n}X_i-\sum_{i=1}^{n}\bar{X}=\sum_{i=1}^{n}X_i-n\bar{X}=0$$

6.6　(1) (6.31) では t 分布の下側確率をもとめる必要があります。t 分布はゼロを中心に左右対称ですから，巻末の t 分布表のところにある図からもわかるように下側確率 p をあたえる点は，上側確率 p をあたえる点 t にマイナスをつけた点 $-t$ になります。

(2) この問いも下側確率に関するものですから，(1) と同じように上側確率で考えると $P\left(\frac{\bar{X}-50}{1.58}\le -0.63\right)=P\left(\frac{\bar{X}-50}{1.58}>0.63\right)$ を考えればよいことがわかります。自由度 9 の行を見ると，上側確率 0.25 をあたえる点は 0.703 であることが t 分布表からわかります。$0.63<0.703$ ですから，面積で考えればもとめる確率は 0.25 より大きいことがわかります。

(3) ここでももとめる確率は下側確率ですから，$P\left(\frac{\bar{X}-50}{0.707}\le -1.414\right)=P\left(\frac{\bar{X}-50}{0.707}>1.414\right)$ という上側確率で考えます。自由度は 49 ですが t 分布表には自由度 49 はあたえられていません。そこで自由度 40 と 50 の 2 つの行に着目します。自由度 40 の行で上側確率 0.1 と 0.05 をあたえる点はそれぞれ 1.303 と 1.684 になっています。1.414 はこの 2 つの点の間にありますから，仮に自由度が 40 だとすると，もとめる

確率は 0.05 と 0.1 の間であることがわかります。同じように自由度 50 と考えた場合ももとめる確率は 0.05 と 0.1 の間になりますから，自由度 49 の場合の確率は 0.05 と 0.1 の間であると結論しているのです。

第 7 章

7.1　A 社の株式，B 社の社債の収益率のデータから期待収益率，分散，相関係数の推定値は次のようになります。

	期待収益率	収益率の分散	相関係数
A 社の株式	0.05	0.0329	−0.705
B 社の社債	0.02	0.0096	

収益率の分散の推定値の平方根をボラティリティの推定値とします。あとは例題 5.1 の解答どおりに図を描けばよい。図は省略。

7.2　$MSE[\hat{\theta}]$ の分解

$$\begin{aligned} MSE[\hat{\theta}] &= E[\,(\hat{\theta}-\theta)^2] = E[\,\{\,(\,\hat{\theta}-E[\hat{\theta}]\,)\,+\,(\,E[\hat{\theta}]-\theta\,)\,\}^2\,] \\ &= E[\,(\,\hat{\theta}-E[\hat{\theta}]\,)^2\,+\,(\,E[\hat{\theta}]-\theta\,)^2\,+\,2(\,\hat{\theta}-E[\hat{\theta}]\,)(\,E[\hat{\theta}]-\theta\,)\,] \\ &= V[\,\hat{\theta}\,]\,+\,(\,b[\hat{\theta}]\,)^2\,+\,2E[\,(\,\hat{\theta}-E[\hat{\theta}]\,)\,b[\hat{\theta}]\,] \end{aligned}$$

右辺第 3 項に関しては，$b[\hat{\theta}]$ は確率変数ではないので次のように期待値の外に出すことができます。

$$E[\,(\,\hat{\theta}-E[\hat{\theta}]\,)\,b[\hat{\theta}]\,] = E[\,(\,\hat{\theta}-E[\hat{\theta}]\,)\,]\times b[\hat{\theta}] = 0\times b[\hat{\theta}] = 0$$

となり，(7.7) が導出されます。

7.3　(7.17) を示すには $p(1-p)\leq 0.5^2$ を示せばよい。これは $p(1-p) = p-p^2 = -(p-0.5)^2+0.5^2$ より示すことができる。

7.4　例題 7.3 の解答で $\alpha = 0.1$，$c_{0.05}$ と変更すればよい。あとは例題 7.3 と同様に考えれば，$c_{0.05}\times\frac{0.5}{\sqrt{n}}\leq 0.05$ を満たすように標本サイズ n を決定します。$c_{0.05}$ は標準正規分布表より $\Phi(c_{0.05}) = 0.95$ となる点ですから，$c_{0.05} = 1.645$ となり，$270.6\leq n$ となります。

第 8 章

8.1　信頼係数 0.95 での μ の信頼区間をもとめればよい。例題 8.1 の解答より，$\bar{x} = 0.7$，$s^2 = 1.122$，自由度 9 の t 分布の上側 2.5%点 $t_{0.025} = 2.262$ なので，もとめる信頼区間は

$$0.7 - 2.262 \times \sqrt{\frac{1.122}{10}} \leq \mu \leq 0.7 + 2.262 \times \sqrt{\frac{1.122}{10}}$$

すなわち

$$-0.058 \leq \mu \leq 1.458$$

となり，信頼区間にゼロが含まれることから，μ がゼロである可能性を排除できず，帰無仮説（$\mu = 0$）は棄却できません。したがって最終的な判断については例題 8.1 と同様になります。

8.2　それぞれの母集団からの標本の標本平均の期待値と分散は第 6 章の定理 6.1 より

$$E[\bar{X}] = \mu_x, \quad E[\bar{Y}] = \mu_y, \quad V[\bar{X}] = \frac{\sigma_x^2}{n_x}, \quad V[\bar{Y}] = \frac{\sigma_y^2}{n_y}$$

となります。(8.16) は $E[\bar{X} - \bar{Y}] = E[\bar{X}] - E[\bar{Y}]$ から明らかです。分散は

$$\begin{aligned} V[\bar{X} - \bar{Y}] &= E[\{(\bar{X} - \bar{Y}) - (\mu_x - \mu_y)\}^2] = E[\{(\bar{X} - \mu_x) - (\bar{Y} - \mu_y)\}^2] \\ &= E[(\bar{X} - \mu_x)^2] + E[(\bar{Y} - \mu_y)^2] - 2E[(\bar{X} - \mu_x)(\bar{Y} - \mu_y)] \\ &= V[\bar{X}] + V[\bar{Y}] - 2E[(\bar{X} - \mu_x)(\bar{Y} - \mu_y)] \end{aligned}$$

となりますが，2 つの異なる母集団からの標本の標本平均 $\bar{X}$ と $\bar{Y}$ が互いに独立であることに注意すれば $E[(\bar{X} - \mu_x)(\bar{Y} - \mu_y)] = E[(\bar{X} - \mu_x)]\ E[(\bar{Y} - \mu_y)] = 0$ となり，(8.17) が示されます。

8.3　例題 8.3 については表 9.6 に Excel による結果を示してあります。例題 8.4 については，例題 8.4 の解答にあるように Excel のデータ分析を使えば同様にできます。使うデータ数は例題 8.3 も例題 8.4 も同じですが，例題 8.4 の結果で自由度が修正されていることを確認してください。

8.4　放映の前後での商品売り上げの変化率 X_i の母集団 X は仮定より正規母集団です。この正規母集団の平均を μ，分散を σ^2 とします。検証したいことは「TV コマーシャルによる宣伝効果があったかどうか」ですから，帰無仮説と対立仮説は次のように設定されます。

$$H_0:\ \mu = 0, \quad H_a:\ \mu > 0$$

例題 8.1 にある研修プログラムでは導入すれば成績が下がるかもしれないという可能性を分析のはじめの段階で排除できませんでした。したがってそこでの対立仮説は $\mu \neq 0$ としていました。この問題では TV コマーシャルがひどいものでなければマイナスの影響はないという常識的な判断から対立仮説を $\mu > 0$ としています。$\bar{x} = 0.69$，$s^2 = \frac{1}{10-1}\sum_{i=1}^{10}(x_i - \bar{x})^2 = 1.177$ となりますから，検定統計量 (8.6) は

$$\frac{\bar{x}}{\sqrt{\frac{s^2}{10}}} = \frac{0.69}{\sqrt{\frac{1.177}{10}}} = 2.01$$

となります。有意水準は5%なので自由度 $(10-1=9)$ の t 分布の上側確率5% をあたえる点1.833が臨界値（棄却域は分布の右側）となります。検定統計量の値は棄却域に入っているので，帰無仮説は有意水準5%で棄却され，対立仮説 $\mu > 0$ が採択されます。したがって，TV コマーシャルには宣伝効果があったと判断できます。

第9章

9.1　例題9.3より検定統計量の値は -2.8 です。対立仮説を $H_1 : p > 0.2$ とすると，棄却域が右側だけにある片側検定になります。有意水準5%なので臨界値は1.645です。検定統計量の値はゼロから大きく（負の方向に）離れていますが，この場合，帰無仮説は棄却されません。新しいプロデューサー制作による番組の視聴率は20%をこえるという対立仮説を設定した結果，帰無仮説は棄却されないとなったのですが，これは視聴率が20%に達しない可能性を確証もなく排除した結果によるものです。排除する確証がない場合は，例題9.3の解答にあるように片側ではなく両側検定を採用するべきでしょう。

9.2　9.2節の独立性の検定で説明しているように，はじめに周辺確率をもとめ，次に帰無仮説が正しいと仮定したもとで計算される期待値をもとめます。

期待値

	問題あり	問題なし
存続	57	93
倒産	38	62

検定統計量 (9.10) を計算すると $12.789 + 7.839 + 19.184 + 11.758 = 51.57$ になります。有意水準5%の検定なので，自由度 (行数-1)$\times$(列数-1) $= (2-1)\times(2-1) = 1$ のカイ2乗分布の上側確率0.05をあたえる3.84が臨界値になります。検定統計量の値は棄却域に入っているので帰無仮説は有意水準5%で棄却され，銀行審査と企業倒産の間に関連があったと結論できます。

第10章

10.1　$E[\hat{\beta}_1] = \beta_1$ を示すことが目的です。(10.4) より

$$Y_i - \bar{Y} = \beta_0 + \beta_1 x_i + \varepsilon_i - \frac{1}{n}\sum_{i=1}^{n}(\beta_0 + \beta_1 x_i + \varepsilon_i) = \beta_1(x_i - \bar{x}) + (\varepsilon_i - \frac{1}{n}\sum_{i=1}^{n}\varepsilon_i)$$

これを (10.8) の $(Y_i - \bar{Y})$ へ代入すると次のようになります。

$$\hat{\beta}_1 = \frac{\sum_{i=1}^{n}(x_i - \bar{x})\left\{\beta_1(x_i - \bar{x}) + (\varepsilon_i - \frac{1}{n}\sum_{i=1}^{n}\varepsilon_i)\right\}}{\sum_{i=1}^{n}(x_i - \bar{x})^2}$$

$$= \beta_1 + \frac{\sum_{i=1}^{n}(x_i - \bar{x})(\varepsilon_i - \frac{1}{n}\sum_{i=1}^{n}\varepsilon_i)}{\sum_{i=1}^{n}(x_i - \bar{x})^2} = \beta_1 + \frac{\sum_{i=1}^{n}(x_i - \bar{x})\varepsilon_i}{\sum_{i=1}^{n}(x_i - \bar{x})^2}$$

この式の両辺に期待値をとると $E[\hat{\beta}_1] = \beta_1$ となり，$\hat{\beta}_1$ は β_1 の不偏推定量であることが示されます。

10.2　係数の有意性検定を使って統計的に間違いがないようにモデルを作成することはもちろん大事なことです。しかしそれ以前に現実を記述しているモデルはモデル自身として満たすべき条件をもっているのです。たとえば消費支出を説明するモデルならば，所得の係数 β_1 の値は負の値をとることは（現実の記述という観点からは）ありえず，また 1 をこえることもありません。係数 β_1 が 1 をこえると所得以上の消費支出を行うことになります。定数項 β_0 については所得が 0 のときを考えると，所得が 0 でも消費支出は行われますから定数項は正の値と考えるべきです。経済モデルの場合，このようなモデルに対する条件は経済理論的条件であり，この条件が満たされているかどうかも，モデルを作成，推定していく際には重要な点になります。

10.3　$3.283 + 0.553 \times 76 + 0.063 \times 284 = 63.203$

10.4　はじめに $\sum_{i=1}^{n} e_i = 0$ を示す。「10.2 回帰係数の推定」の本文中では正規方程式は $\hat{\beta}_0$ と $\hat{\beta}_1$ に関するものですが，Y_i を y_i に，$\hat{\beta}_0$ と $\hat{\beta}_1$ をそれぞれ b_0 と b_1 に置き換えた正規方程式より

$$\sum_{i=1}^{n} e_i = \sum_{i=1}^{n}(y_i - b_0 - b_1 x_i) = \sum_{i=1}^{n} y_i - nb_0 - b_1 \sum_{i=1}^{n} x_i = 0$$

次に $\sum_{i=1}^{n} x_i e_i = 0$ を示す。これも正規方程式より

$$\sum_{i=1}^{n} x_i e_i = \sum_{i=1}^{n} x_i(y_i - b_0 - b_1 x_i) = \sum_{i=1}^{n} x_i y_i - b_0 \sum_{i=1}^{n} x_i - b_1 \sum_{i=1}^{n} x_i^2 = 0$$

さらに $\sum_{i=1}^{n} \hat{y}_i e_i = \sum_{i=1}^{n}(b_0 + b_1 x_i) e_i = b_0 \sum_{i=1}^{n} e_i + b_1 \sum_{i=1}^{n} x_i e_i = 0$ より，$\sum_{i=1}^{n}(\hat{y}_i - \bar{y}) e_i = 0$ を得る。

10.5　例題 10.1 の結果では β_1 の推定値と標準誤差は $\hat{\beta}_1 = 0.553$, $SE[\hat{\beta}_1] = 0.019$

です。帰無仮説は $\beta_1 = 0.5$ なので，(10.26) で $\beta_1 = 0.5$ とおいたものがこの仮説を検定する検定統計量になります。

$$\text{検定統計量} = \frac{\hat{\beta}_1 - 0.5}{SE[\hat{\beta}_1]} = \frac{0.553 - 0.5}{0.019} = 2.789$$

となります。有意水準 5%の両側検定ですから，自由度 $(12 - 3 = 9)$ の t 分布の上側確率 0.025 をあたえる臨界値は 2.262 で帰無仮説は有意水準 5%で棄却されることがわかります。

10.6　t 値の定義は (10.27) にあるように係数推定値をその標準誤差で割ったものです。したがって t 値は次のようにもとめることができます。

	係数	標準誤差	t 値
切片	1.55	0.35	4.43
X値1	0.87	0.38	2.29
X値2	−0.38	1.88	−0.20

第 11 章

11.1　$X_i \sim N(\mu, \sigma^2)$，$(i = 1, \cdots, n)$ より $X = (X_1, X_2, \cdots, X_n)$ の同時確率密度関数は

$$f(x) = \prod_{i=1}^{n} \frac{1}{\sqrt{2\pi\sigma^2}} \exp\left\{-\frac{(x_i - \mu)^2}{2\sigma^2}\right\}$$

となります。標本の実現値 $x = (x_1, x_2, \cdots, x_n)$ に対して対数尤度関数は

$$\ln L(\mu, \sigma^2 \mid x) = -\frac{n}{2}\ln 2\pi - \frac{n}{2}\ln\sigma^2 - \frac{1}{2\sigma^2}\sum_{i=1}^{n}(x_i - \mu)^2$$

で，これを μ，σ^2 で偏微分してゼロとおいたものはそれぞれ

$$\left.\frac{\partial L}{\partial \mu}\right|_{\mu=\hat{\mu},\sigma^2=\hat{\sigma}^2} = \frac{1}{\hat{\sigma}^2}\sum_{i=1}^{n}(x_i - \hat{\mu}) = 0$$

$$\left.\frac{\partial L}{\partial \sigma^2}\right|_{\mu=\hat{\mu},\sigma^2=\hat{\sigma}^2} = -\frac{n}{2\hat{\sigma}^2} + \frac{1}{2(\hat{\sigma}^2)^2}\sum_{i=1}^{n}(x_i - \hat{\mu})^2 = 0$$

となり，これを解くと最尤推定値は次のようになります。

$$\hat{\mu} = \frac{1}{n}\sum_{i=1}^{n} x_i, \quad \hat{\sigma}^2 = \frac{1}{n}\sum_{i=1}^{n}(x_i - \hat{\mu})^2$$

11.2 $\ln L(\beta_0, \beta_1, \sigma^2 \mid y, x) = -\frac{n}{2}\ln 2\pi - \frac{n}{2}\ln\sigma^2 - \frac{1}{2\sigma^2}\sum_{i=1}^{n}\{y_i - (\beta_0 + \beta_1 x_i)\}^2$

を β_0，β_1，σ^2 に関して偏微分してゼロとおいた式からもとめることができます。

$$\left.\frac{\partial L}{\partial \beta_0}\right|_{\beta_0=\hat{\beta}_0, \beta_1=\hat{\beta}_1, \sigma^2=\hat{\sigma}^2} = \frac{1}{\hat{\sigma}^2}\sum_{i=1}^{n}\left\{y_i - (\hat{\beta}_0 + \hat{\beta}_1 x_i)\right\} = 0$$

$$\left.\frac{\partial L}{\partial \beta_1}\right|_{\beta_0=\hat{\beta}_0, \beta_1=\hat{\beta}_1, \sigma^2=\hat{\sigma}^2} = \frac{1}{\hat{\sigma}^2}\sum_{i=1}^{n} x_i\left\{y_i - (\hat{\beta}_0 + \hat{\beta}_1 x_i)\right\} = 0$$

$$\left.\frac{\partial L}{\partial \sigma^2}\right|_{\beta_0=\hat{\beta}_0, \beta_1=\hat{\beta}_1, \sigma^2=\hat{\sigma}^2} = -\frac{n}{2\hat{\sigma}^2} + \frac{1}{2(\hat{\sigma}^2)^2}\sum_{i=1}^{n}\left\{y_i - (\hat{\beta}_0 + \hat{\beta}_1 x_i)\right\}^2 = 0$$

これを解いて β_0，β_1，σ^2 のそれぞれの最尤推定値は

$$\hat{\beta}_0 = \bar{y} - \hat{\beta}_1\bar{x}, \quad \hat{\beta}_1 = \frac{\sum_{i=1}^{n}(x_i - \bar{x})(y_i - \bar{y})}{\sum_{i=1}^{n}(x_i - \bar{x})^2}$$

$$\hat{\sigma}^2 = \frac{1}{n}\sum_{i=1}^{n}\left\{y_i - (\hat{\beta}_0 + \hat{\beta}_1 x_i)\right\}^2, \quad \bar{y} = \frac{1}{n}\sum_{i=1}^{n} y_i, \quad \bar{x} = \frac{1}{n}\sum_{i=1}^{n} x_i$$

となります。

付録　分布表

この付録の分布表はすべて MathWorks 社の MATLAB によって作成しました。

1　二項分布 $B(n,p)$ の確率分布表

離散確率変数 X が二項分布 $B(n,p)$ に従っているとき，$n = 5, 10, 15, 20, 25$ の場合の表を以下であたえています。表内の数値は

$$P(X \leq x) = P(X = 0) + P(X = 1) + \cdots + P(X = x)$$

をあらわしています。

例：$X \sim B(5, 0.1)$ の場合

(1) $P(X \leq 2)$ の値は表（$n = 5$）で $x = 2$ の行で $p = 0.1$ の列の値 0.991

(2) $P(X = 2)$ は $P(X \leq 2) - P(X \leq 1)$ より $P(X = 2)$=0.991 − 0.919=0.072

$X \sim B(5,p)$，$P(X \leq x)$

x \ p	0.01	0.05	0.1	0.2	0.3	0.4	0.5
0	0.951	0.774	0.590	0.328	0.168	0.078	0.031
1	0.999	0.977	0.919	0.737	0.528	0.337	0.188
2	1.000	0.999	0.991	0.942	0.837	0.683	0.500
3	1.000	1.000	1.000	0.993	0.969	0.913	0.812
4	1.000	1.000	1.000	1.000	0.998	0.990	0.969
5	1.000	1.000	1.000	1.000	1.000	1.000	1.000

$X \sim B(10, p), \quad P(X \leq x)$

x \ p	0.01	0.05	0.1	0.2	0.3	0.4	0.5
0	0.904	0.599	0.349	0.107	0.028	0.006	0.001
1	0.996	0.914	0.736	0.376	0.149	0.046	0.011
2	1.000	0.988	0.930	0.678	0.383	0.167	0.055
3	1.000	0.999	0.987	0.879	0.650	0.382	0.172
4	1.000	1.000	0.998	0.967	0.850	0.633	0.377
5	1.000	1.000	1.000	0.994	0.953	0.834	0.623
6	1.000	1.000	1.000	0.999	0.989	0.945	0.828
7	1.000	1.000	1.000	1.000	0.998	0.988	0.945
8	1.000	1.000	1.000	1.000	1.000	0.998	0.989
9	1.000	1.000	1.000	1.000	1.000	1.000	0.999
10	1.000	1.000	1.000	1.000	1.000	1.000	1.000

$X \sim B(15, p), \quad P(X \leq x)$

x \ p	0.01	0.05	0.1	0.2	0.3	0.4	0.5
0	0.860	0.463	0.206	0.035	0.005	0.000	0.000
1	0.990	0.829	0.549	0.167	0.035	0.005	0.000
2	1.000	0.964	0.816	0.398	0.127	0.027	0.004
3	1.000	0.995	0.944	0.648	0.297	0.091	0.018
4	1.000	0.999	0.987	0.836	0.515	0.217	0.059
5	1.000	1.000	0.998	0.939	0.722	0.403	0.151
6	1.000	1.000	1.000	0.982	0.869	0.610	0.304
7	1.000	1.000	1.000	0.996	0.950	0.787	0.500
8	1.000	1.000	1.000	0.999	0.985	0.905	0.696
9	1.000	1.000	1.000	1.000	0.996	0.966	0.849
10	1.000	1.000	1.000	1.000	0.999	0.991	0.941
11	1.000	1.000	1.000	1.000	1.000	0.998	0.982
12	1.000	1.000	1.000	1.000	1.000	1.000	0.996
13	1.000	1.000	1.000	1.000	1.000	1.000	1.000
14	1.000	1.000	1.000	1.000	1.000	1.000	1.000
15	1.000	1.000	1.000	1.000	1.000	1.000	1.000

$X \sim B(20, p), \quad P(X \leq x)$

x \ p	0.01	0.05	0.1	0.2	0.3	0.4	0.5
0	0.818	0.358	0.122	0.012	0.001	0.000	0.000
1	0.983	0.736	0.392	0.069	0.008	0.001	0.000
2	0.999	0.925	0.677	0.206	0.035	0.004	0.000
3	1.000	0.984	0.867	0.411	0.107	0.016	0.001
4	1.000	0.997	0.957	0.630	0.238	0.051	0.006
5	1.000	1.000	0.989	0.804	0.416	0.126	0.021
6	1.000	1.000	0.998	0.913	0.608	0.250	0.058
7	1.000	1.000	1.000	0.968	0.772	0.416	0.132
8	1.000	1.000	1.000	0.990	0.887	0.596	0.252
9	1.000	1.000	1.000	0.997	0.952	0.755	0.412
10	1.000	1.000	1.000	0.999	0.983	0.872	0.588
11	1.000	1.000	1.000	1.000	0.995	0.943	0.748
12	1.000	1.000	1.000	1.000	0.999	0.979	0.868
13	1.000	1.000	1.000	1.000	1.000	0.994	0.942
14	1.000	1.000	1.000	1.000	1.000	0.998	0.979
15	1.000	1.000	1.000	1.000	1.000	1.000	0.994
16	1.000	1.000	1.000	1.000	1.000	1.000	0.999
17	1.000	1.000	1.000	1.000	1.000	1.000	1.000
18	1.000	1.000	1.000	1.000	1.000	1.000	1.000
19	1.000	1.000	1.000	1.000	1.000	1.000	1.000
20	1.000	1.000	1.000	1.000	1.000	1.000	1.000

$X \sim B(25, p),\ \ P(X \leq x)$

x \ p	0.01	0.05	0.1	0.2	0.3	0.4	0.5
0	0.778	0.277	0.072	0.004	0.000	0.000	0.000
1	0.974	0.642	0.271	0.027	0.002	0.000	0.000
2	0.998	0.873	0.537	0.098	0.009	0.000	0.000
3	1.000	0.966	0.764	0.234	0.033	0.002	0.000
4	1.000	0.993	0.902	0.421	0.090	0.009	0.000
5	1.000	0.999	0.967	0.617	0.193	0.029	0.002
6	1.000	1.000	0.991	0.780	0.341	0.074	0.007
7	1.000	1.000	0.998	0.891	0.512	0.154	0.022
8	1.000	1.000	1.000	0.953	0.677	0.274	0.054
9	1.000	1.000	1.000	0.983	0.811	0.425	0.115
10	1.000	1.000	1.000	0.994	0.902	0.586	0.212
11	1.000	1.000	1.000	0.998	0.956	0.732	0.345
12	1.000	1.000	1.000	1.000	0.983	0.846	0.500
13	1.000	1.000	1.000	1.000	0.994	0.922	0.655
14	1.000	1.000	1.000	1.000	0.998	0.966	0.788
15	1.000	1.000	1.000	1.000	1.000	0.987	0.885
16	1.000	1.000	1.000	1.000	1.000	0.996	0.946
17	1.000	1.000	1.000	1.000	1.000	0.999	0.978
18	1.000	1.000	1.000	1.000	1.000	1.000	0.993
19	1.000	1.000	1.000	1.000	1.000	1.000	0.998
20	1.000	1.000	1.000	1.000	1.000	1.000	1.000
21	1.000	1.000	1.000	1.000	1.000	1.000	1.000
22	1.000	1.000	1.000	1.000	1.000	1.000	1.000
23	1.000	1.000	1.000	1.000	1.000	1.000	1.000
24	1.000	1.000	1.000	1.000	1.000	1.000	1.000
25	1.000	1.000	1.000	1.000	1.000	1.000	1.000

2　ポアソン分布表　$p_X(x) = \dfrac{\mu^x e^{-\mu}}{x!}$

x ＼ μ	0.05	0.1	0.15	0.2	0.25	0.3	0.35	0.4	0.45	0.5
0	0.951	0.905	0.861	0.819	0.779	0.741	0.705	0.670	0.638	0.607
1	0.048	0.090	0.129	0.164	0.195	0.222	0.247	0.268	0.287	0.303
2	0.001	0.005	0.010	0.016	0.024	0.033	0.043	0.054	0.065	0.076
3				0.001	0.002	0.003	0.005	0.007	0.010	0.013
4								0.001	0.001	0.002
5										

空欄になっているところの確率は 0

x ＼ μ	0.55	0.6	0.65	0.7	0.75	0.8	0.85	0.9	0.95	1.00
0	0.577	0.549	0.522	0.497	0.472	0.449	0.427	0.407	0.387	0.368
1	0.317	0.329	0.339	0.348	0.354	0.359	0.363	0.366	0.367	0.368
2	0.087	0.099	0.110	0.122	0.133	0.144	0.154	0.165	0.175	0.184
3	0.016	0.020	0.024	0.028	0.033	0.038	0.044	0.049	0.055	0.061
4	0.002	0.003	0.004	0.005	0.006	0.008	0.009	0.011	0.013	0.015
5			0.001	0.001	0.001	0.001	0.002	0.002	0.002	0.003
6										0.001
7										

空欄になっているところの確率は 0

x ＼ μ	1.1	1.2	1.3	1.4	1.5	1.6	1.7	1.8	1.9	2.0
0	0.333	0.301	0.273	0.247	0.223	0.202	0.183	0.165	0.150	0.135
1	0.366	0.361	0.354	0.345	0.335	0.323	0.311	0.298	0.284	0.271
2	0.201	0.217	0.230	0.242	0.251	0.258	0.264	0.268	0.270	0.271
3	0.074	0.087	0.100	0.113	0.126	0.138	0.150	0.161	0.171	0.180
4	0.020	0.026	0.032	0.039	0.047	0.055	0.064	0.072	0.081	0.090
5	0.004	0.006	0.008	0.011	0.014	0.018	0.022	0.026	0.031	0.036
6	0.001	0.001	0.002	0.003	0.004	0.005	0.006	0.008	0.010	0.012
7				0.001	0.001	0.001	0.001	0.002	0.003	0.003
8									0.001	0.001
9										

空欄になっているところの確率は 0

x ＼ μ	2.5	3.0	3.5	4.0	4.5	5.0	5.5	6.0	6.5	7.0
0	0.082	0.050	0.030	0.018	0.011	0.007	0.004	0.002	0.002	0.001
1	0.205	0.149	0.106	0.073	0.050	0.034	0.022	0.015	0.010	0.006
2	0.257	0.224	0.185	0.147	0.112	0.084	0.062	0.045	0.032	0.022
3	0.214	0.224	0.216	0.195	0.169	0.140	0.113	0.089	0.069	0.052
4	0.134	0.168	0.189	0.195	0.190	0.175	0.156	0.134	0.112	0.091
5	0.067	0.101	0.132	0.156	0.171	0.175	0.171	0.161	0.145	0.128
6	0.028	0.050	0.077	0.104	0.128	0.146	0.157	0.161	0.157	0.149
7	0.010	0.022	0.039	0.060	0.082	0.104	0.123	0.138	0.146	0.149
8	0.003	0.008	0.017	0.030	0.046	0.065	0.085	0.103	0.119	0.130
9	0.001	0.003	0.007	0.013	0.023	0.036	0.052	0.069	0.086	0.101
10		0.001	0.002	0.005	0.010	0.018	0.029	0.041	0.056	0.071
11			0.001	0.002	0.004	0.008	0.014	0.023	0.033	0.045
12				0.001	0.002	0.003	0.007	0.011	0.018	0.026
13					0.001	0.001	0.003	0.005	0.009	0.014
14							0.001	0.002	0.004	0.007
15								0.001	0.002	0.003
16									0.001	0.001
17										0.001
18										

空欄になっているところの確率は 0

x ＼ μ	8.0	9.0	10.0	11.0	12.0	13.0	14.0	15.0	16.0	17.0
0										
1	0.003	0.001								
2	0.011	0.005	0.002	0.001						
3	0.029	0.015	0.008	0.004	0.002	0.001				
4	0.057	0.034	0.019	0.010	0.005	0.003	0.001	0.001		
5	0.092	0.061	0.038	0.022	0.013	0.007	0.004	0.002	0.001	
6	0.122	0.091	0.063	0.041	0.025	0.015	0.009	0.005	0.003	0.001
7	0.140	0.117	0.090	0.065	0.044	0.028	0.017	0.010	0.006	0.003
8	0.140	0.132	0.113	0.089	0.066	0.046	0.030	0.019	0.012	0.007
9	0.124	0.132	0.125	0.109	0.087	0.066	0.047	0.032	0.021	0.014
10	0.099	0.119	0.125	0.119	0.105	0.086	0.066	0.049	0.034	0.023
11	0.072	0.097	0.114	0.119	0.114	0.101	0.084	0.066	0.050	0.036
12	0.048	0.073	0.095	0.109	0.114	0.110	0.098	0.083	0.066	0.050
13	0.030	0.050	0.073	0.093	0.106	0.110	0.106	0.096	0.081	0.066
14	0.017	0.032	0.052	0.073	0.090	0.102	0.106	0.102	0.093	0.080
15	0.009	0.019	0.035	0.053	0.072	0.088	0.099	0.102	0.099	0.091
16	0.005	0.011	0.022	0.037	0.054	0.072	0.087	0.096	0.099	0.096
17	0.002	0.006	0.013	0.024	0.038	0.055	0.071	0.085	0.093	0.096
18	0.001	0.003	0.007	0.015	0.026	0.040	0.055	0.071	0.083	0.091
19		0.001	0.004	0.008	0.016	0.027	0.041	0.056	0.070	0.081
20		0.001	0.002	0.005	0.010	0.018	0.029	0.042	0.056	0.069
21			0.001	0.002	0.006	0.011	0.019	0.030	0.043	0.056
22				0.001	0.003	0.006	0.012	0.020	0.031	0.043
23				0.001	0.002	0.004	0.007	0.013	0.022	0.032
24					0.001	0.002	0.004	0.008	0.014	0.023
25						0.001	0.002	0.005	0.009	0.015
26						0.001	0.001	0.003	0.006	0.010
27							0.001	0.002	0.003	0.006
28								0.001	0.002	0.004
29									0.001	0.002
30									0.001	0.001
31										0.001
32										

空欄になっているところの確率は 0

3 標準正規分布表

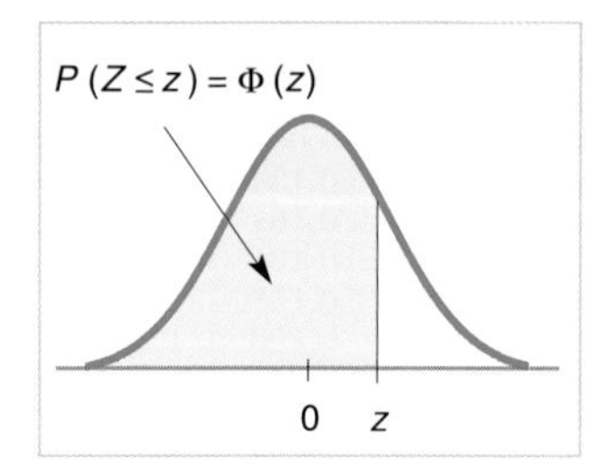

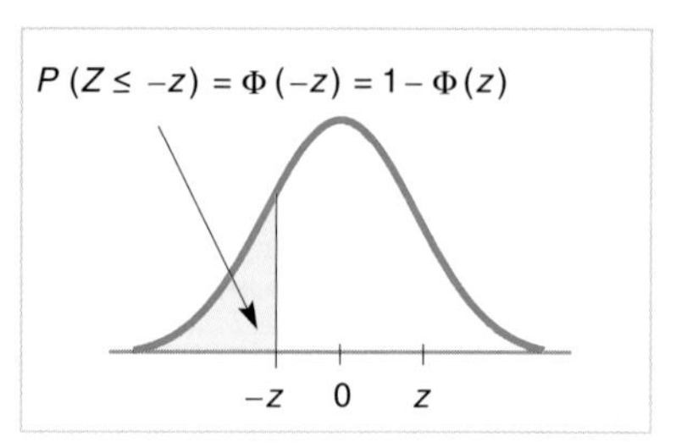

$Z \sim N(0,1),\ P(Z \leq z)$

z	.00	.01	.02	.03	.04	.05	.06	.07	.08	.09
0.0	0.5000	0.5040	0.5080	0.5120	0.5160	0.5199	0.5239	0.5279	0.5319	0.5359
0.1	0.5398	0.5438	0.5478	0.5517	0.5557	0.5596	0.5636	0.5675	0.5714	0.5753
0.2	0.5793	0.5832	0.5871	0.5910	0.5948	0.5987	0.6026	0.6064	0.6103	0.6141
0.3	0.6179	0.6217	0.6255	0.6293	0.6331	0.6368	0.6406	0.6443	0.6480	0.6517
0.4	0.6554	0.6591	0.6628	0.6664	0.6700	0.6736	0.6772	0.6808	0.6844	0.6879
0.5	0.6915	0.6950	0.6985	0.7019	0.7054	0.7088	0.7123	0.7157	0.7190	0.7224
0.6	0.7257	0.7291	0.7324	0.7357	0.7389	0.7422	0.7454	0.7486	0.7517	0.7549
0.7	0.7580	0.7611	0.7642	0.7673	0.7704	0.7734	0.7764	0.7794	0.7823	0.7852
0.8	0.7881	0.7910	0.7939	0.7967	0.7995	0.8023	0.8051	0.8078	0.8106	0.8133
0.9	0.8159	0.8186	0.8212	0.8238	0.8264	0.8289	0.8315	0.8340	0.8365	0.8389
1.0	0.8413	0.8438	0.8461	0.8485	0.8508	0.8531	0.8554	0.8577	0.8599	0.8621
1.1	0.8643	0.8665	0.8686	0.8708	0.8729	0.8749	0.8770	0.8790	0.8810	0.8830
1.2	0.8849	0.8869	0.8888	0.8907	0.8925	0.8944	0.8962	0.8980	0.8997	0.9015
1.3	0.9032	0.9049	0.9066	0.9082	0.9099	0.9115	0.9131	0.9147	0.9162	0.9177
1.4	0.9192	0.9207	0.9222	0.9236	0.9251	0.9265	0.9279	0.9292	0.9306	0.9319
1.5	0.9332	0.9345	0.9357	0.9370	0.9382	0.9394	0.9406	0.9418	0.9429	0.9441
1.6	0.9452	0.9463	0.9474	0.9484	0.9495	0.9505	0.9515	0.9525	0.9535	0.9545
1.7	0.9554	0.9564	0.9573	0.9582	0.9591	0.9599	0.9608	0.9616	0.9625	0.9633
1.8	0.9641	0.9649	0.9656	0.9664	0.9671	0.9678	0.9686	0.9693	0.9699	0.9706
1.9	0.9713	0.9719	0.9726	0.9732	0.9738	0.9744	0.9750	0.9756	0.9761	0.9767
2.0	0.9772	0.9778	0.9783	0.9788	0.9793	0.9798	0.9803	0.9808	0.9812	0.9817
2.1	0.9821	0.9826	0.9830	0.9834	0.9838	0.9842	0.9846	0.9850	0.9854	0.9857
2.2	0.9861	0.9864	0.9868	0.9871	0.9875	0.9878	0.9881	0.9884	0.9887	0.9890
2.3	0.9893	0.9896	0.9898	0.9901	0.9904	0.9906	0.9909	0.9911	0.9913	0.9916
2.4	0.9918	0.9920	0.9922	0.9925	0.9927	0.9929	0.9931	0.9932	0.9934	0.9936
2.5	0.9938	0.9940	0.9941	0.9943	0.9945	0.9946	0.9948	0.9949	0.9951	0.9952
2.6	0.9953	0.9955	0.9956	0.9957	0.9959	0.9960	0.9961	0.9962	0.9963	0.9964
2.7	0.9965	0.9966	0.9967	0.9968	0.9969	0.9970	0.9971	0.9972	0.9973	0.9974
2.8	0.9974	0.9975	0.9976	0.9977	0.9977	0.9978	0.9979	0.9979	0.9980	0.9981
2.9	0.9981	0.9982	0.9982	0.9983	0.9984	0.9984	0.9985	0.9985	0.9986	0.9986
3.0	0.9987	0.9987	0.9987	0.9988	0.9988	0.9989	0.9989	0.9989	0.9990	0.9990

4 t 分布表

自由度 df の t 分布の上側確率 0.25, 0.1, 0.05, 0.025, 0.01, 0.005 をあたえる分位点の表。自由度無限大のときは $N(0,1)$ と同じになる。有意水準 α の検定では上側確率を α とするか $\alpha/2$ とするかに注意が必要。

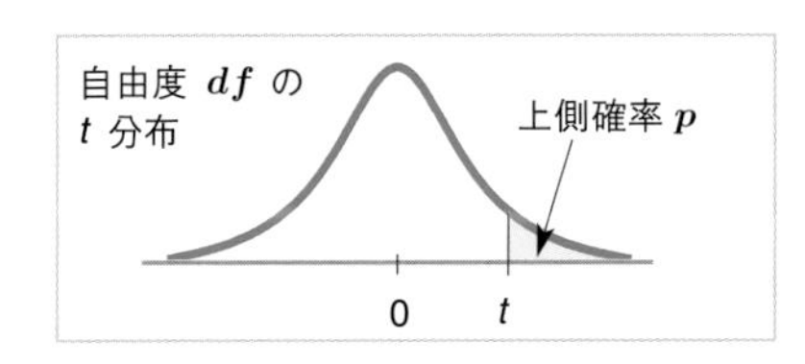

df \ p	0.25	0.1	0.05	0.025	0.01	0.005
1	1.000	3.078	6.314	12.706	31.821	63.657
2	0.816	1.886	2.920	4.303	6.965	9.925
3	0.765	1.638	2.353	3.182	4.541	5.841
4	0.741	1.533	2.132	2.776	3.747	4.604
5	0.727	1.476	2.015	2.571	3.365	4.032
6	0.718	1.440	1.943	2.447	3.143	3.707
7	0.711	1.415	1.895	2.365	2.998	3.499
8	0.706	1.397	1.860	2.306	2.896	3.355
9	0.703	1.383	1.833	2.262	2.821	3.250
10	0.700	1.372	1.812	2.228	2.764	3.169
11	0.697	1.363	1.796	2.201	2.718	3.106
12	0.695	1.356	1.782	2.179	2.681	3.055
13	0.694	1.350	1.771	2.160	2.650	3.012
14	0.692	1.345	1.761	2.145	2.624	2.977
15	0.691	1.341	1.753	2.131	2.602	2.947
16	0.690	1.337	1.746	2.120	2.583	2.921
17	0.689	1.333	1.740	2.110	2.567	2.898
18	0.688	1.330	1.734	2.101	2.552	2.878
19	0.688	1.328	1.729	2.093	2.539	2.861
20	0.687	1.325	1.725	2.086	2.528	2.845
21	0.686	1.323	1.721	2.080	2.518	2.831
22	0.686	1.321	1.717	2.074	2.508	2.819
23	0.685	1.319	1.714	2.069	2.500	2.807
24	0.685	1.318	1.711	2.064	2.492	2.797
25	0.684	1.316	1.708	2.060	2.485	2.787
26	0.684	1.315	1.706	2.056	2.479	2.779
27	0.684	1.314	1.703	2.052	2.473	2.771
28	0.683	1.313	1.701	2.048	2.467	2.763
29	0.683	1.311	1.699	2.045	2.462	2.756
30	0.683	1.310	1.697	2.042	2.457	2.750
40	0.681	1.303	1.684	2.021	2.423	2.704
50	0.679	1.299	1.676	2.009	2.403	2.678
60	0.679	1.296	1.671	2.000	2.390	2.660
70	0.678	1.294	1.667	1.994	2.381	2.648
80	0.678	1.292	1.664	1.990	2.374	2.639
90	0.677	1.291	1.662	1.987	2.368	2.632
100	0.677	1.290	1.660	1.984	2.364	2.626
110	0.677	1.289	1.659	1.982	2.361	2.621
∞	0.674	1.282	1.645	1.960	2.326	2.576

5 F 分布表

自由度 (m, n) の F 分布の上側確率をあたえる分位点の表。

		分子の自由度 m							
分母の自由度 n	上側確率	1	2	3	4	5	6	8	10
5	0.05	6.61	5.79	5.41	5.19	5.05	4.95	4.82	4.74
	0.025	10.01	8.43	7.76	7.39	7.15	6.98	6.76	6.62
	0.01	16.26	13.27	12.06	11.39	10.97	10.67	10.29	10.05
	0.005	22.78	18.31	16.53	15.56	14.94	14.51	13.96	13.62
6	0.05	5.99	5.14	4.76	4.53	4.39	4.28	4.15	4.06
	0.025	8.81	7.26	6.60	6.23	5.99	5.82	5.60	5.46
	0.01	13.75	10.92	9.78	9.15	8.75	8.47	8.10	7.87
	0.005	18.63	14.54	12.92	12.03	11.46	11.07	10.57	10.25
7	0.05	5.59	4.74	4.35	4.12	3.97	3.87	3.73	3.64
	0.025	8.07	6.54	5.89	5.52	5.29	5.12	4.90	4.76
	0.01	12.25	9.55	8.45	7.85	7.46	7.19	6.84	6.62
	0.005	16.24	12.40	10.88	10.05	9.52	9.16	8.68	8.38
8	0.05	5.32	4.46	4.07	3.84	3.69	3.58	3.44	3.35
	0.025	7.57	6.06	5.42	5.05	4.82	4.65	4.43	4.30
	0.01	11.26	8.65	7.59	7.01	6.63	6.37	6.03	5.81
	0.005	14.69	11.04	9.60	8.81	8.30	7.95	7.50	7.21
9	0.05	5.12	4.26	3.86	3.63	3.48	3.37	3.23	3.14
	0.025	7.21	5.71	5.08	4.72	4.48	4.32	4.10	3.96
	0.01	10.56	8.02	6.99	6.42	6.06	5.80	5.47	5.26
	0.005	13.61	10.11	8.72	7.96	7.47	7.13	6.69	6.42
10	0.05	4.96	4.10	3.71	3.48	3.33	3.22	3.07	2.98
	0.025	6.94	5.46	4.83	4.47	4.24	4.07	3.85	3.72
	0.01	10.04	7.56	6.55	5.99	5.64	5.39	5.06	4.85
	0.005	12.83	9.43	8.08	7.34	6.87	6.54	6.12	5.85
12	0.05	4.75	3.89	3.49	3.26	3.11	3.00	2.85	2.75
	0.025	6.55	5.10	4.47	4.12	3.89	3.73	3.51	3.37
	0.01	9.33	6.93	5.95	5.41	5.06	4.82	4.50	4.30
	0.005	11.75	8.51	7.23	6.52	6.07	5.76	5.35	5.09
14	0.05	4.60	3.74	3.34	3.11	2.96	2.85	2.70	2.60
	0.025	6.30	4.86	4.24	3.89	3.66	3.50	3.29	3.15
	0.01	8.86	6.51	5.56	5.04	4.69	4.46	4.14	3.94
	0.005	11.06	7.92	6.68	6.00	5.56	5.26	4.86	4.60
16	0.05	4.49	3.63	3.24	3.01	2.85	2.74	2.59	2.49
	0.025	6.12	4.69	4.08	3.73	3.50	3.34	3.12	2.99
	0.01	8.53	6.23	5.29	4.77	4.44	4.20	3.89	3.69
	0.005	10.58	7.51	6.30	5.64	5.21	4.91	4.52	4.27
18	0.05	4.41	3.55	3.16	2.93	2.77	2.66	2.51	2.41
	0.025	5.98	4.56	3.95	3.61	3.38	3.22	3.01	2.87
	0.01	8.29	6.01	5.09	4.58	4.25	4.01	3.71	3.51
	0.005	10.22	7.21	6.03	5.37	4.96	4.66	4.28	4.03
20	0.05	4.35	3.49	3.10	2.87	2.71	2.60	2.45	2.35
	0.025	5.87	4.46	3.86	3.51	3.29	3.13	2.91	2.77
	0.01	8.10	5.85	4.94	4.43	4.10	3.87	3.56	3.37
	0.005	9.94	6.99	5.82	5.17	4.76	4.47	4.09	3.85
25	0.05	4.24	3.39	2.99	2.76	2.60	2.49	2.34	2.24
	0.025	5.69	4.29	3.69	3.35	3.13	2.97	2.75	2.61
	0.01	7.77	5.57	4.68	4.18	3.85	3.63	3.32	3.13
	0.005	9.48	6.60	5.46	4.84	4.43	4.15	3.78	3.54
30	0.05	4.17	3.32	2.92	2.69	2.53	2.42	2.27	2.16
	0.025	5.57	4.18	3.59	3.25	3.03	2.87	2.65	2.51
	0.01	7.56	5.39	4.51	4.02	3.70	3.47	3.17	2.98
	0.005	9.18	6.35	5.24	4.62	4.23	3.95	3.58	3.34

		分子の自由度 m						
分母の自由度 n	上側確率	12	14	16	20	30	60	120
5	0.05	4.68	4.64	4.60	4.56	4.50	4.43	4.40
	0.025	6.52	6.46	6.40	6.33	6.23	6.12	6.07
	0.01	9.89	9.77	9.68	9.55	9.38	9.20	9.11
	0.005	13.38	13.21	13.09	12.90	12.66	12.40	12.27
6	0.05	4.00	3.96	3.92	3.87	3.81	3.74	3.70
	0.025	5.37	5.30	5.24	5.17	5.07	4.96	4.90
	0.01	7.72	7.60	7.52	7.40	7.23	7.06	6.97
	0.005	10.03	9.88	9.76	9.59	9.36	9.12	9.00
7	0.05	3.57	3.53	3.49	3.44	3.38	3.30	3.27
	0.025	4.67	4.60	4.54	4.47	4.36	4.25	4.20
	0.01	6.47	6.36	6.28	6.16	5.99	5.82	5.74
	0.005	8.18	8.03	7.91	7.75	7.53	7.31	7.19
8	0.05	3.28	3.24	3.20	3.15	3.08	3.01	2.97
	0.025	4.20	4.13	4.08	4.00	3.89	3.78	3.73
	0.01	5.67	5.56	5.48	5.36	5.20	5.03	4.95
	0.005	7.01	6.87	6.76	6.61	6.40	6.18	6.06
9	0.05	3.07	3.03	2.99	2.94	2.86	2.79	2.75
	0.025	3.87	3.80	3.74	3.67	3.56	3.45	3.39
	0.01	5.11	5.01	4.92	4.81	4.65	4.48	4.40
	0.005	6.23	6.09	5.98	5.83	5.62	5.41	5.30
10	0.05	2.91	2.86	2.83	2.77	2.70	2.62	2.58
	0.025	3.62	3.55	3.50	3.42	3.31	3.20	3.14
	0.01	4.71	4.60	4.52	4.41	4.25	4.08	4.00
	0.005	5.66	5.53	5.42	5.27	5.07	4.86	4.75
12	0.05	2.69	2.64	2.60	2.54	2.47	2.38	2.34
	0.025	3.28	3.21	3.15	3.07	2.96	2.85	2.79
	0.01	4.16	4.05	3.97	3.86	3.70	3.54	3.45
	0.005	4.91	4.77	4.67	4.53	4.33	4.12	4.01
14	0.05	2.53	2.48	2.44	2.39	2.31	2.22	2.18
	0.025	3.05	2.98	2.92	2.84	2.73	2.61	2.55
	0.01	3.80	3.70	3.62	3.51	3.35	3.18	3.09
	0.005	4.43	4.30	4.20	4.06	3.86	3.66	3.55
16	0.05	2.42	2.37	2.33	2.28	2.19	2.11	2.06
	0.025	2.89	2.82	2.76	2.68	2.57	2.45	2.38
	0.01	3.55	3.45	3.37	3.26	3.10	2.93	2.84
	0.005	4.10	3.97	3.87	3.73	3.54	3.33	3.22
18	0.05	2.34	2.29	2.25	2.19	2.11	2.02	1.97
	0.025	2.77	2.70	2.64	2.56	2.44	2.32	2.26
	0.01	3.37	3.27	3.19	3.08	2.92	2.75	2.66
	0.005	3.86	3.73	3.64	3.50	3.30	3.10	2.99
20	0.05	2.28	2.22	2.18	2.12	2.04	1.95	1.90
	0.025	2.68	2.60	2.55	2.46	2.35	2.22	2.16
	0.01	3.23	3.13	3.05	2.94	2.78	2.61	2.52
	0.005	3.68	3.55	3.46	3.32	3.12	2.92	2.81
25	0.05	2.16	2.11	2.07	2.01	1.92	1.82	1.77
	0.025	2.51	2.44	2.38	2.30	2.18	2.05	1.98
	0.01	2.99	2.89	2.81	2.70	2.54	2.36	2.27
	0.005	3.37	3.25	3.15	3.01	2.82	2.61	2.50
30	0.05	2.09	2.04	1.99	1.93	1.84	1.74	1.68
	0.025	2.41	2.34	2.28	2.20	2.07	1.94	1.87
	0.01	2.84	2.74	2.66	2.55	2.39	2.21	2.11
	0.005	3.18	3.06	2.96	2.82	2.63	2.42	2.30

6　カイ 2 乗分布表

自由度 df のカイ 2 乗分布の上側確率 p をあたえる分位点の表。

df \ p	0.995	0.99	0.975	0.95	0.9	0.1	0.05	0.025	0.01	0.005
1	0.00	0.00	0.00	0.00	0.02	2.71	3.84	5.02	6.63	7.88
2	0.01	0.02	0.05	0.10	0.21	4.61	5.99	7.38	9.21	10.60
3	0.07	0.11	0.22	0.35	0.58	6.25	7.81	9.35	11.34	12.84
4	0.21	0.30	0.48	0.71	1.06	7.78	9.49	11.14	13.28	14.86
5	0.41	0.55	0.83	1.15	1.61	9.24	11.07	12.83	15.09	16.75
6	0.68	0.87	1.24	1.64	2.20	10.64	12.59	14.45	16.81	18.55
7	0.99	1.24	1.69	2.17	2.83	12.02	14.07	16.01	18.48	20.28
8	1.34	1.65	2.18	2.73	3.49	13.36	15.51	17.53	20.09	21.95
9	1.73	2.09	2.70	3.33	4.17	14.68	16.92	19.02	21.67	23.59
10	2.16	2.56	3.25	3.94	4.87	15.99	18.31	20.48	23.21	25.19
11	2.60	3.05	3.82	4.57	5.58	17.28	19.68	21.92	24.72	26.76
12	3.07	3.57	4.40	5.23	6.30	18.55	21.03	23.34	26.22	28.30
13	3.57	4.11	5.01	5.89	7.04	19.81	22.36	24.74	27.69	29.82
14	4.07	4.66	5.63	6.57	7.79	21.06	23.68	26.12	29.14	31.32
15	4.60	5.23	6.26	7.26	8.55	22.31	25.00	27.49	30.58	32.80
16	5.14	5.81	6.91	7.96	9.31	23.54	26.30	28.85	32.00	34.27
17	5.70	6.41	7.56	8.67	10.09	24.77	27.59	30.19	33.41	35.72
18	6.26	7.01	8.23	9.39	10.86	25.99	28.87	31.53	34.81	37.16
19	6.84	7.63	8.91	10.12	11.65	27.20	30.14	32.85	36.19	38.58
20	7.43	8.26	9.59	10.85	12.44	28.41	31.41	34.17	37.57	40.00
21	8.03	8.90	10.28	11.59	13.24	29.62	32.67	35.48	38.93	41.40
22	8.64	9.54	10.98	12.34	14.04	30.81	33.92	36.78	40.29	42.80
23	9.26	10.20	11.69	13.09	14.85	32.01	35.17	38.08	41.64	44.18
24	9.89	10.86	12.40	13.85	15.66	33.20	36.42	39.36	42.98	45.56
25	10.52	11.52	13.12	14.61	16.47	34.38	37.65	40.65	44.31	46.93
26	11.16	12.20	13.84	15.38	17.29	35.56	38.89	41.92	45.64	48.29
27	11.81	12.88	14.57	16.15	18.11	36.74	40.11	43.19	46.96	49.64
28	12.46	13.56	15.31	16.93	18.94	37.92	41.34	44.46	48.28	50.99
29	13.12	14.26	16.05	17.71	19.77	39.09	42.56	45.72	49.59	52.34
30	13.79	14.95	16.79	18.49	20.60	40.26	43.77	46.98	50.89	53.67
35	17.19	18.51	20.57	22.47	24.80	46.06	49.80	53.20	57.34	60.27
40	20.71	22.16	24.43	26.51	29.05	51.81	55.76	59.34	63.69	66.77
45	24.31	25.90	28.37	30.61	33.35	57.51	61.66	65.41	69.96	73.17
50	27.99	29.71	32.36	34.76	37.69	63.17	67.50	71.42	76.15	79.49

索　引

あ 行

か 行

さ 行

た 行

な　行

は　行

ま　行

や　行

ら　行

わ　行

著者紹介

大屋　幸輔（おおや　こうすけ）

1963 年　福岡県に生まれる
1986 年　九州大学経済学部卒業
1991 年　九州大学大学院経済学研究科博士後期課程（単位取得退学）
　　　　　京都大学講師（経済研究所）
1993 年　大阪大学講師（経済学部）
1994 年　博士（経済学）取得（九州大学）
　　　　　大阪大学助教授（経済学部）
現　在　大阪大学教授（大学院経済学研究科）

主要論文

"Wald, LM and LR Test Statistics of Linear Hypotheses in a Structural Equation Model", *Econometric Reviews*, 16, 1997.

"Dickey-Fuller, Lagrange Multiplier and Combined Tests for a Unit Root in Autoregressive Time Series", *Journal of Time Series Analysis*, 19, 1998.（共著）

"Estimation and Testing for Dependence in Market Microstructure Noise", *Journal of Financial Econometrics*, 7, 2009.（共著）

ライブラリ経済学コア・テキスト＆最先端＝別巻 1
コア・テキスト統計学　第3版

2003年 2 月25日©	初版発行
2010年 9 月25日	初版第10刷発行
2011年12月25日©	第2版発行
2019年10月10日	第2版第11刷発行
2020年 3 月25日©	第3版発行
2023年 4 月25日	第3版第6刷発行

著　者　大屋幸輔　　　発行者　森平敏孝
印刷者　加藤文男
製本者　小西恵介

【発行】　株式会社　新世社
〒151-0051　東京都渋谷区千駄ヶ谷1丁目3番25号
編集☎(03)5474-8818(代)　サイエンスビル

【発売】　株式会社　サイエンス社
〒151-0051　東京都渋谷区千駄ヶ谷1丁目3番25号
営業☎(03)5474-8500(代)　振替 00170-7-2387
FAX☎(03)5474-8900

印刷　加藤文明社　　製本　ブックアート
《検印省略》

ISBN 978-4-88384-307-7
PRINTED IN JAPAN

サイエンス社・新世社のホームページのご案内
https://www.saiensu.co.jp
ご意見・ご要望は
shin@saiensu.co.jp まで.